高等职业教育"十二五"规划教材

电子产品生产工艺

主　编　李　倩
副主编　徐敏凤　梁　亮　徐宏庆

中国铁道出版社有限公司
CHINA RAILWAY PUBLISHING HOUSE CO., LTD.

内容简介

本书以项目为导向，以不同类型的小电子产品为载体，采用任务驱动的方式，依次通过六管超外差收音机、MF47指针万用表、贴片八路抢答器介绍了电子产品生产的基础知识，并通过贴片收音机、黑白小电视机的项目进行实战训练。

本书适合作为高等职业院校电子信息工程技术专业、通信技术专业、微电子技术专业的教材，也可作为电子产品生产技术人员的参考书。

图书在版编目（CIP）数据

电子产品生产工艺/李倩主编．—北京：中国铁道出版社，2015.8（2024.1重印）
高等职业教育“十二五”规划教材
ISBN 978—7—113—20527—0

Ⅰ.①电… Ⅱ.①李… Ⅲ.①电子产品—生产工艺—高等职业教育—教材 Ⅳ.①TN05

中国版本图书馆CIP数据核字(2015)第125763号

书　　名： 电子产品生产工艺
作　　者： 李　倩

策　　划： 潘星泉　　**编辑部电话：**（010）51873090
责任编辑： 潘星泉　彭立辉
封面设计： 刘　颖
封面制作： 白　雪
责任校对： 汤淑梅
责任印制： 樊启鹏

出版发行： 中国铁道出版社有限公司（100054，北京市西城区右安门西街8号）
网　　址： http://www.tdpress.com/51eds/
印　　刷： 北京铭成印刷有限公司
版　　次： 2015年8月第1版　2024年1月第2次印刷
开　　本： 787 mm×1 092 mm　1/16　**印张：** 13.25　**字数：** 322千
书　　号： ISBN 978—7—113—20527—0
定　　价： 28.00元

前　言

本书根据高职学生培养目标及现代企业对电子行业工程技术人员的要求而编写。在编写过程中，编者打破常规思路，以不同的小电子产品为载体，依据高职学生的特点，以任务为引领，以项目为驱动，理论与实践相结合。本书有利于学生更好地适应以后的工作岗位，有利于培养学生的职业能力，具有较高的实用价值。

本书主要讲述了电子产品从设计开始一直到产品被用户拿到手中所经历的一系列过程。本书分为基础篇和实战篇两部分：基础篇包括三个项目，每个项目又包含三项任务；实战篇包含两个项目。基础篇通过不同的项目进行侧重点不同的讲述：项目一侧重讲述电子工艺基础知识及相关技术文件；项目二侧重讲述电子产品的生产准备工作，譬如电子元器件的识别选用、常用的工具和材料等；项目三侧重讲述印制电路板上元器件的装配与调试过程，包括制板工艺、焊接工艺、整机装配与调试技术等。实战篇是通过两个项目（收音机、电视机）进行综合训练。

本书由正德职业技术学院李倩任主编，齐齐哈尔理工职业学院李长城，正德职业技术学院梁亮、徐宏庆任副主编。其中，项目一由李长城、李倩共同编写，项目三、项目五由李长城、梁亮共同编写，项目二、项目四由李倩、徐宏庆共同编写。本书作为校企合作开发教材在撰写过程中得到了正德职业技术学院领导的关心与鼓励，也得到了南京海兴远维配电自动化有限公司的技术支持，在此表示衷心感谢。

由于编者水平所限，书中难免存在疏漏和不妥之处，敬请读者批评指正。

编　者

2015 年 10 月

目　　录

基　础　篇

项目一　六管超外差调幅收音机 ······ 3

任务一　电子产品生产工艺入门 ······ 5
任务二　读懂电子产品设计文件 ······ 11
任务三　编制电子产品工艺文件 ······ 17

项目二　MF47 指针万用表 ······ 35

任务一　常用插装元器件的识别与检测 ······ 37
任务二　表面安装元器件的识别与检测 ······ 78
任务三　识别常用工具与材料 ······ 89

项目三　贴片八路抢答器 ······ 102

任务一　制板工艺练习 ······ 104
任务二　焊接工艺练习 ······ 122
任务三　掌握整机装配与调试技术 ······ 139

实　战　篇

项目四　FM 微型贴片收音机 ······ 164

项目五　5.5 英寸黑白小电视机 ······ 179

附录 A　电视机电路原理图 ······ 204

参考文献 ······ 206

基 础 篇

电子产品生产工艺讲述的就是一个电子产品从设计开始直至产品被用户拿到手中，所经历的一系列过程。该过程涉及电子工艺的概念，电子产品的技术文件，电子元器件的识别选用，工具与材料，制板工艺，焊接技术，整机装配、调试与检测技术等，它们属于电子产品生产工艺的基础知识，也是电子相关专业学习者必备的专业知识。

☑ 知识目标

（1）了解电子企业采用的主要电子产品制造工艺，以及各种电子产品制造工艺的特点。

（2）掌握电子产品制造工艺基本理论、电子产品制造工艺基本技术要求、电子产品制造生产管理内容和方法、电子产品调试与检测技术。

☑ 技能目标

（1）能根据生产任务及规格要求完成电子产品的组装及制造工艺实施方案设计与电子产品制造作业设计。

（2）能够根据电子产品制造工艺技术规程，选择合适的电子产品制造工艺技术应用于电子产品的制造。

（3）能编写电子产品调试与检测的相关工艺文件，具有分析简单电路原理图的能力。

项目一 六管超外差调幅收音机

☑ 项目描述

本项目以收音机作为项目载体，该机为六管中波调幅袖珍式半导体收音机，采用全硅管标准两级中放电路，用两只二极管正向压降稳压电路，稳定从变频、中频到低放的工作电压，不会因为电池电压降低而影响接收灵敏度，使收音机仍能正常工作。本机体积小巧，外观精致，便于携带。

本项目主要介绍电子产品生产工艺的概念和相关基础知识、安全生产的概念、静电对电子元器件的危害、电子产品设计文件和工艺文件的识读方法，以及相关工艺文件的编制方法。

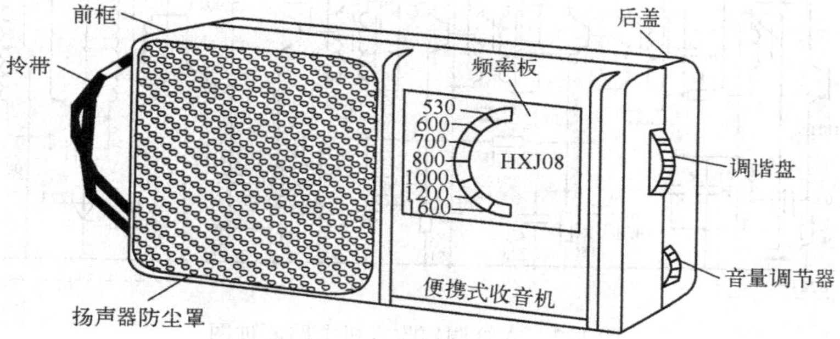

☑ 项目目标

(1) 让初学者了解电子产品生产工艺的概念和相关基础知识。

(2) 建立安全生产的概念，了解静电对电子元器件的危害。

(3) 能够正确识读电子产品设计文件和工艺文件。

(4) 独立进行相关工艺文件的编制。

☑ 项目训练器材

电路原理图、电路装配图、工艺文件表格、笔等。

☑ 项目内容及实施步骤

进行六管超外差收音机的工艺文件编制，并通过对其电路原理图和装配图的学习，为后续电子产品的制作调试奠定基础。

(1) 详细解说调幅收音机工作原理，读懂原理框图（见图 1.1）、电路原理图（见图 1.2）和装配图（见图 1.3），给出相关装配过程及注意事项。

(2) 请根据六管调幅收音机的电原理图、元器件装配图、印制电路板图（见图 1.4）元器件明细表等，写出一份完整的工艺文件进行指导安装。

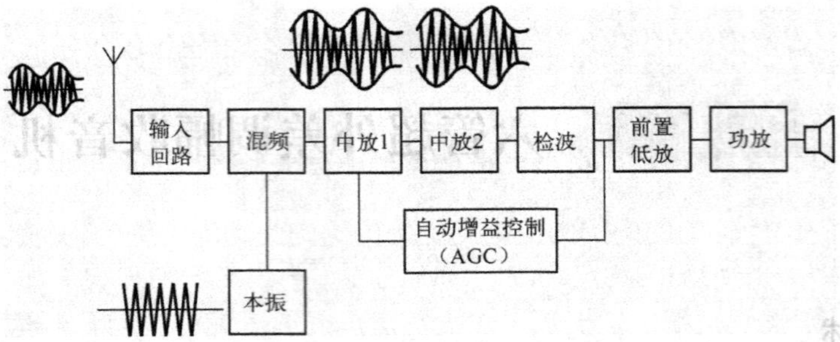

图 1.1　六管调幅收音机原理框图

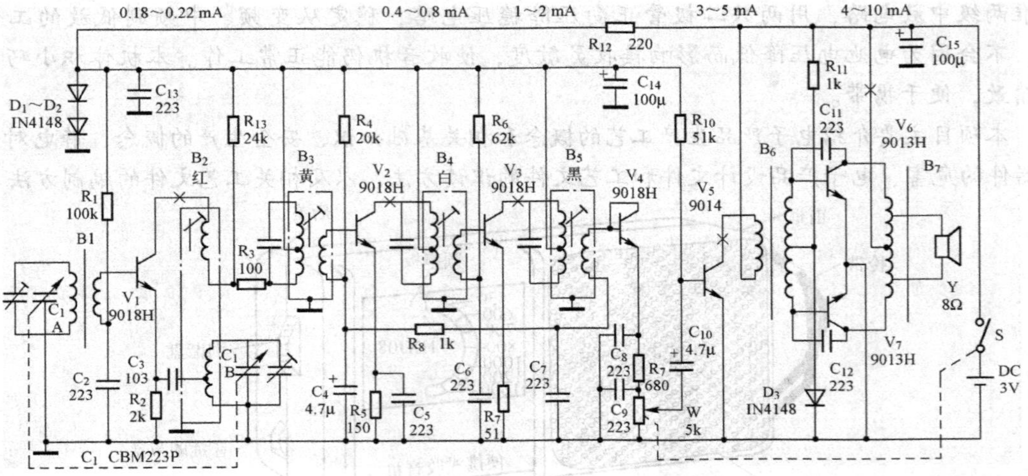

图 1.2　六管调幅收音机电路原理图

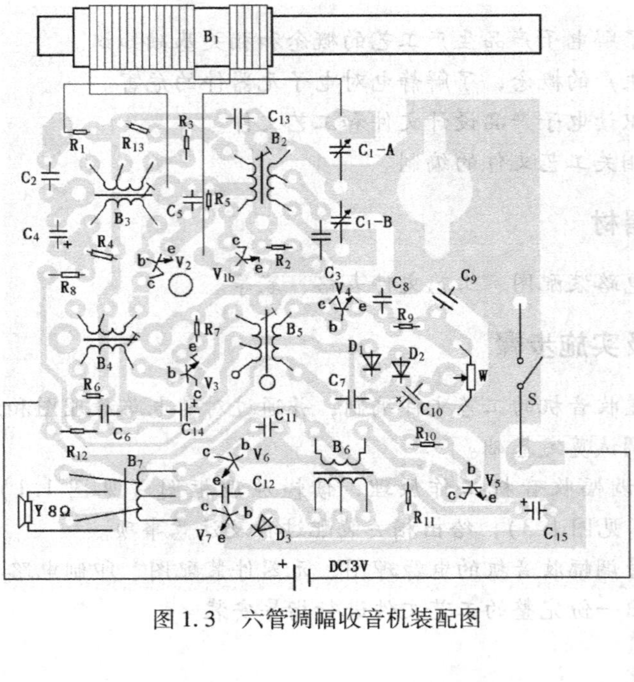

图 1.3　六管调幅收音机装配图

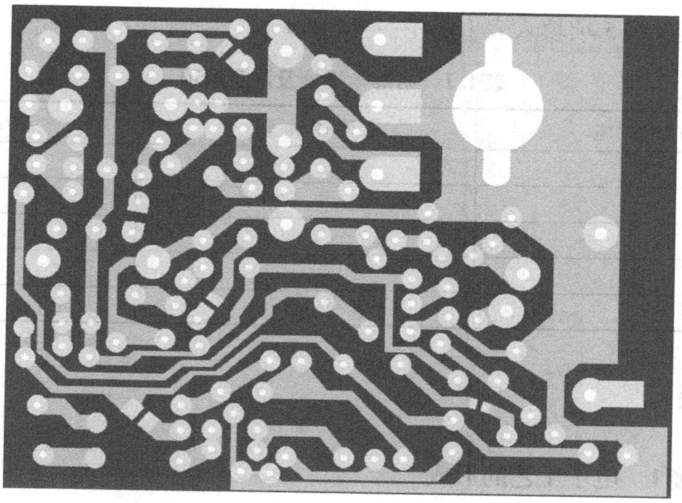

图 1.4　六管调幅收音机印制电路板图

任务一　电子产品生产工艺入门

☑ 任务描述

工艺是生产者利用生产设备和生产工具，对各种原材料、半成品进行加工或处理，使之最后成为符合技术要求的产品的过程。它是人类在生产劳动中不断积累起来，并经过总结的操作经验和技术能力。与传统手工业和工艺美术品的概念不同，工艺学是现代大生产的产物。工艺是企业科学生产的法律和法规，工艺学是一门综合性的科学。工艺工作的出发点就是为了提高劳动生产率，生产出优质产品，以及增加生产利润。

本任务的主要目的是熟悉电子产品生产工艺的基础知识，建立安全生产的概念。

☑ 任务目标

（1）了解电子工艺课程研究的基本范围和电子工艺技术人员的工作范围。

（2）了解电子工艺安全操作的基本内容、电子企业用电及其他安全常识。

☑ 任务内容及实施步骤

本任务涉及企业生产线参观过程，教师带领学生进行企业参观，重点参观企业的 THT① 生产线和 SMT② 生产线。

（1）请结合本课程特点写出本次参观过程及感想。

（2）在企业参观过程中，着重观察生产操作人员穿戴、生产场所、设备、包装等涉及

---

① THT：Through Hole Technology，通孔［插装］技术。

② SMT：Surface Mounting Technology，表面贴装技术。

的防静电措施，至少将5项填入表1.1中。

表1.1 防静电措施及注意事项

序号	防静电措施	具体作用	注意事项
1			
2			
3			
4			
5			

☑ 知识链接

知识链接1 电子工艺的形成

1. 工艺的概念

工艺是人们按照设计出的产品图样利用生产工具对所需的原材料、元器件及半成品进行加工，使之成为预期产品的方法及过程。它是人类在生产劳动中不断积累起来并经过总结的操作经验和技术能力。

工艺发源于个人的操作经验和手工技能，现代化的工业生产却完全不同于传统的手工业。在传统的手工业中，个人的操作经验和手工技能极其重要，而在经济迅猛发展的当今世界，现代工业生产的操作者被不断涌现出来的新型机器设备所取代，工程技术人员成了工业生产劳动的重要力量，科学的经营管理、优质的器件材料、先进的仪器设备、高效的工艺手段、严格的质量检验和低廉的生产成本成为企业赢得竞争的关键。对一切与商品生产有关的因素，如时间、速度、能源、方法、程序、手段、质量、环境、组织等，都变成研究和管理的主要对象，这就是现代制造工艺学。现代的制造工艺学成为一门专业学科，并已作为中、高等工科院校普遍开设的必修课程。

对于工业企业及其所制造的产品来说，工艺工作的出发点是为了提高劳动生产率、生产优质产品以及增加生产利润。它建立在对于时间、速度、能源、方法、程序、生产手段、工作环境、组织机构、劳动管理、质量控制等诸多因素的科学研究之上。工艺学的理论及应用为企业组织有节奏的均衡生产提供科学的依据。可以说，工艺是企业科学生产的法律和法规，工艺学是一门综合性的科学。自从工业化以来，各种工业产品的制造工艺日趋完善成熟，成为专门的学科，并在大学本科和大、中专院校作为必修课程。

2. 电子产品工艺

电子产品生产工艺是以实现电子产品技术指标为目标，集电路设计与制作、机械部件设计与制作、整机装配于一体的一项发展迅速的综合工艺技术。例如：以经常使用的计算机为例，它包括主机、显示器、键盘、鼠标、扬声器等，各个部件都有独立的工艺技术。计算机关键部件是主机，主板是主机的核心，主机中的CPU、内存、硬盘、显卡、声卡、光驱、网卡、电源等单元电路的各种功能将通过与主板连接来实现。从工艺的角度看仅仅一个主机就包括印制电路板设计、单元电路与结构设计、箱体设计、接插件设计、整体装配结构设计。可以想象它的制作工艺是十分复杂的，涉及化学、物理学、微电子学、计算机科学、机械制作等各个领域。任何一个单元电路整体制作水平的高低都会直接影响整机的质量。

电子产品的装配过程是先将零件、元器件组装成部件，再将部件组装成整机。对于现代化的工业产品来说，工艺不再仅仅是针对原材料的加工或生产的操作而言，应该是从设计到销售，包括每一个制造环节的整个生产过程，如图1.5所示。即一个电子产品从设计研发开始一直到它被送到用户手中，这中间经历的一系列过程，譬如工艺（技术）文件的编制工作、元器件的识别与选取、制板工艺、大批量生产时用到的焊接工艺、生产出合格的产品必须具备的检测与调试技术等。其中，工艺（技术）文件的编制、元器件的选取、制板工艺、SMT技术和调试、检测技术是重点内容。而难点主要集中在工艺（技术）文件的编制和产品调试检测上。

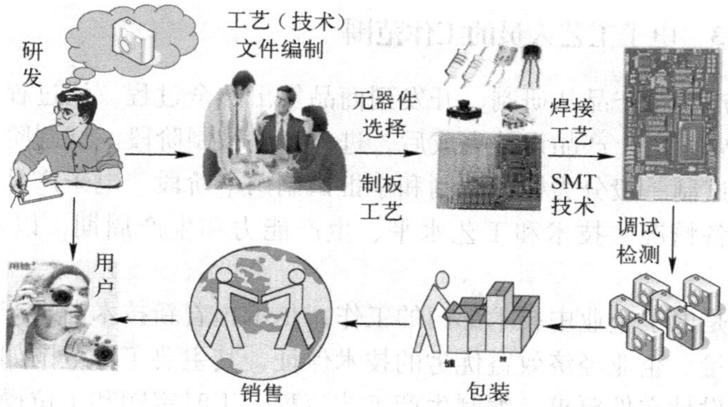

图1.5　电子工艺过程

知识链接2　电子工艺管理研究的对象

研究电子整机产品的制造过程，材料、设备、方法、人力这几个要素是电子工艺技术的基本重点，管理是连接这4个要素的纽带。通常用“4M+M”来简化电子产品制造过程的基本要素。

1. 材料（Material）

电子元器件、导线类、金属或非金属的材料以及用它们制作的零部件和结构件都属于电子产品所用的材料。元器件制造工业和材料科学的发展水平决定了整个产品的技术水平。

2. 设备（Machine）

正确并熟练使用电子产品制造所使用的各种工具、工装、仪器、仪表、机器、设备，是对电子产品制造过程中每一个岗位操作者的基本要求。设备不仅是劳动者双手的延长和增强，同时，它们也是劳动者本人的竞争者。电子产品工艺技术的提高、产品质量和生产效率的提高，主要依赖于生产设备技术水平和生产手段的提高。

3. 方法（Method）

对电子材料的利用、对工具设备的操作、对制造过程的安排、对生产现场的管理——在所有这些与生产制造有关的活动中，“方法”都是至关重要的。

4. 人力（Manpower）

电子工业是劳动密集型的产业，人才（高级管理人员、高级工程技术人员、高等级技术工人）是我国电子工艺能够得到进一步发展的关键因素。

5. 管理（Management）

管理出效益，统一的、标准化的、完备的经济管理、技术管理和文件管理是现代化企业运作的基本模式。与以上制造过程的4个要素比较，管理可以算是“软件”，但确实又是连接这4个要素的纽带。

就电子整机产品的生产过程而言，主要涉及两方面：一方面是指制造工艺的技术手段和操作技能；另一方面是指产品在生产过程中的质量控制和工艺管理。可以把这两方面分别看作是“硬件”和“软件”。显然，对于现代化电子产品的大批量生产、对于高等院校工科学生今后在制造过程中承担的职责来说，这两方面都是重要的，是不能偏废的。

知识链接3　电子工艺人员的工作范围

电子产品的生产是指产品从研制、开发到商品售出的全过程。该过程包括设计、试制和批量生产等3个主要阶段。产品设计完成后，进入产品试制阶段。试制阶段是正式投入批量生产的前期工作，试制一般分为样品试制和小批试制两个阶段。电子产品生产的基本要求包括：生产企业的设备情况、技术和工艺水平、生产能力和生产周期，以及生产管理水平等方面。

电子工艺技术是电子企业中技术部门的工作，是承担着新技术向新产品转换的技术支撑型工作，是产品质量、企业经济效益优劣的技术保证。其主要工作范围如下：

（1）根据产品设计文件要求，编制生产工艺流程、工时定额和工位操作指导书，指导现场生产人员完成工艺操作和产品质量控制。

（2）编制和调试自动测试仪器设备的运行程序（如：锡膏印刷机、自动贴片机、再流焊机、波峰焊机等操作规程）。

（3）负责新产品研发过程中的工艺评审［如：对新产品器件的选用、PCB（印制电路板）设计和产品生产的工艺性能进行评定］。

（4）负责新产品的试制、试生产的技术准备和协调，现场组织解决有关技术和工艺问题，提出改进意见。

（5）实施生产现场工艺规范和工艺纪律管理，培训和指导工人的生产操作，解决生产现场出现的技术问题。

（6）控制和改进生产过程的工作质量，协调研发、检验、采购等相关部门进行生产过程质量分析，改进并提高产品质量。

（7）研讨、分析和引进新工艺、新设备，参与重大工艺问题和质量问题的处理，不断提高企业的工艺技术、生产效率和产品质量。

由此可见，工艺技术与管理是技术性和实践性都很强的工作，涉及知识面极广，并且是一项紧密结合生产实际的、非常复杂而又细致的工作。

知识链接4　我国电子工业发展的状况及其薄弱环节

1. 现状

从无到有，门类齐全，突飞猛进；已经成为全世界最重要的加工厂；整体技术水平还比较落后；管理水平和工艺技术水平滞后；高素质工艺技术人员严重缺乏（具有高素质电子产品专业营销技术人员更为缺乏)。

2. 薄弱环节

"缺心":自主制造并形成批量的集成电路(芯片)比例极小;"缺魂":电子产品是软件、硬件紧密结合的产品,自主研发嵌入式软件能力严重不足;"缺人":总体劳动力素质不高,"高级蓝领"严重不足,高校的工业基础性训练条件普遍不足。

原因1:我国电子行业的工艺现状是"两个并存"(先进的工艺与陈旧的工艺并存,引进的技术与落后的管理并存)相当突出。有些企业已经具备了世界上最好的生产条件、购买了最先进的设备,也有些企业还在简陋条件下使用陈旧的装备维持生产。

原因2:在当代的电子产品制造技术领域,我国在整体上还处在比较落后的水平,还缺乏稳定的、一大批高素质的工艺技术队伍。因为这些人员专业技能培训是需要一定文化素质和理论水平的,作为高校的工业基础训练条件普遍较低,从而造成企业工艺技术方面的专业人才匮乏。

知识链接5　用电安全

1. 用电安全因素

生产过程中电是永恒的动力,各类电器设备都存在着触电伤人的危险。正确认识和规范操作是安全的基础。

常见的不安全因素有:机械损伤、电击、烫伤、腐蚀、烧伤等。而决定电击伤害的因素则是电流的大小,通常1mA电流就能引起人体的肌肉收缩、神经麻木。当较大电流通过人体时,将产生剧烈刺激,对人体造成伤害。触电又称电击,是没有任何先兆的,但危险性极大。人体的电阻因人而异,随条件的变化而变化。人体是非线性电阻,随电压升高而减小。电流大小与对人体的伤害程度如表1.2所示。

表1.2　电流大小与对人体的伤害程度

电流/mA	对人体的作用
1～3	有刺激感
3～10	感到疼痛,能自行摆脱
10～30	肌肉痉挛,短时无碍,长时危险
30～50	强烈痉挛,持续60 s左右有生命危险
50～250	心室纤颤,丧失知觉,危害生命
>250	1 s以上造成心脏骤停,形成电灼伤

电击时间是关键因素,电流对人体的伤害和电流作用的时间有关。用电击强度来描述:和电流与时间的乘积成正比。人体受到30 mA·s以上电击,就会产生永久性伤害。我国安全工作电压为24～36 V。

此外,电流的频率不同对人体伤害也不同,高频电流的集肤效应,20 kHz以上的电流频率就不易伤害人体。而40～100 Hz的工频交流电危害极大。

2. 生产中常见的电击危险

电气事故习惯上按被危害的对象分为人身事故和设备事故(包括电路事故)两大类。

生产中常见的电击危险有：直接触及电源、供电电路破损、电源插头安装不规范、使用设备不规范、设备金属壳带电、保护装置问题。对于电子产品装配工来说，经常遇到的是用电安全问题。

3. 操作规范

文明生产是保证产品质量和安全生产的重要条件。文明生产就是创造一个布局合理、整洁优美的生产和工作环境，人人养成遵守纪律和严格执行工艺操作规程的习惯。安全生产是指在生产过程中确保生产的产品、使用的用具、仪器设备和人身的安全。安全用电包括供电系统安全、用电设备安全及人身安全3方面，它们是密切相关的。

需要做到：①熟悉环境安全管理规程；②掌握安全用电规程；③牢记安全操作规程。切记：用电操作是否规范直接关系到人的生命安全。规范生产操作程序及管理程序是杜绝人身伤害的最有效措施。

知识链接6　静电对电子元器件的危害

1. 静电的产生与释放

由于摩擦、电磁感应、光电效应、游离辐射以及与带电物体接触等原因，电荷发生了不平衡的转移，导致物体表面出现多于或不足的静态电荷，称为静电。由于直接接触或静电场的感应，静电荷可以在不同电势的物体之间转移，即放电。静电的不正常放电，可能产生异常的高电压和瞬间的大电流，使电子元器件的性能变坏甚至失效，也会干扰电子产品的正常工作。

2. 静电对电子元器件的危害

第一，静电造成的功率破坏，元器件吸附灰尘，改变电路间的电阻，影响元器件的功率和使用寿命（大电流损伤，器件节点断路）；第二，静电产生的电压破坏，可能因破坏元件的绝缘性或导电性而使元件不能工作（高电压损伤，器件绝缘层被击穿，造成器件节点短路）；第三，静电造成潜在的性能损伤，减少元器件的使用寿命或因元器件暂时性的正常工作（实际已受静电危害）而埋下安全隐患（不立即完全破坏器件功能、性能，使器件“带伤”工作，从而使器件的使用寿命大打折扣）；第四，由于静电放电所造成的器件残次，将使修理或更换的费用成百倍增加。

3. 各类常用防静电材料和设施

（1）人体防静电措施。在防静电工作中，防静电的3个基本方法是：接地、静电屏蔽、离子中和。

生产线上操作者必须佩戴相应的防静电措施。防静电腕带、防静电服、手套、工作鞋等。防静电腕带是利用手腕内侧的导电材料，与人体皮肤良好的接触，把人体积累的静电通过1 MΩ电阻器，释放到保护零线上。此外，所有防护措施，与保护零线之间的连接必须良好，人与地面隔离电阻在0.5～50 MΩ范围内。

（2）防静电包装材料。防静电包装材料包含各种包装电子元器件和产品的袋、管、盒子等。其特点是：①主要在材料上喷涂抗静电液体，使其自身表面不产生静电或少产生静电。但是，表面涂层是有时间限制的（有效期）。②通常制成粉红色用于区分和提示。注意所有防静电包装材料是指仅能防止自身产生静电，而不能防止静电场对元器件的放电与破坏。

（3）静电屏蔽材料。静电屏蔽材料是采用有多层（2～3层）金属箔制成的袋状包装。注意：包装不能破损；包装封闭可靠。常识：只有两带电物体电位相等，相互间才不会有放电现象的产生。也就是说：电子产品生产过程中一定要确保经屏蔽包装的元器件是统一电位体。

（4）防静电设备与设备的防静电。静电消除器就是利用设备产生大量的负氧离子中和绝缘材料表面的静电。但是，尽管臭氧对人体无害，其浓度也不能超标。防静电工作台和防静电地板也是常用的防静电设备，铺设防静电胶垫，并使工作台和地板具有很好的接地效果，使人、设备、工具等达到统一电位目的。需要注意的是：所有防静电措施，必须具有很好的接地效果。

任务二　读懂电子产品设计文件

☑ 任务描述

电子产品设计文件是电子产品在研究、设计、试制和生产过程中积累而形成的图样和技术资料。它规定了产品的组成形式、结构尺寸、原理以及在制造、验收、使用和维护时所必需的技术数据和说明，是组织生产的基本依据。电子产品设计文件一般包括电路原理图、功能说明书、元器件材料表、零件设计图、装配图、接线图、制板图等。本任务的主要目的是能够让学生读懂电子产品设计文件。

☑ 任务目标

（1）熟悉电子产品设计文件的分类编号原则。

（2）能够正确识读各类设计文件。

☑ 任务内容及实施步骤

（1）图1.6为黑白电视机场输出级电路的原理图。请讲述其工作原理。

（2）图1.7为黑白电视机场输出级的PCB布线图。请在图1.6原理图中指出同一个元器件对应的位置。

（3）直流稳压电源电路如图1.8所示，试分析其工作原理。

☑ 知识链接

知识链接1　设计文件的分类

设计文件的种类很多，各种产品的设计文件所需的文件种类也可能各不相同。文件的多少以能完整地表达所需意义而定。可以按文件的样式将设计文件分为三大类：文字性设计文件、表格性设计文件和电子工程图。

1. 文字性设计文件

产品标准或技术条件：产品标准或技术条件是对产品性能、技术参数、试验方法和检验要求等所做的规定。产品标准是反映产品技术水平的文件。有些产品标准是国家标准或行业标准做了明确规定的，文件可以引用，国家标准和行业标准未包括的内容文件应补充进去。一般来讲，企业制定的产品标准不能低于国家标准和行业标准。家用电器产品控制器中按技术条件要求编成的技术规格书也类似产品标准。

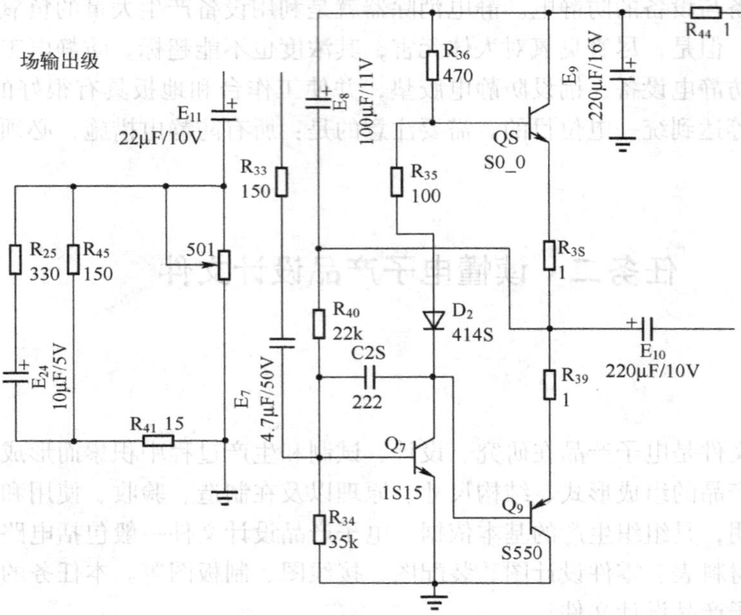

图 1.6　黑白电视机场输出级电路原理图

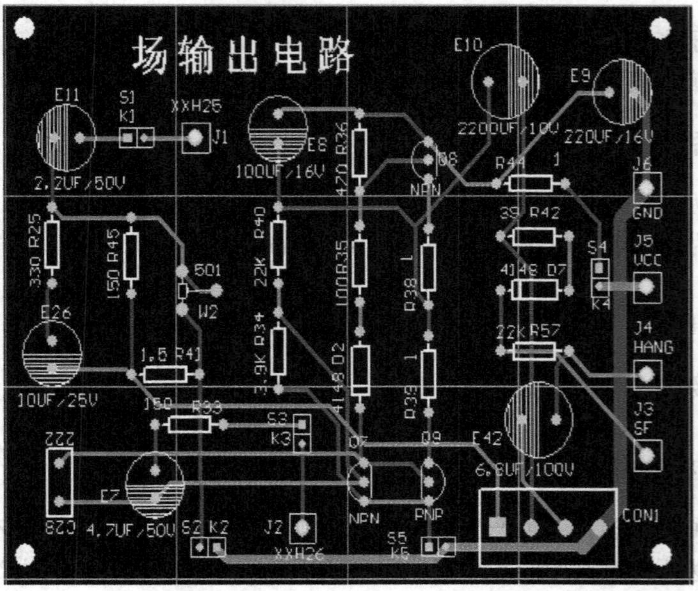

图 1.7　黑白电视机场输出级的 PCB① 布线图

① PCB：Printed Circuit Board，印制电路板。

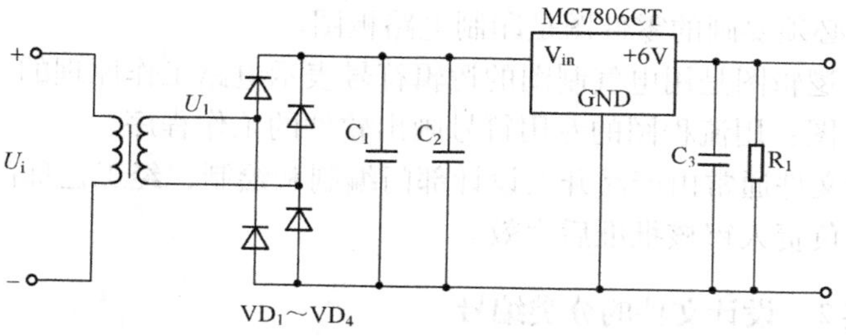

图 1.8　正输出固定稳压电源电路原理图

技术说明、使用说明、安装说明：技术说明是供研究、使用和维修产品用的，对产品的性能、工作原理、结构特点应说明清楚，其主要内容应包括产品技术参数、结构特点、工作原理、安装调整、使用和维修等内容。

（1）使用说明是供使用者正确使用产品而编写的，其主要内容是说明产品性能、基本工作原理、使用方法和注意事项。

（2）安装说明是供使用产品前的安装工作而编写的，其主要内容是产品性能、结构特点、安装图、安装方法及注意事项。

（3）调试说明是用来指导产品生产时调试其性能参数的。

2. 表格性设计文件

（1）明细表：明细表是构成产品（或某部分）的所有零部件、元器件和材料的汇总表，又称物料清单。从明细表可以查到组成该产品的零部件、元器件及材料。

（2）软件清单：软件清单是记录软件程序的清单。

（3）接线表：接线表是用表格形式表述电子产品两部分之间接线关系的文件，用于指导生产时这两部分的连接。

3. 电子工程图

（1）电路图：电路图又称原理图、电路原理图，是用电气制图的图形符号的方式画出产品各元器件之间、各部分之间的连接关系，用以说明产品的工作原理。它是电子产品设计文件中最基本的图样。

（2）框图：框图是用一个个方框、菱形框表示电子产品的各个部分，用连线表示它们之间的连接，进而说明其组成结构和工作原理，是原理图的简化示意图。

（3）印制电路板图：印制电路板图是用于指导工人装配焊接印制电路板的工艺图。印制电路板图一般分成两类：画出印制导线的印制电路板图和不画出印制导线的印制电路板图。在画出印制导线的印制电路板图里，印制导线按照印制电路板的实物画出，并在安装位置上画出了元器件。在不画出印制导线的印制电路板图里，将安装元器件的板面作为正面，画出元器件的图形符号及其位置，不画出印制导线，用于指导装配焊接。

（4）实物装配图：实物装配图是以实际元器件的形状及其相对位置为基础，画出产品的装配关系，这种图一般在产品生产装配中使用。用机械制图的方法画出的表示产品结构和装配关系的图，从装配图可以看出产品的实际构造和外观，能把装配细节表达清楚不易出错。

（5）零件图：一般用零件图表示电子产品某一个需加工的零件的外形和结构，在电子产品中最常见也是必须要画的零件图是印制电路板图。

（6）逻辑图：逻辑图是用电气制图的逻辑符号表示电路工作原理的一种工程图。

（7）软件流程图：用流程图的专用符号画出软件的工作程序。

电子产品设计文件通常由产品开发设计部门编制和绘制，经工艺部门和其他有关部门会签，开发部门技术负责人审核批准后生效。

知识链接 2　设计文件的分类编号

设计文件必须进行分类编号，这样方便对产品进行标准化管理。SJ/T 207.4—1999 标准规定电子产品设计文件采用十进制的文件编号。具体方法是：把全部产品的设计文件，按照产品的种类、功能、用途、结构、材料和制造工艺等技术特征，分为 10 级，每级分为 10 类，每类分为 10 型、每型分为 10 种。使用者拿到设计文件，看编号就能知道它是哪一级产品的文件。实例如下：

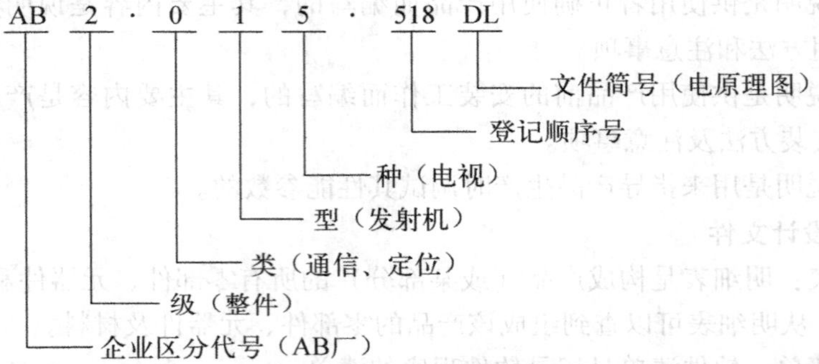

企业代号由 2 位字母组成，由企业的上级主管部门给定。本企业标准产品的文件，在企业代号前要加“Q/”。产品的级、类、型、种由 4 位十进制的数字标示，用来表示产品的特征标记。在“级”的数字后有小数点，1 级表示成套设备；2、3、4 级表示整件；5、6 表示不见；7、8 表示零件。登记顺序号是 3 位或 4 位，由本企业技术管理（标准化）部门统一编排，前面有小数点与特征标记分开。文件简号由字母表示产品设计文件中的各种组成文件。例如：DL 表示电路原理图，MX 表示明细表，SS 表示说明书。

知识链接 3　文件中元器件标注

在一般情况下，对于实际用于生产的正式工程图，通常不把元器件的参数直接标注出来，而是另附文件详细说明。这不仅使标注更加全面准确，避免混淆误解，同时也有利于生产管理（材料供应、材料更改）和技术保密。

在说明性的电路图样中，则要在元器件的图形符号旁边标注出它们最主要的规格参数或型号名称。标注的原则主要根据以下几点确定：

（1）图形符号和文字符号共同使用，尽可能准确、简洁地提供元器件的主要信息。例如，电阻器的图形符号表示了它的电气特性和额定功率，图形符号旁边的文字标注出了它的阻值；电容器的图形符号不仅表示出它的电气特性，还表示了它的种类（有无极性和极性的方向），用文字标注出它的容量和额定直流工作电压；对于各种半导体器件，则应该标注出它们的型号名称。在图样上，文字标注应该尽量靠近它所说明的那个元器件的图形符号，避免与其他元器件的标注混淆。

（2）应该减少文字标注的字符串长度，使图样上的文字标注既清楚明确，又只占用尽可能小的面积；同时，还要避免因图样印刷缺陷或磨损破旧而造成的混乱。在对电路进行分析计算时，人们一般直接读（写）出元器件的数值，如电阻 47 Ω、1.5 kΩ，电容 0.01 μF、1 000 pF 等，但把这些数值标注到图样上去，不仅 5 位、6 位的字符太长，而且假如图样印刷（复印）质量不好或经过磨损以后，字母 Ω 的下半部丢失就可能把 47 Ω 误认为 470，小数点丢失就可能把 1.5 kΩ 误认为 15 kΩ。为此，采取一些相应的规定，在工程图样的文字标注中取消小数点，小数点的位置上用一个字母代替，并且数字后面一般不写表示单位的字符，使字符串的长度不超过 4 位。

（3）对常用的阻容元件进行标注，一般省略其基本单位，采用实用单位或辅助单位。电阻的基本单位 Ω 和电容的基本单位 F，一般不出现在元器件的标注中。如果出现了表示单位的字符，则是用它代替了小数点。

对于电阻器的阻值，应该把 0.56 Ω、5.6 Ω、56 Ω、560 Ω、5.6 kΩ、56 kΩ、560 kΩ 和 5.6 MΩ，分别标注为 Ω56、5Ω6、56、560、5k6、56k、560k 和 5M6。

对于电容器的容量，应该把 4.7 pF、47 pF、470 pF 分别记作 4p7、47、470，把 4.7 μF、47 μF、470 μF 分别记作 4μ7、47、470。因为大容量的电容器一般是电解电容器，所以在电解电容器的图形旁边标注 47，是不会把 47 μF 当作 47pF 的；同样，在一般电容器图形符号旁边标注 47，是不会把 47pF 当成 47 μF 的（在某些容易混淆的地方，还需要注出 p 或 μ，例如在无极性电容器符号旁注出 1p 或 1μ）。

另外，对于有工作电压要求的电容器，文字标注要采取分数的形式：横线上面按上述格式表示电容量，横线下面用数字标出电容器所要求的额定工作电压。例如，图 1.9 中的 C_3 的标注是$\frac{3m3}{160}$，表示电容量为 3 300 μF、额定工作电压为 160 V 的电解电容器。

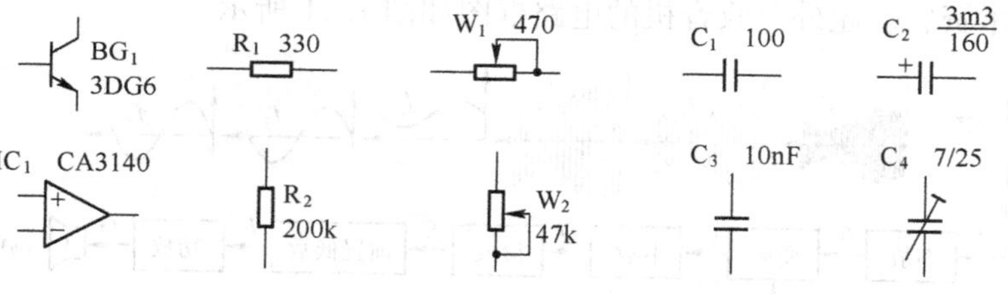

图 1.9　元器件标注举例

图中微调电容器 7/25 虽然未标出单位，但按照一般规律这种电容器的容量都很小，单位只可能是 pF，所以不会误解。也有一些电路图中，所用某种相同单位的元件特别多，则可以附加注明。由于 SMT 元器件体积特别小，一般采用 3 位数字在元件上标注其参数。

知识链接 4　几种常见工程图

1. 电路原理图

电路原理图是详细说明产品各元器件、各单元之间的工作原理及相互之间连接关系的图纸，图中用符号代表各种电子元器件，但它不表示电路中元器件的形状和尺寸，也不反映元器件的安装和固定情况。电路原理图是设计、编制连接图和电路分析及维护修理时的依据。

读图时要注意以下几个问题：

（1）整张电路图中，同一元器件符号自左至右或自上而下按顺序号编排。由多个单元组成的产品，往往在其符号前面加上该单元的项目代号，如 3C5 表示第 3 单元的第 5 个电容器，4R10 表示第 4 单元的第 10 个电阻器。

（2）电路图中各元器件之间的连线表示导线，两条或几条连线的交叉处标有“.”（实心圆点）表示两条或几条导线的金属部分连接在一起，连线交叉处若没有标注“.”，则说明连线之间相互绝缘而不相通。

（3）电路图中“⊥”符号称为接地符号，意思是说凡是画有“⊥”符号的部位都要用一条导线连接起来。这个接地不是说连接起来以后接大地，而是表明这些接地点是在一个电位上（一般称为零电位点）。

（4）对元器件符号要对号入座，以避免安装时接错。例如，二极管的符号，三角形一顶角处画一短竖线，表明此端为负极，而此顶角的对边表示正极；电解电容器符号标有“+”的一端为正极，另一端为负极。另外，晶体管的 b、c、e 3 个电极、变压器的初次级引线在读图焊接时都要引起特别达意。

（5）一个元器件有几个功能独立的单元时，在标码后面再加附码，如图 1.10 中三刀三位开关的表示方法。

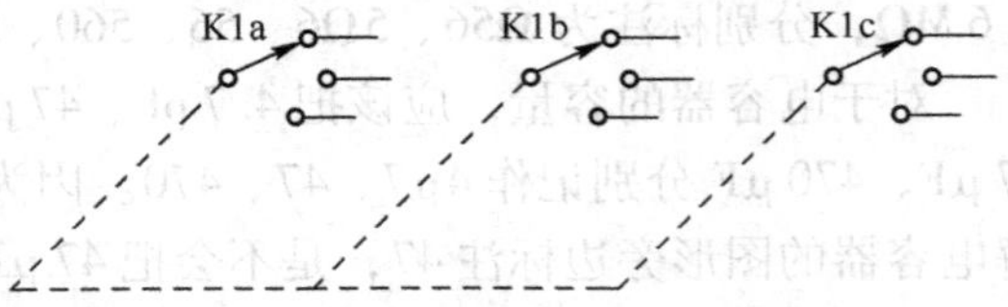

图 1.10　三刀三掷开关的表示方法

2. 电路框图

框图是用简单的“方框”反映整机的各个组成部分。各方框之间用连线表示各部分的连接及电路各部分的工作顺序。框图只能说明整机的轮廓以及类型、大致工作原理，看不出电路的具体连接方法，也看不出元器件的型号数值，但它是产品设计、电路分析、维护修理必不可少的技术资料。超外差收音机的电路框图如图 1.11 所示。

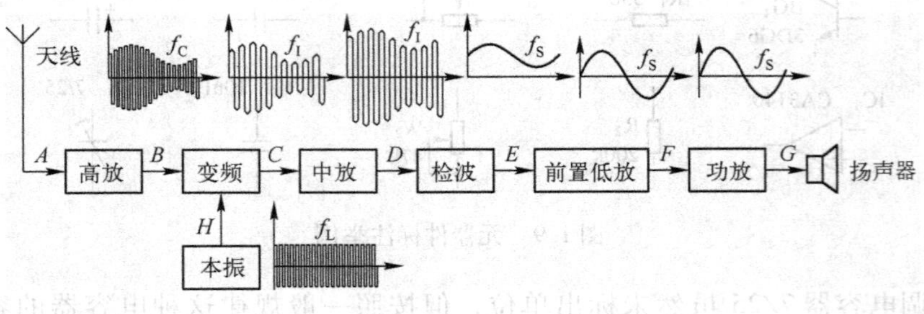

图 1.11　超外差收音机电路框图

3. 印制电路板图

印制电路板图是表示各元器件及零部件、整件与印制电路板连接关系的图纸，是用于装配焊接印制电路板的工艺图样。图 1.12 所示为万用表的印制电路板实物图，它能将电路原理图和实际电路板之间沟通起来。

读印制电路板装配图时要注意以下几个问题：

（1）印制电路板的元器件一般用图形符号表示，有时也用简化的外形轮廓表示，但此时都标有与装配方向有关的符号、代号和文字等。

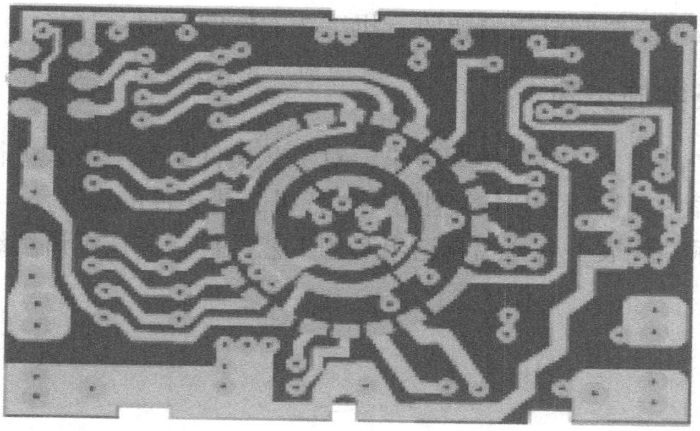

图 1.12　万用表的印制电路板实物图

（2）印制电路板都在正面给出铜箔连线情况（见图 1.7）。反面只用元器件符号和文字表示，一般不画印制导线，如果要求表示出元器件的位置与印制导线的连接情况，则用虚线画出印制导线。

（3）大面积铜箔是地线，且印制电路板上的地线是相通的。开关件的金属外壳也是地线。

（4）对于变压器等元器件，除在装配图上表示位置外，还标有引线的编号或引线套管的颜色。

（5）印制电路板装配图上用实心圆点画出的穿线孔需要焊接，用空心圆画出的穿线孔则不需要焊接。

组装元器件时，按照印制电路板装配图，从其反面（胶木板一面）把对应的元器件插入穿线孔内，然后翻到铜箔一面焊接元器件引线。

任务三　编制电子产品工艺文件

☑ 任务描述

工艺文件是根据设计文件、图样及生产定型样机，并结合工厂实际，如工艺流程、工艺装备、工人技术水平及产品的复杂程度定制出来的文件。它是电子产品加工过程中必须遵照执行的指导性文件。它用来指导电子产品的加工，如采用什么样的工艺流程、有多少条生产线、每条生产线多少个工位，每个工位都做什么工作、物料消耗、工时定额等，都在工艺文件中有详细的描述和规定。

本任务的主要目的是能够根据之前制作的六管超外差调幅收音机，独立完成相应的工艺文件的编制。

☑ 任务目标

（1）熟悉电子产品工艺文件的组成。

（2）能够独立完成六管超外差调幅收音机工艺文件的编制。

☑ 任务内容及实施步骤

（1）熟悉电子产品工艺文件的编写要求，对工艺文件的编写格式进行详细了解，并根据示例完成本书实战篇中项目四：FM 微型贴片收音机工艺文件的编写。

（2）每组同学派一代表上台介绍自己组写的工艺文件，并详细讲解编写思路、过程及其原因。

☑ 知识链接

知识链接 1　电子产品工艺文件

工艺文件是指导操作者生产、加工、操作的依据，是生产过程的指导性文件。它涉及面广、量大、种类多。

1. 工艺文件作用

（1）组织生产，建立生产秩序。

（2）指导技术，保证产品质量。

（3）编织生产计划，考核工时定额。

（4）调整劳动组织。

（5）安排物资供应，工具（装）、模具管理。

（6）经济核算、工艺纪律依据。

（7）技术档案管理。

2. 工艺文件分类

（1）基本工艺文件。它是企业组织生产、进行生产技术准备的最基本文件。规定了生产条件、工艺路线（流程）、工具设备、调试及检验仪器、工艺装备、工时定额，即生产过程中进行组织管理所需要的资料、数据，都要从中取得。

（2）指导技术文件。它是根据不同专业的工艺特点，通过生产实践总结编写的用于保证产品质量的技术文件（专利特征）。例如：专业工艺规程、工艺说明及简图、检验说明（方式、步骤、程序等）。

（3）统计汇编资料。它是为企业管理部门提供的各种明细表，作为规划生产组织、编织生产计划、安排物资供应、进行经济核算的技术性依据。其中包括：专用工装（具）；材料消耗定额。

知识链接 2　电子产品工艺文件编号

工艺文件的编号是指工艺文件的代号，简称“文件代号”。它由四部分组成：企业区分代号、设计文件十进制分类编号、工艺文件简号和区分号。

SJA	2.314.001	GJG	I
↓	↓	↓	↓
企业区分代号	设计文件十进制分类编号	工艺文件简号	区分号

知识链接3　电子产品工艺文件格式

电子产品工艺文件是根据行业标准（SJ/T 10324—1992《工艺文件的成套性》）编制产品生产的工艺性文件。通常，在产品生产定型时必须达到的要求：整套工艺文件明细表；整套工艺过程卡片；自制工艺装备明细表；材料消耗工艺定额明细表。

工艺文件格式是按工艺技术和管理要求规定的工艺文件栏目的编排形式。生产企业工艺文件常用的格式有：封面、工艺文件目录、工艺路线表、导线及扎线的加工卡、配套明细表、装配工艺过程卡、工艺说明及简图、检验工艺卡及工艺文件更改通知单。

1. 工艺文件的编制原则

编制工艺文件应在保证产品质量和有利于稳定生产的条件下，用最经济、最合理的工艺手段并坚持少而精的原则。为此，要做到以下几点：

（1）既要具有经济上的合理性和技术上的先进性，又要考虑企业的实际情况，具有适应性。

（2）必须严格与设计文件的内容相符合，应尽量体现设计的意图，最大限度地保证设计质量的实现。

（3）要力求文件内容完整正确，表达简洁明了，条理清楚，用词规范严谨，并尽量采用视图加以表达。要做到不需要口头解释，根据工艺规程，就可以进行一切工艺活动。

（4）要体现品质观念，对质量的关键部位及薄弱环节应重点加以说明。

（5）尽量提高工艺规程的通用性，对一些通用的工艺应上升为通用工艺。

（6）表达形式应具有较大的灵活性及适应性，当发生变化时，文件需要重新编制的比例压缩到最小程度。

2. 工艺文件的编制要求

（1）工艺文件要有统一的格式、统一的幅面，其格式、幅面的大小应符合有关规定，并要装订成册和装配齐全。

（2）工艺文件的填写内容要明确，通俗易懂、字迹清楚、幅面整洁，尽量采用计算机编制。

（3）工艺文件所用的文件的名称、编号、符号和元器件代号等，应与设计文件一致。

（4）工艺安装图可不完全照实样绘制，但基本轮廓要相似，安装层次应表示清楚。

（5）装配接线图中的接线部位要清楚，连接线的接点要明确。

（6）编写工艺文件要执行审核、会签、批准手续。

3. 工艺文件实例

工艺文件应尽量详细，最高境界就是不用教，看就能看会。每个公司的工艺文件都不同，但是相同的要求就是必须根据实际的文件格式，把所有内容填写完整。工艺文件的实际使用其实就是要抛开理论，以应用优先。

下面以装配过的MF47指针万用表为例，编写出相应的工艺文件，如表1.3～表1.17所示。

表 1.3 封 面

电 子 工 业

工 艺 文 件

第 1 册

共 11 页

产品型号：MF47

产品名称：万用表

产品图号：NZ0001

本册内容：整机安装

批准：

2015 年 1 月 10 日

旧底图总号	
底图总号	
日期	签名

******学院

电子与信息技术系

表 1.4 工艺文件目录

<table>
<tr><td colspan="2" rowspan="2">工艺文件目录</td><td>产品名称</td><td>指针万用表</td></tr>
<tr><td>产品编号</td><td>NZ0001</td></tr>
<tr><td>序号</td><td>文 件 名 称</td><td>页数</td><td>备 注</td></tr>
<tr><td>1</td><td>封面</td><td>1</td><td></td></tr>
<tr><td>2</td><td>工艺文件明细表</td><td>1</td><td></td></tr>
<tr><td>3</td><td>配套明细表</td><td>1</td><td></td></tr>
<tr><td>4</td><td>工艺说明</td><td>1</td><td></td></tr>
<tr><td>5</td><td>引脚成形</td><td>1</td><td></td></tr>
<tr><td>6</td><td>装配工艺过程卡</td><td>5</td><td></td></tr>
<tr><td>7</td><td>检验卡片</td><td>1</td><td></td></tr>
</table>

旧底图总号							拟制	
							审核	
底图总号								
							标准化	
日期	签名	更改标记	数量	更改标号	签名	日期	批准	

描图： 描校：

表 1.5　工艺路线表

工艺路线表				产品名称		指针万用表
				产品编号		NZ0001
序号	图号	名称	装入关系	部件用量	整件用量	工艺路线表内容

旧底图总号								拟制	
								审核	
底图总号									
								标准化	
日期	签名	更改标记	数量	更改标号	签名	日期		批准	

描图：　　　　描校：

表 1.6　导线及线扎的加工卡

导线及线扎加工卡								产品名称		指针万用表		
								产品编号		NZ0001		
序号	线号	名称牌号规格	颜色	数量	长度			连接线 I	连接线 II	设备及工装	工时定额	备注
					全长	A 剥头	B 剥头					
1	1–1	塑料线	红色	1	120 mm	2 mm	2 mm	接电源的输出端	接电源的正极	电烙铁	1′	
2	2 – 1	塑料线	黑色	1	120 mm	2 mm	2 mm	接公共接地端	接电源的负极	电烙铁	1′	
3	J1 J2	塑料线	黄线	2	120 mm	2 mm	2 mm	连接喇叭输出端	连接喇叭两极端	电烙铁	1′	

旧底图总号							拟制	
							审核	
底图总号								
							标准化	
日期	签名	更改标记	数量	更改标号	签名	日期	批准	

描图：　　　　　　描校：

表 1.7　成形工艺表

元器件引脚成形工艺表					产品名称		指针万用表	
					产品编号		NZ0001	
序号	项目代号	名称及代号	成形标记代号	长度	数量	设备工装	工时定额	备注
1	$R_1\sim R_{21}$	电阻器	a	15	21	手工	45 min	

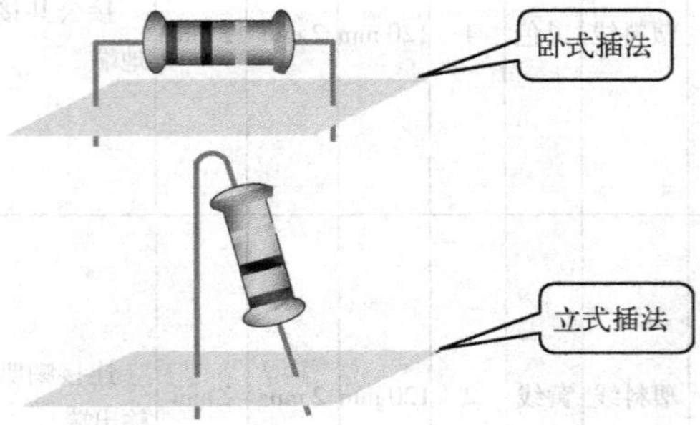

旧底图总号							拟制	
							审核	
底图总号								
							标准化	
日期	签名	更改标记	数量	更改标号	签名	日期	批准	

描图：　　　　描校：

表 1.8　配套明细表 1

配套明细表			产品名称	数字万用表
			产品编号	NZ0001
序号	器件名称	参　　数	数量	备　　注
1	机壳		1 套	
2	表头		1 片	
3	电路板		1 块	
4	熔断器		1 个	
5	HFE 座		1 个	
6	V 形触片		6 片	
7	9 V 电池		1 个	
8	电池压簧		2 个	
9	导电胶条		1 条	
10	滚珠		2 粒	
11	定位弹簧		2 个	
12	自动螺钉	2×6	4 只	
13	自动螺钉	2.3×8	2 只	
14	电位器		1 个	
15	锰铜丝		1 根	
16	输入杆座		3 个	
17	表笔器		1 副	
18	电阻器	0.99 Ω	1 个	R_{32}
19	电阻器	9 Ω	1 个	R_{33}
20	电阻器	100 Ω	1 个	R_6
21	电阻器	900 Ω	2 个	R_5、R_{27}
22	电阻器	9 kΩ	2 个	R_4、R_{26}
23	电阻器	90 kΩ	1 个	R_3
24	电阻器	352 kΩ	1 个	R_2

旧底图总号						拟制	
						审核	
底图总号							
						标准化	
日期	签名	更改标记	数量	更改标号	签名	日期	批准	

描图：　　　　描校：

表 1.9 配套明细表 2

配套明细表			产品名称	数字万用表
			产品编号	NZ0001
序号	器件名称	参　数	数量	备　注
25	电阻器	548 kΩ	1 个	R_1
26	电阻器	1. 5 kΩ	1 个	R_{24}
27	电阻器	20 kΩ	1 个	R_{28}
28	电阻器	100 kΩ	1 个	R_1
29	电阻器	180 kΩ	1 个	R_2
30	电阻器	220 kΩ	3 个	R_{29}、R_{36}、R_{38}
31	电阻器	1 MΩ	4 个	R_{21}、R_{22}、R_{23}、R_{30}
32	二极管	IN4007	1 个	D_1

旧底图总号							拟制	
							审核	
底图总号								
							标准化	
日期	签名	更改标记	数量	更改标号	签名	日期	批准	

描图：　　　　描校：

表 1.10 装配工艺过程卡 1

装配工艺过程卡						产品名称		数字万用表	
						产品编号		NZ0001	
装入件和材料			工作地	工序号	工种	工序内容及要求		设备工装	工时限定
序号	名称	数量							
1	焊接电子电路板时，电刷轨道的保护	21	流水线	1	装配工	焊接时一定要注意电刷轨道上一定不能粘上锡，否则会严重影响电刷的运转。为防止焊锡飞溅到电刷轨道上，应用一张圆形厚纸垫在线路板上		手工	

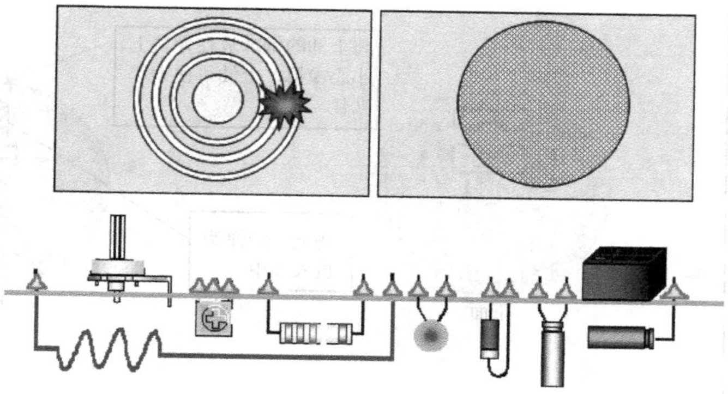

旧底图总号							拟制	
							审核	
底图总号								
							标准化	
日期	签名	更改标记	数量	更改标号	签名	日期	批准	

描图： 描校：

表 1.11 装配工艺过程卡 2

装配工艺过程卡					产品名称	数字万用表		
					产品编号	NZ0001		
装入件和材料			工作地	工序号	工种	工序内容及要求	设备工装	工时限定
序号	名称	数量						
2	弹簧、钢珠的安装	1	流水线	2	装配工	取出弹簧和钢珠，并将其放入凡士林油中，使其粘满凡士林。将加上润滑油的弹簧放入电刷旋钮的小孔中，钢珠黏附在弹簧的上方	手工	

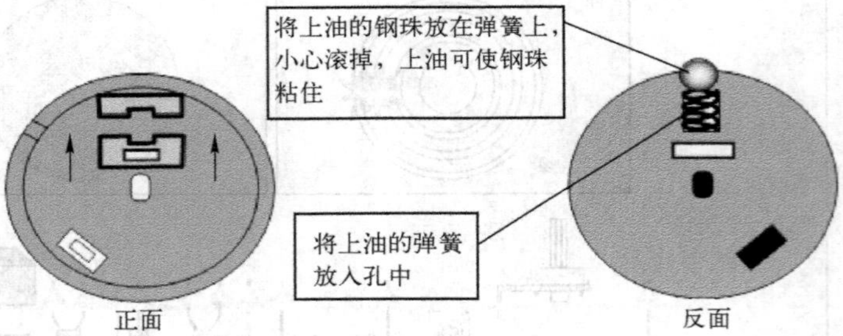
将上油的钢珠放在弹簧上，小心滚掉，上油可使钢珠粘住
将上油的弹簧放入孔中
正面
反面

旧底图总号							拟制	
							审核	
底图总号								
							标准化	
日期	签名	更改标记	数量	更改标号	签名	日期	批准	

描图： 描校：

表 1.12　装配工艺过程卡 3

装配工艺过程卡						产品名称	数字万用表	
						产品编号	NZ0001	
装入件和材料			工作地	工序号	工种	工序内容及要求	设备工装	工时限定
序号	名称	数量						
3	电刷旋钮安装	1	流水线	3	装配工	将电刷旋钮平放在面板上。用螺丝刀轻轻顶，使钢珠卡入花瓣槽内，小心滚掉，然后手指均匀用力将电刷旋钮卡入固定卡	手工	

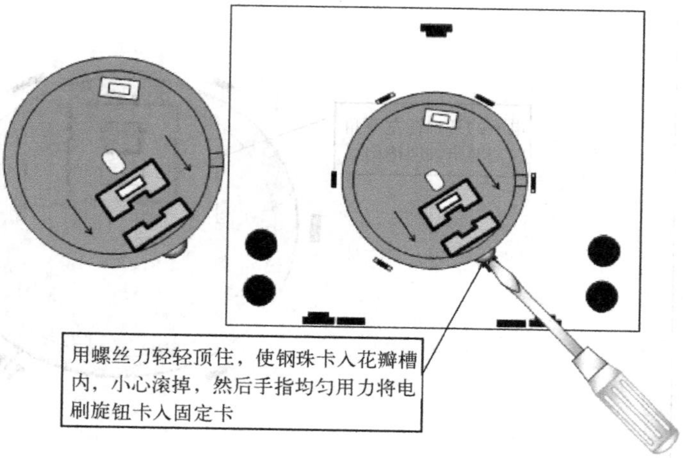
用螺丝刀轻轻顶住，使钢珠卡入花瓣槽内，小心滚掉，然后手指均匀用力将电刷旋钮卡入固定卡

旧底图总号						拟制	
						审核	
底图总号							
						标准化	
日期	签名	更改标记	数量	更改标号	签名	日期	批准	

描图：　　　　描校：

表 1.13 装配工艺过程卡 4

装配工艺过程卡						产品名称	数字万用表	
						产品编号	NZ0001	
装入件和材料			工作地	工序号	工种	工序内容及要求	设备工装	工时限定
序号	名称	数量						
4	电刷的安装	1	流水线	4	装配工	电刷旋钮的方向一定不能放错，看是否有弹性并能自动复位	手工	

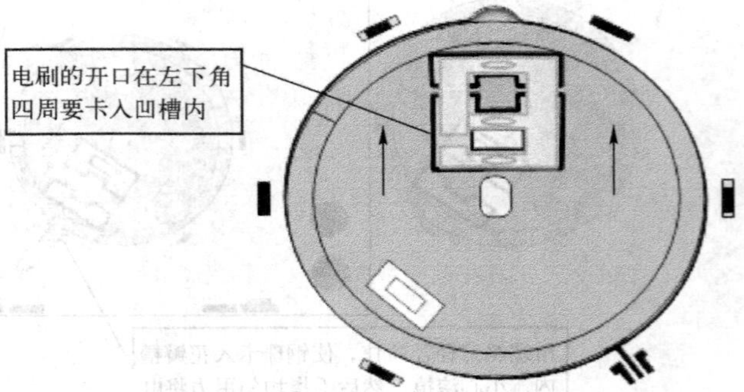

旧底图总号						拟制	
						审核	
底图总号							
						标准化	
日期	签名	更改标记	数量	更改标号	签名	日期	批准	

描图：　　　　描校：

表 1.14　装配工艺过程卡 5

装配工艺过程卡	产品名称	数字万用表
	产品编号	NZ0001

装入件和材料			工作地	工序号	工种	工序内容及要求	设备工装	工时限定
序号	名称	数量						
5	电路板的安装	2	流水线	5	装配工	安装电路板前先应检查电路板焊点的质量及高度，特别是在外侧两圈轨道中的焊点，安装前一定要检查焊点高度，不能超过 2 mm	手工	

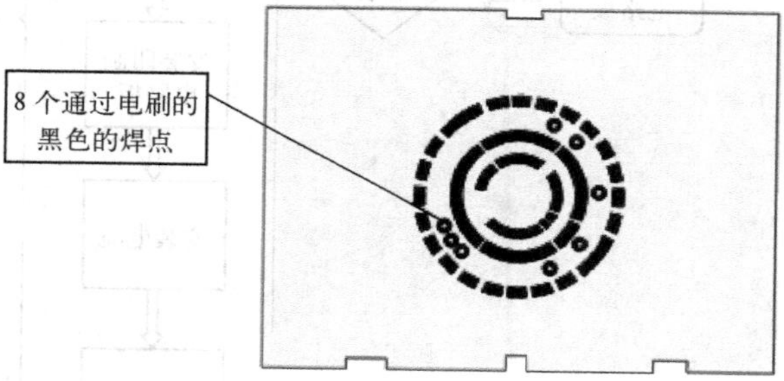

旧底图总号						拟制	
						审核	
底图总号							
						标准化	
日期	签名	更改标记	数量	更改标号	签名	日期	批准	

描图：　　　　描校：

表 1.15 工艺说明及简图

工艺说明	产品名称	数字万用表
	产品编号	NZ0001

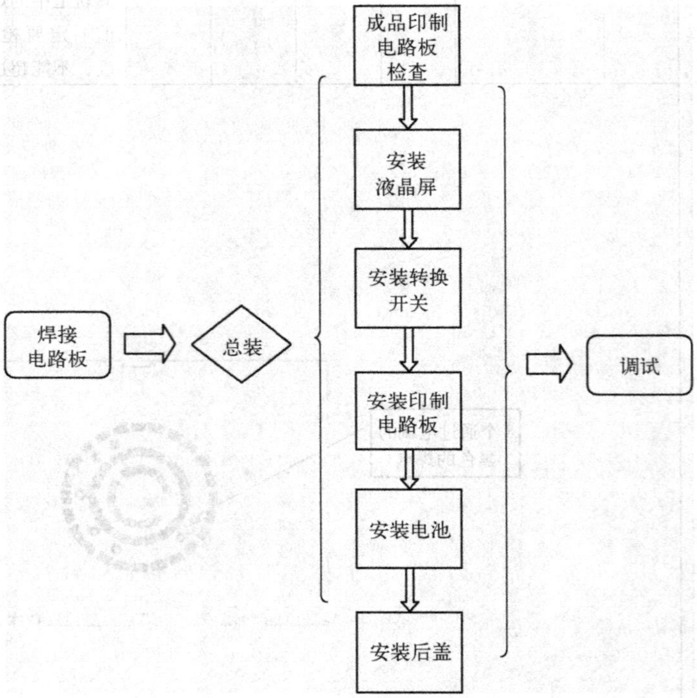

旧底图总号							拟制	
							审核	
底图总号								
							标准化	
日期	签名	更改标记	数量	更改标号	签名	日期	批准	

描图：　　　描校：

表 1.16　检验工艺卡

检验卡片				产品名称		数字万用表	
				产品编号		NZ0001	
工作地		工序号		来自何处		交往何处	
流水线		7		上道工序		整机装配	

序号	检测内容及技术要求	检测方法	检验器具		全检	抽检	备注
			名称	精度			
1	外观	目检			100%		
2	印制电路板无缺损、裂纹，铜箔无翘起、腐蚀、断条	目检			100%		不合格作废
3	元器件规格位置符合设计要求，不得错焊、漏焊	目检			100%		不合格返修
4	工艺质量	目检			100%		
5	元器件排列整齐，焊点光滑、牢固、无虚焊、桥接等	目检			100%		不合格返修
6	焊接面积符合要求、板面清洁，无白痕	目检			100%		不合格返修

旧底图总号							拟制	
							审核	
底图总号								
							标准化	
日期	签名	更改标记	数量	更改标号	签名	日期	批准	

描图：　　　　描校：

表 1.17　工艺文件更改通知单

更改单号	工艺文件更改通知单		产品名称或型号	零、部、整件名称	图号	第　页
						共　页
生效日期	更改原因	通知单的分发			处理意见	
更改标记	更改前		更改标记	更改后		

旧底图总号							拟制	
							审核	
底图总号								
							标准化	
日期	签名	签名	更改标记	数量	更改标号	签名	日期	批准

描图：　　　　　描校：

项目二　MF47 指针万用表

☑ 项目描述

任何电子产品都是由元器件构成的，不同的元器件组合，构成了不同的电子产品。不了解元器件的适用范围及元器件的性能优劣，就无法保证电子产品的性能质量。

本项目以旧电子产品作为载体，进行元器件的拆卸和测量等活动。通过项目过程让学生了解不同电子产品的质量判断标准和选用规则，以及常用工具、材料的具体使用方法。本项目主要介绍进行电子产品装配前的各种准备工作，包括电子元器件的识别与检测、常用工具与材料等。

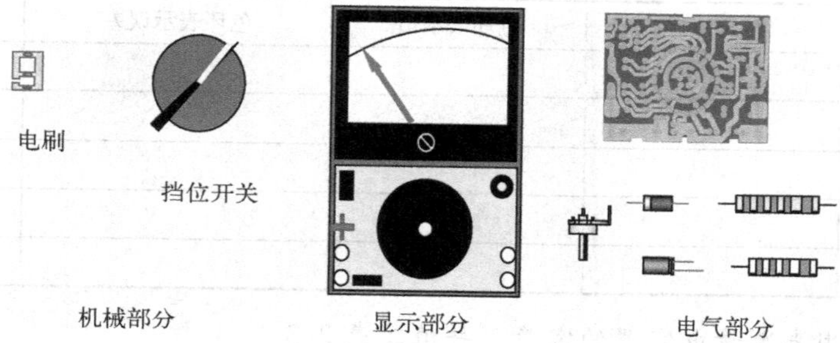

☑ 项目目标

（1）了解电子元器件的分类。

（2）掌握各种通孔插装元器件（即 THT 元器件）的命名、识别、特征、检测和选用方法等。

（3）掌握各种表面贴装元器件（即 SMT 元器件）的命名、识别、特征、检测和选用方法等。

（4）掌握常用的焊接工具和焊接材料组成和使用方法。

（5）了解导线和绝缘材料等一些常用材料的特征和用法。

☑ 项目训练器材

万用表、电子元器件（包括 THT 和 SMT 元器件）、焊接工具、焊接材料、各类导线等。

☑ 项目内容及实施步骤

拆卸一部旧指针万用表，识别拆卸下来的元器件的标注，并对它们进行在线测量和离线测量。

(1) 在表2.1中详细列出所使用的工具和材料的名称，以及数量。

表2.1　材料的名称和数量

序　号	名　称	数　量	用　途	备　注
1				
2				
3				
4				
5				

(2) 拆卸整机外壳，识别机内元器件的类型，识读元器件上的标注。判断各种元器件的类型，并用万用表进行测量。

① 读出至少5个电阻器的色环及阻值，并用数字万用表测量其电阻，将色环、标称值、测量值均填写在表2.2中。

表2.2　电阻器色环、标称值

电　阻　器	色环顺序	色环表示值	色环表示误差	测　量　值
1				
2				
3				
4				
5				

② 用数字万用表测量电容器的容量，并填写表2.3。

表2.3　电容器的容量

电　容　器	型　号	电容标称植	测　量　值
1			
2			
3			
4			
5			

③ 用万用表判断二极管的正负极，对照二极管外形看看判断是否正确，填写表2.4。

表2.4　二极管的相关数据

二极管	型　号	图形符号	色环表示误差	测量值
1				
2				
3				
4				
5				

④ 用万用表判断晶体管是 NPN 晶体管还是 PNP 晶体管，判断晶体管的 3 个引脚，记下晶体管的型号，画出引脚排列图，同学间相互检查判断是否正确。

⑤ 在晶体管的放大电路中测得晶体管各电极的电位，判断其类型、材料和电极。根据：

- NPN 晶体管：$V_c > V_b > V_e$；PNP 晶体管：$V_c < V_b < V_e$。
- 不同材料的晶体管正向偏置的发射极电压降不同，硅管 $|V_{be}| \approx 0.7$ V，锗管 $|V_{be}| \approx 0.2$ V。

所测晶体管的相关参数填入表 2.5。

表 2.5　晶体管的相关参数

各引脚电极			管　型	图形符号	材　料
1	2	3			

任务一　常用插装元器件的识别与检测

☑ 任务描述

电子产品中的各种元器件种类繁多，其性能和应用范围有很大不同。随着电子工业的飞速发展，电子元器件中的新产品层出不穷，其品种规格也十分繁杂。对于电子工程技术人员和初学者而言，全面了解各种电子元器件的结构和特点，学会正确地选择应用，是能够胜任电子产品开发、维修、维护等工作的重要因素之一。通常把元器件分为阻容器件、感性器件、开关接插件和半导体器件四大类。

本任务主要涉及电子产品中常用的通孔插装电子元器件的一些基本知识。

☑ 任务目标

（1）了解电阻器的分类、命名，掌握电阻器的电阻与误差的识别，掌握电阻器、电位器的测量方法和选用常识。

（2）了解电容器的分类、命名、标志识别，掌握电容器的测量方法和选用常识。

（3）了解电感器的分类、命名、相关识别，掌握检测电感器的方法和选用常识。

（4）了解二极管、晶体管的命名、类型、相关标识，掌握其检测方法和选用常识。

（5）了解集成电路的类型、相关标识，掌握识别方法和选用常识。

☑ 任务内容及实施步骤

（1）电阻器阻值色环识别法练习。熟练掌握电阻四色环和五色环识别方法，能够根据色环写出电阻，根据给出的电阻写出相应的四色环和五色环。分别填写表 2.6 和表 2.7。表 2.6 根据给出的四色环和五色环写出相应的电阻值，表格 2.7 则是根据电阻，要求分别写出相应的四色环和五色环电阻器的颜色。

表 2.6 写出四色环、五色环表示的电阻

四 色 环	电 阻	五 色 环	电 阻
棕黑黑金		棕黑黑红棕	
红黄黑金		绿棕黑棕棕	
橙橙黑金		棕黑黑绿棕	
黄紫橙金		蓝灰黑橙棕	
灰红红金		黄紫黑棕棕	
白棕黄金		红紫黑黄棕	
黄紫棕金		紫绿黑棕棕	
橙黑棕金		棕黑黑橙棕	
紫绿红金		橙橙黑橙棕	
白棕棕金		红红黑红棕	

表 2.7 写出四色环、五色环颜色

电 阻	四 色 环	电 阻	五 色 环
0.5 Ω		2.7 Ω	
1 Ω		3 Ω	
36 Ω		5.6 Ω	
220 Ω		6.8 Ω	
470 Ω		8.2 Ω	
750 Ω		24 Ω	
1 kΩ		47 Ω	
1.2 kΩ		39 Ω	
1.8 kΩ		100 Ω	
2 kΩ		1 MΩ	

（2）色环电阻器实物识别练习：

① 每个学生有一块自己焊接的 R_1 ～ R_{30} 共 30 个以上不同数值色环电阻器的电路板，写出电路板上每个色环电阻器的电阻与误差，填写表格 2.8。用万用表测量每个电阻器的电阻并记录下来与色环读数比较是否在误差范围内。

② 交换学生手上的电路板参照上述步骤继续练习。

③ 学生交互检查或开展色环电阻器识别速度竞赛。

表 2.8 电阻的数值与误差

元件编号	色环标志	电阻理论值	电阻测量值	电阻误差
R_1				
R_2				
R_3				
R_4				
R_5				

续表

元件编号	色环标志	电阻理论值	电阻测量值	电阻误差
R_6				
R_7				
R_8				
R_{10}				
R_{11}				
R_{12}				
R_{13}				
R_{14}				
R_{15}				
R_{16}				
R_{17}				
R_{18}				
R_{19}				
R_{20}				
R_{21}				
R_{22}				
R_{23}				
R_{24}				
R_{25}				
R_{26}				
R_{27}				
R_{28}				
R_{29}				
R_{30}				

要求：1 min 能正确识别 10 个为合格，15 个为良好，20 个为优秀。

（3）怎样确认色环电阻器的第一环？

（4）将电阻估计为 100 kΩ，观察图 2.1，找出问题并加以说明。

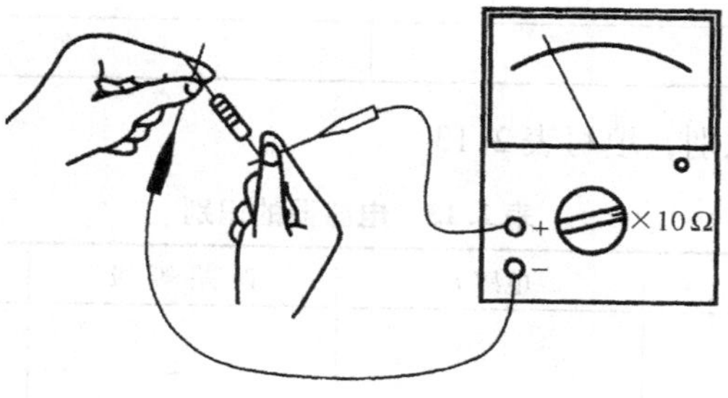

图 2.1　错误示范

（5）电阻器的检测技能训练。根据给出的各类电阻器、微调电阻器和热敏电阻器，两位同学协作，选择几个电阻器用万用表检测，并将结果填入表 2.9、表 2.10 中。

表 2.9　固定电阻器的测量

序号	万用表型号	欧姆挡量程	调零否	量程选择	被测元件符号	被测元件认知	欧姆系列及标称值	实测值	误差比例	合格	不合格
1											
2											
3											
4											

表 2.10　敏感电阻元件

类型	型号	解释型号意义	电路符号	欧姆挡量程	正常室温下电阻值	用手捏住加热 10 s 后的电阻值	其他物理方法加热的电阻值	变化率	是否合格
热敏电阻器									

（6）进行电容器的检测技能训练，填写表 2.11。

表 2.11　电容器的测量

序号	电容器类别	万用表挡位	万用表是否调零	漏电阻	测量中遇到的问题	是否合格
1	陶瓷电容器 0.1 μF					
2	纸介电容器 1 μF					
3	电解电容器 100 μF					
4	电解电容器 1000 μF					

（7）进行电容器容量的识别，填写表 2.12。

表 2.12　电容器容量的识别

标　　值	说　　明	电容测量值	误　　差
2p2			
6n8			
103			
104			
0.22			
p33			
608			

（8）进行电感器的识别，填写表 2.13。

表 2.13　电感器的识别

色码电感器	电感 L	误 差 等 级	允许通过电流
D.II 33μH			

续表

色码电感器	电感 L	误 差 等 级	允许通过电流
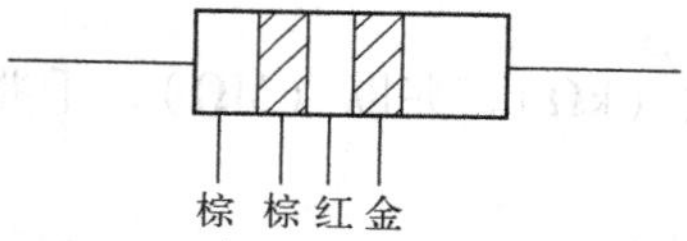			

（9）用万用表判断二极管的正负极，对照二极管外形查看判断是否正确，填写表 2. 14。

表 2. 14 判断二极管的正负极

二 极 管	型 号	图 形 符 号	二极管挡测量值	材料（硅/锗）
1	IN4007			
2	2AP9			
3	2CZ82A			
4	2CZ52D			

（10）用万用表判断晶体管是 NPN 晶体管还是 PNP 晶体管，判断晶体管的 3 个引脚，记下晶体管的型号，画出引脚排列图，同学间相互检查判断是否正确，填写表 2. 15。

表 2. 15 判断晶体管类型

各 引 脚 电 极			管型（NPN/PNP）	图形符号	材料（硅/锗）
1	2	3			

☑ 知识链接

知识链接 1 电阻器的识别与检测

电阻器是电子产品中最常用的电子元器件之一，同时也是电子产品中使用最多的元件。

1. 电阻的基本概念

电阻用来表示导体对电流阻碍作用的大小。普通色环电阻器实物和图形符号如图 2. 2 所示。电阻器在电路图中通常用字母 R 表示，在电路中用 R 加数字表示，如 R_1 表示编号为 1

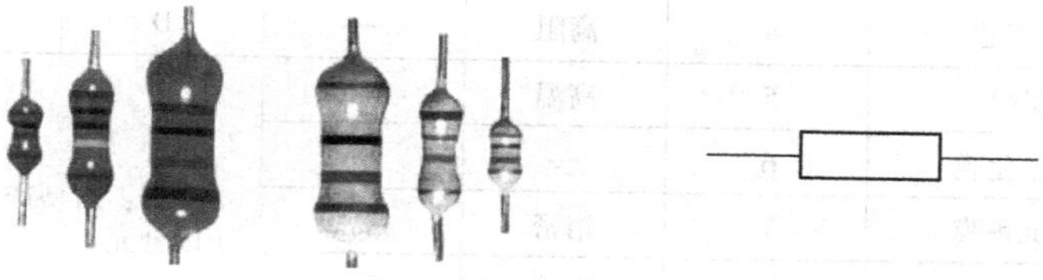

（a）实物图 （b）图形符号

图 2. 2 电阻器实物图和图形符号

的电阻器。电阻器在电路中的主要作用为分流、限流、分压、偏置等。它吸收电能并把电能转换为其他形式的能量。

2. 电阻的单位和换算方法

电阻的基本单位是欧［姆］符号是 Ω。倍率单位有：千欧（kΩ）、兆欧（MΩ）、千兆欧（GΩ）、太欧（TΩ）等。其进制都满足 10^3 的关系，即

$$1\ \mathrm{T\Omega} = 10^3\ \mathrm{G\Omega} = 10^6\ \mathrm{M\Omega} = 10^9\ \mathrm{k\Omega} = 10^{12}\ \Omega$$

3. 电阻器的分类

电阻器种类很多，根据分类的依据不同，有不同的分法。

(1) 按制作工艺分，电阻可分为合金型、薄膜型和合成型三大类。

(2) 按制作材料分，电阻可分为碳膜电阻器、金属膜电阻器和线绕电阻器等。一般所用材料可根据电阻器颜色判断。

(3) 按电阻器在电路中的功能分可分为负载电阻器、采样电阻器、分流电阻器、保护电阻器等。

(4) 按照使用范围和用途分，电阻器可分为普通型电阻器、精密型电阻器、高频型电阻器、高压型电阻器、高阻型电阻器、熔断型电阻器等。

(5) 按安装方式分，电阻可以分为插件电阻器和贴片电阻器。

(6) 按阻值特性分，电阻器可以分为固定电阻器、可变电阻器和敏感电阻器三大类。

4. 电阻器的命名

根据国家标准 GB 2470—1995 的规定，电阻器的型号由以下几部分构成：

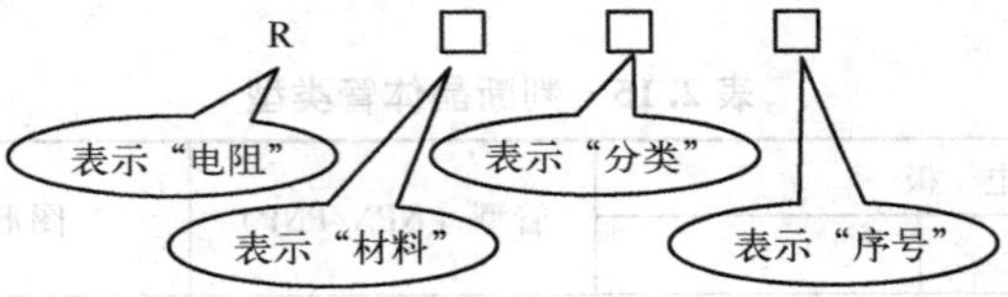

每部分含义如表 2.16 和表 2.17 所示。

表 2.16　电阻器的材料、分类代号及其意义

材料		分类					
字母代号	意义	数字代号	意义		字母代号	意义	
			电阻器	电位器		电阻器	电位器
T	碳膜	1	普通	普通	G	大功率	—
H	合成膜	2	普通	普通	T	可调	—
S	有机实芯	3	超高频	—	W	—	微调
N	无机实芯	4	高阻	—	D	—	多圈
J	金属膜	5	高温	—	说明：新型产品的分类根据发展情况予以补充		
Y	金属氧化膜	6	—	—			
C	化学沉积膜	7	精密	精密			
I	玻璃釉膜	8	高压	函数			
X	线绕	9	特殊	特殊			

表 2.17　敏感电阻器的材料、分类代号及其意义

材　料		分　类			
字母代号	意　义	数字代号	意　义		
			温度	光敏	压敏
F	负温度系数热敏	1	普通	—	碳化硅
Z	正温度系数热敏	2	稳压	—	氧化锌
G	光敏	3	微波	—	氧化锌
Y	压敏	4	旁热	可见光	—
S	湿敏	5	测温	可见光	—
C	磁敏	6	微波	可见光	—
L	力敏	7	测量	—	—
Q	气敏	8	—	—	—

5. 主要标注方法

由于受到电阻器表面积限制，通常只在电阻器外表面上标注电阻器的类型、标称值、精度等级和额定功率。功率小于 0.5 W 的电阻，一般只标注阻值和允许误差，功率一般从其外形尺寸上判断。电阻的规格标注一般有以下 4 种方法：

（1）直接标注法。直接标注法是将电阻器的主要参数和技术性能用数字或字母直接标注在电阻体上的一种方法。该方法主要适用体积较大的电阻器，一般功率在 2 W（含 2 W）以上的电阻器上采用该方法。

（2）文字符号标注法。文字符号标注法是将文字符号、数字两者有规律组合在一起的一种表示方法。具体方法是：文字符号所在的位置即为小数点的位置，同时文字符号代表了标称值的单位。文字符号与标称单位对照如表 2.18 所示。

表 2.18　文字符号与标称单位对照

文 字 符 号	R（或 Ω）	k	M	G	T
标称单位	Ω	kΩ	MΩ	GΩ	TΩ

举例说明：0R3 = 0Ω3 = 0.3 Ω；2k2 = 2.2 kΩ；1M5 = 1.5 MΩ；65 G = 65 GΩ；2 T 7 = 2.7 TΩ。

（3）数值标注法。数值标注法多用来表示贴片电阻器阻值，它用 3 位数字表示元件的标称值，又称数码法。从左至右，前两位分别表示有效数字十位和个位，第三位表示倍乘（10^n），当 $n=9$ 时为特例，表示 10^{-1}。默认单位为 Ω。

举例说明：$103 = 10\times10^3 = 10$ kΩ；$152 = 15\times10^2 = 1.5$ kΩ；$109 = 10\times10^{-1} = 1$ Ω。

（4）色码标注法。色码标注法是用不同颜色的色环来表示电阻器的阻值及误差。普通电阻器一般用 4 环表示，精密电阻器用 5 环表示。普通色环电阻器（误差 ±5% 以上）有 4 个色环，第一、第二个色环代表数值，第三个色环代表倍率，第四色环代表精度。其含义如图 2.3所示。

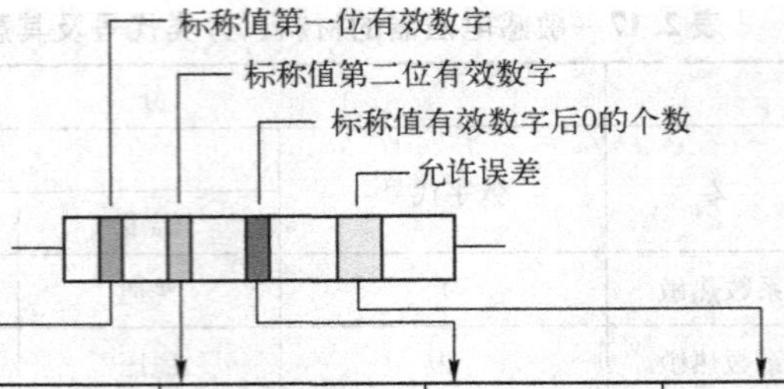

颜色	第一位有效值	第二位有效值	倍　率	允许偏差
黑	0	0	10^0	
棕	1	1	10^1	
红	2	2	10^2	
橙	3	3	10^3	
黄	4	4	10^4	
绿	5	5	10^5	
蓝	6	6	10^6	
紫	7	7	10^7	
灰	8	8	10^8	
白	9	9	10^9	−20%～+50%
金			10^{-1}	±5%
银			10^{-2}	±10%
无色				±20%

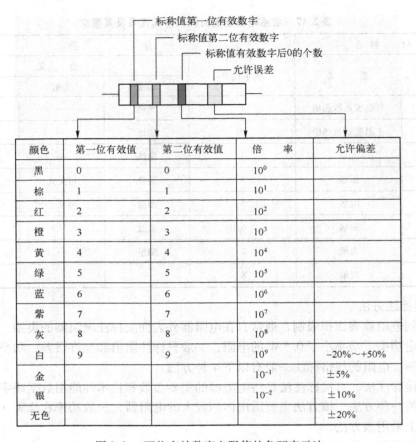

图 2.3　两位有效数字电阻值的色环表示法

精密色环电阻器（误差 ±2% 以内）有 5 个色环，第一个、第二个、第三个色环代表数值，第四个色环代表倍率，第五个色环代表精度。其含义如图 2.4 所示。

色码法主要用来标注小功率电阻器，尤其是 0.5 W 以下的碳膜电阻器和金属膜电阻器。

判断色环电阻器的第一条颜色的位置方法如下：

① 色码表中可以看出有些颜色不能用来表示误差，因此它们不能是最后一条色环。

② 表示误差的色环一般会比其他色环宽。

③ 金、银颜色不能用来表示有效数字，因此不会出现在前面。

④ 一般表示允许误差的色环距离其他色环的距离较远。较标准的表示应是表示允许误差的色环的宽度是其他色环的 1.5 ～ 2 倍。

有些色环电阻器由于厂家生产不规范，无法用上面的特征判断，这时只能借助万用表判断。

6. 电阻器的主要参数

电阻器的主要技术指标有额定功率、标称电阻值、允许偏差（精度等级）等。

(1) 额定功率。额定功率是指电阻器在电路中长时间连续工作不损坏，或不显著改变其性能所允许消耗的最大功率，用“瓦（W）”表示。电阻器的额定功率系列如表 2.19 所示。

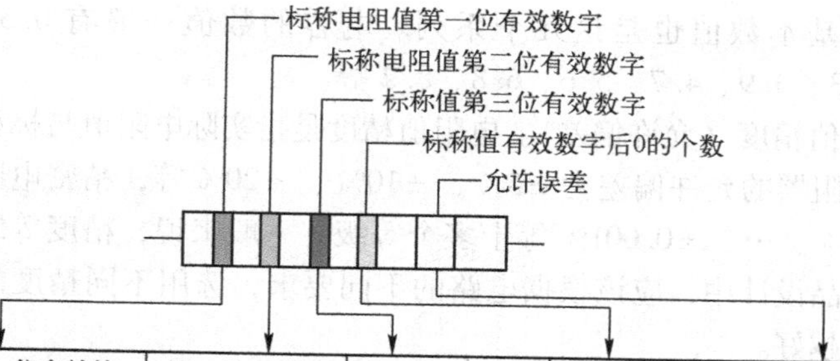

颜色	第一位有效值	第二位有效值	第三位有效值	倍　率	允许偏差
黑	0	0	0	10^0	
棕	1	1	1	10^1	±1%
红	2	2	2	10^2	±2%
橙	3	3	3	10^3	
黄	4	4	4	10^4	
绿	5	5	5	10^5	±0.5%
蓝	6	6	6	10^6	±0.25
紫	7	7	7	10^7	±0.1%
灰	8	8	8	10^8	
白	9	9	9	10^9	
金				10^{-1}	
银				10^{-2}	

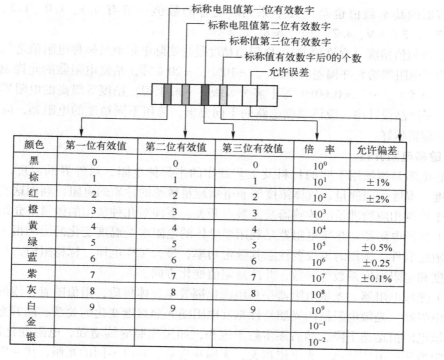

图 2.4　3 位有效数字电阻值的色环表示法

表 2.19　电阻器额定功率系列

单位：W

线绕电阻器的额定功率系列	0.05、0.125、0.25、0.5、1、2、4、8、10、16、25、40、50、75、100、150、250、500
非线绕电阻器额定功率系列	0.05、0.125、0.25、0.5、1、2、5、10、25、50、100

额定功率和所用材料可通过电阻器体积大小和颜色进行判断，额定功率 2 W 以上的电阻器，因为体积比较大，其功率值均在电阻器体上用数字标出；额定功率 2 W 以下的电阻器，其额定功率通过观察外形尺寸即可确定。

（2）标称电阻值。电阻器的标称电阻值，用色环或文字符号标志在电阻器的表面。不同类型的电阻器，电阻值范围不同；不同精度等级的电阻器，其数值系列也不相同。这种标准已在国际上广泛采用，在设计电路时，应该尽可能选用电阻值符合标准系列的电阻器。

电阻器的标称电阻值分为 E6、E12、E24、E48、E96、E192 六大标准系列，分别适用于允许偏差为 ±20%、±10%、±5%、±2%、±1% 和 ±0.5% 的电阻器。其中，E24 系列为常用数系，E48、E96、E192 系列为高精密电阻数系。

E24 系列是最常见的电阻值系列，误差为 ±5%，基本数值是：10^n 的 24 次方根，即 $\sqrt[24]{10^n}$，$n=1,2,3\cdots24$，就是 1.0、1.1、1.2、1.3、1.5、1.6、1.8、2、2.2、2.4、2.7、3、3.3、3.6、3.9、4.3、4.7、5.1、5.6、6.2、6.8、7.5、8.2、9.1 这 24 个基本数值，再乘 10 的倍率。

E12 系列，误差 ±20%，就是在上述 E24 系列中，取奇数项：1.2、1.5……共 12 个基本数值，误差 ±10%。还有 E6 系列，在 E12 系列中，取奇数项 1.5、2.2……共 6 个数值。

电容器的基本数值也是这几个系列。电容的数值一般有 0.5、1.0、1.2、1.5、1.8、2.2、2.7、3.3、3.9、4.7、5.6、6.8、8.2 等。

(3) 电阻值精度(允许偏差)。电阻值精度是指实际电阻值与标称电阻值之间存在的相对误差。普通电阻器的允许偏差为 ±5%、±10%、±20% 等，精密电阻器的允许偏差为 ±2%、±1%、±0.5%、…、±0.001% 等十多个等级。一般来说，精度等级高的电阻器，价格也更高。在电子产品设计中，应该根据电路的不同要求，选用不同精度的电阻器，应选择最合适的，而非越贵越好。

7. 敏感电阻介绍

敏感电阻是指使用不同的材料及工艺制作的半导体电阻，对外界的温度、压力、机械力、亮度、湿度、磁通量、气体浓度等非电物理量敏感的性质的电阻。利用这些电阻，可以制作用于检测相应物理量的传感器及无触点开关。下面对几种常用的做简单介绍。

(1) 热敏电阻器。热敏电阻器是利用半导体的电阻率受温度变化的影响很大的性质制成的温度敏感器件。选用时不仅要注意其额定功率、最大工作电压、标称阻值，更要注意最高工作温度和电阻温度系数等参数，并注意阻值变化方向。

(2) 光敏电阻器。光敏电阻器是利用硫化镉等半导体材质，阻值随着光线的强弱而发生变化的电阻器。光敏电阻器的光照特性是其电阻随光照强度变化的关系。随着光照强度的增加，光敏电阻值迅速下降，然后逐步趋于饱和，如果光照继续增强，电阻变化很小。此外，光敏电阻器所加电压越高，光电流越大，无饱和现象，同时不同的光照，伏-安特性有不同的斜率。

(3) 压敏电阻器。压敏电阻器是在一定电流电压范围内电阻值随电压而变，或者说“电阻值对电压敏感”的电阻器。压敏电阻器的最大特点是当加在它上面的电压低于它的阈值 UN 时，流过它的电流极小，相当于一个关死的阀门；当电压超过“UN”时，流过它的电流激增，相当于阀门打开。利用这一功能，可以抑制电路中经常出现的异常过电压，保护电路免受过电压的损害。选用时，压敏电阻器的标称电压值应是加在压敏电阻器两端电压的 2～2.5 倍。

8. 电阻器的检测方法

置万用表挡位于电阻挡的适当挡位进行测量(模拟万用表需指针校零后方可测量)。

(1) 固定电阻器的检测方法。将两表笔(不分正负)分别与电阻器的两端引脚相接即可测出实际电阻值。为了提高测量精度，应根据被测电阻器标称电阻值的大小来选择量程。读数与标称电阻值之间分别允许有 ±5%、±10% 或 ±20% 的误差。若不相符，超出误差范围，则说明该电阻器变值了。

注意：测试时，特别是在测几十 kΩ 以上阻值的电阻时，手不要触及表笔和电阻器的导电部分；被检测的电阻器从电路中焊下来，至少要焊开一个头，以免电路中的其他元件对测试产生影响，造成测量误差；色环电阻器的电阻值虽然能以色环标志来确定，但在使用时最好还是用万用表测试一下其实际阻值。

(2) 正温度系数热敏电阻器(PTC)的检测方法。检测时具体可分两步操作：①常温检测(室内温度接近 25 ℃)：将两表笔接触热敏电阻器的两引脚测出其实际电阻值，并与标称电阻值相对比，二者相差在 ±2 Ω 内即为正常。实际电阻值若与标称电阻值相差过大，则说明其性能不良或已损坏。②加温检测；在常温测试正常的基础上，即可进行第二步测试——

加温检测，将一热源（例如电烙铁）靠近热敏电阻器对其加热，同时用万用表监测其电阻值是否随温度的升高而增大，若是，说明热敏电阻器正常；若电阻值无变化，说明其性能变劣，不能继续使用。

注意：不要使热源与热敏电阻器靠得过近或直接接触热敏电阻器，以防止将其烫坏。

（3）负温度系数热敏电阻器（NTC）的检测。

① 测量标称电阻值（R_t）。用万用表测量热敏电阻器的方法与测量普通固定电阻器的方法相同，即根据热敏电阻器的标称电阻值选择合适的电阻量程挡可直接测出 R_t 的实际电阻值。但因 NTC 热敏电阻器对温度很敏感，故测试时应注意以下几点：

- R_t 是生产厂家在环境温度为 25 ℃时所测得的，所以用万用表测量 R_t 时，亦应在环境温度接近 25 ℃时进行，以保证测试的可信度。
- 测量功率不得超过规定值，以免电流热效应引起测量误差。
- 注意正确操作。测试时，不要用手捏住热敏电阻体，以防止人体温度对测试产生影响。

② 估测温度系数（α_t）。先在室温 t_1 下测得电阻值 R_{t_1}，再用电烙铁作热源，靠近热敏电阻器 R_t，测出电阻值 R_{t_2}，同时用温度计测出此时热敏电阻器 R_t 表面的平均温度 t_2 再进行计算。

（4）压敏电阻器的检测。用万用表的 $R\times1k$ 挡测量压敏电阻器两引脚之间的正、反向绝缘电阻，均为无穷大，否则，说明漏电流大。若所测电阻很小，说明压敏电阻器已损坏，不能使用。

（5）光敏电阻器的检测。光敏电阻器的检测包括以下 3 种方法：

① 用一黑纸片将光敏电阻器的透光窗口遮住，此时万用表的指针基本保持不动，电阻值接近无穷大。此值越大说明光敏电阻器性能越好；若此值很小或接近为零，说明光敏电阻器已烧穿损坏，不能再继续使用。

② 将一光源对准光敏电阻器的透光窗口，此时万用表的指针应有较大幅度的摆动，电阻值明显减小。此值越小说明光敏电阻器性能越好；若此值很大甚至无穷大，表明光敏电阻器内部开路损坏，不能再继续使用。

③ 将光敏电阻器透光窗口对准入射光线，用小黑纸片在光敏电阻器的遮光窗上部晃动，使其间断受光，此时万用表指针应随黑纸片的晃动而左右摆动。如果万用表指针始终停在某一位置不随纸片晃动而摆动，说明光敏电阻器的光敏材料已经损坏。

9. 电阻器选用常识

电阻器在使用之前最好用仪表进行测量，查看其电阻值是否与标称电阻值一致。实际使用时，一定要考虑电阻值和额定功率要满足需要。除了考虑各项参数要符合电路的使用条件之外，还要综合考虑外形尺寸和价格等诸多因素。在选择电阻器时可以考虑以下几点：

（1）正确选用电阻值和误差：

① 电阻值选用。原则是所用电阻器的标称电阻值与所需电阻器电阻值差值越小越好。应该选择通用型电阻器，选择标称阻值系列的，尽量避免用非标称的电阻值。

② 误差选用。时间常数 RC 电路所需电阻器的误差尽量小，一般可选 5% 以内。对退耦电路、反馈电路、滤波电路、负载电路误差要求不太高，可选误差为 10% ～ 20% 的电阻器。

（2）注意电阻器的极限参数：

① 额定电压。当实际电压超过额定电压时，即使满足功率要求，电阻器也会被击穿

损坏。

② 额定功率。所选电阻器的额定功率应大于实际承受功率的两倍以上才能保证电阻器在电路中长期工作的可靠性。

(3) 根据电路特点进行选用：

① 在耐热性、稳定性、可靠性要求比较高的电路中，应该选用金属膜电阻器或金属氧化膜电阻器。

② 高频电路中分布参数越小越好，应选用金属膜电阻器、金属氧化膜电阻器等高频电阻器。

③ 要求功率大、耐热性好、工作频率不高的电路中，可以选择线绕电阻器。

④ 没有特殊要求的一般电路中，可选用碳膜电阻器，以降低成本。

⑤ 低频电路中绕线电阻器、碳膜电阻器都适用。

⑥ 功率放大电路、偏置电路、采样电路中，对稳定性要求比较高，应选温度系数小的电阻器。

⑦ 退耦电路、滤波电路中对阻值变化没有严格要求，任何类电阻器都适用。

(4) 电阻器使用、维修替换常识：

① 大功率的电阻器可替换小功率的电阻器。

② 金属膜电阻器可以替换碳膜电阻器。

③ 固定电阻器与半可调电阻器可以互相替换。

④ 使用前检查标称值与实际值是否相符。

⑤ 引线不可重复弯曲，长度要适合。在高频电路中，引线要尽量短，减小分布参数。

⑥ 额定功率在5 W以上的电阻器，使用时必须安装在特定的支架上并留出一定的散热空间。

⑦ 小电阻值（几欧以下的）电阻器，可以用旧的线绕电阻丝自己绕制。

⑧ 当电阻值和功率不符合要求时，可以采用串并联的方法解决。

⑨ 电阻器一旦损坏，需查明原因后再换新电阻器。

知识链接2　电位器

电位器是电阻值可以连续调节的电阻器，又称为可调电阻器。对外引出3个端，一个是滑动端，另外两个是固定端。滑动端可以在两个固定端之间的电阻体上滑动，使其与固定端之间的电阻值发生变化。

1. 电位器符号

电位器在电路图中用 R_P 表示。其实物图和常用的图形符号如图2.5所示。

(a) 实物图　　(b) 图形符号

图2.5　电位器实物图及图形符号

2. 电位器分类

电位器的种类很多，用途各不相同。分类方法如下：

(1) 按材料分，电位器可以分为线绕电位器和非线绕电位器两大类。

(2) 按调节方式分，电位器可分为直滑式和旋转式（单圈电位器和多圈电位器）。

(3) 按结构特点分，电位器可分为抽头式电位器、带开关电位器（旋转开关型、推拉开关型）、单联电位器、多联电位器（同步多联、异步多联）。

(4) 按用途分，电位器可分为普通型、微调型、精密型、功率型、专业型等。

3. 电位器主要参数

电位器的技术参数很多，有标称阻值、额定功率、电阻变化规律、滑动噪声、分辨力、机械零位电阻等。

(1) 标称电阻值。标称电阻值系列与电阻器电阻值系列相同，它标注在电位器体上。允许误差范围：±20%、±10%、±5%、±2%、±1%，精密电位器的误差可达到±0.1%。电阻值系列偏差要符合 E 系列。

(2) 额定功率。电位器的额定功率是指两个固定端之间允许消耗的最大功率。滑动头与固定端之间所承受的功率要小于这个额定功率，固定端附近容易因为电流过大而烧毁。一般电位器的额定功率系列为0.063 W、0.125 W、0.25 W、0.5 W、0.75 W、1 W、2 W、3 W；线绕电位器的额定功率比较大，可达到100 W。

(3) 电阻值比变化规律。电位器的电阻值比变化规律是指其电阻值随滑动片触点旋转角度（或滑动行程）之间的变化规律。常用的有直线式、指数式和对数式，分别对应图中 *A*、*B*、*C*，如图 2.6 所示。

(4) 滑动噪声。当电刷在电阻体上滑动时，电位器的中心端和固定端之间电压出现无规则的起伏现象，称为电位器的滑动噪声。滑动噪声是电位器特有的噪声。

(5) 分辨力。电位器对输出量可实现的最精细的调节能力，称为分辨力。分辨力决定于电位器的理论精度。

(6) 机械零位电阻。机械零位电阻是指电位器动接点处于电阻体始（或末）端时，动接点与电阻体始（或末）端之间的电阻值。理论上应该为零，但实际上，由于电位器的结构、制作电阻体的材料及工艺等因素影响，常常不为零，而且有一定的电阻值，此电阻值称为零位电阻。

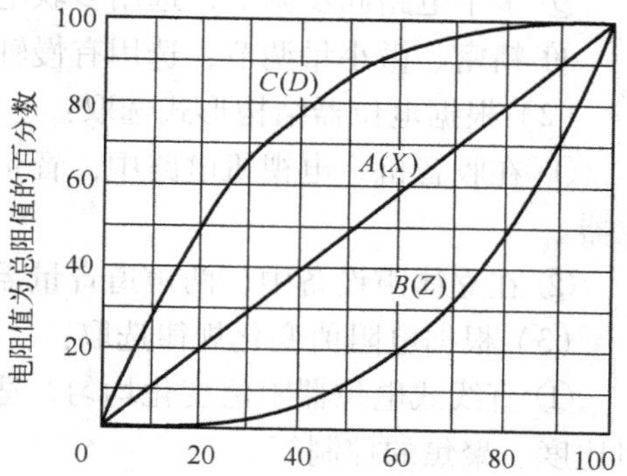

图 2.6　电位器电阻值变化规律

(7) 电位器的机械寿命。电位器的机械寿命又称磨损寿命，常用机械耐久性表示。机械耐久性是指电位器在规定的试验条件下，动触点可靠运动的总次数，常用“周”表示。机械寿命与电位器的种类、结构、材料及制作工艺有关，差异相当大。

4. 电位器规格标注方法

电位器一般都采用直标法，其类型、电阻值、额定功率、误差都直接标在电位器上。电位器类型常用标志符号如表 2.20 所示。

表 2.20 电位器常用标记符号及意义

字母	意义	字母	意义
WT	碳膜电位器	WS	有机实芯电位器
WH	合成碳膜电位器	WI	玻璃釉电位器
WN	无机实芯电位器	WJ	金属膜电位器
WX	线绕电位器	WY	氧化膜电位器

另外，在旋转式电位器中，有时用 ZS－1 表示轴端没有经过特殊加工的圆轴；ZS－3 表示轴端带凹槽；ZS－5 表示轴端铣成平面。

5. 电位器选用常识

电位器的规格种类很多，选用电位器时，不仅要根据电路的要求旋转适合的阻值和额定功率，还要考虑安装调节方便并且价格要低。根据不同电路的不同要求选择合适的电位器很重要。

（1）总体选择原则：

① 在高频、高稳定性的场合，选用薄膜电位器。

② 要求电压均匀的变化场合，选用直线式电位器。

③ 音量控制宜选用指数式电位器、音调调节选用对数式电位器。

④ 要求高精度的场合，选用线绕多圈电位器、导电塑料或精密合成碳膜电位器。

⑤ 要求高分辨率的场合，选用各类非线绕电位器，多圈微调电位器。

⑥ 普通应用场合，选用碳膜电位器或合成实芯电位器。

⑦ 大功率低频电路、高温，选择线绕或金属玻璃釉电位器。

⑧ 调定后不在变动的，选用轴端紧锁式电位器。

⑨ 多个电路同步调节，选用多联电位器。

⑩ 精密、微小量调节，选用有慢轴调节机构的微调电位器。

（2）根据电位器结构形式选取：

① 在收音机、电视机电路中，音量和电源开关通常一个旋钮控制，要选择带开关的电位器。

② 在立体声设备中，两声道音量需同步调整，应选用双联电位器。

（3）根据电阻值变化规律选取：

① 直线式电位器阻值变化均匀，适合做分压器，在电视机等电子产品中，多用于亮度、对比度、聚焦的控制等。

② 对数式电位器，电阻值变化前小后大，与人耳对声音的感觉互补，因而适合做收音机、电视机、音响设备的音量调节控制。

③ 指数式电位器，电阻值变化前大后小，前段具有粗调性质，后段具有微调性质，常常用来做收音机、音响设备的音调控制。

6. 电位器的使用常识

（1）电位器的更换与挑选：

① 电位器的电阻值大小、变化规律及式样必须与原来相同。

② 万用表检查新电位器的滑动触点与固定端的电阻值变化要连续、平稳。

③ 零位电阻越小越好。

（2）电位器常见的故障与维修：

① 动触点簧片压力不足，出现接触不良，信号时断时续、时大时小，打开外壳，适当调节簧片的压力即可。

② 动触点与电阻体长期摩擦，会产生碳粉（或金属粉）末，调节时会产生杂音或信号时大时小，可打开外壳，用酒精擦净或加入机油。

7. 电位器的检测方法

检查电位器时，首先要转动旋柄，查看旋柄转动是否平滑，开关是否灵活，开关通、断时“喀哒”声是否清脆，并听一听电位器内部接触点和电阻体摩擦的声音，若有“沙沙”声，说明质量不好。用万用表测试时，先根据被测电位器电阻值的大小，选择好万用表的合适电阻挡位，然后可按下述方法进行检测。

（1）用万用表的欧姆挡测电位器两端，其读数应为电位器的标称电阻值。若万用表的指针不动或电阻值相差很多，则表明该电位器已损坏。

（2）检测电位器的活动臂与电阻片的接触是否良好。若万用表的指针在电位器的轴柄转动过程中有跳动现象，说明活动触点有接触不良的故障。

知识链接 3　电容器

电容器是电子设备中大量使用的电子元件之一，广泛应用于隔直、耦合、旁路、滤波、调谐回路、能量转换、控制电路等方面。它是储存能量的元件。

1. 电容器的概念

电容器顾名思义，是“装电的容器”，是一种容纳电荷的器件。由两片接近并相互绝缘的导体制成的电极组成的储存电荷和电能的器件。

2. 电容器符号

电容器在电路图中用字母 C 表示，常用的电容器实物图与图形符号如图 2.7 所示。

（a）实物图

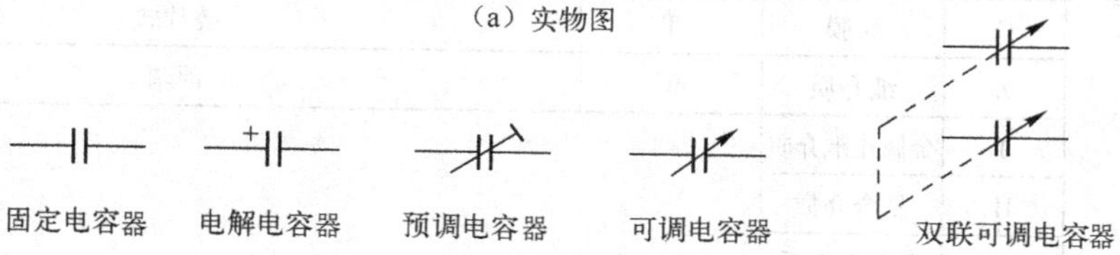

（b）图形符号

图 2.7　常见电容器实物图与图形符号

3. 电容的单位和进制

电容的基本单位是法［拉］，符号是 F。法单位太大，一般不用，常用的单位有毫法（mF）、微法（μF）、纳法（nF）和皮法（pF）。最常用的是微法（μF）和皮法（pF）。其进制关系满足 10^3 关系，即 $1F = 10^3 mF$；$1mF = 10^3 \mu F$；$1\mu F = 10^3 nF$；$1nF = 10^3 pF$。

4. 电容器的分类

电容器的种类很多，分类方法也各有不同。

（1）按介质材料分，有机介质电容器、无机介质电容器、电解电容器和空气介质电容器。

（2）按容量是否可调分，有固定电容器、可调电容器和预调电容器。

（3）按制作材料不同分为有瓷介电容器、涤纶电容器、电解电容器、钽电容器，还有先进的聚丙烯电容器等。

（4）按用途不同分，有高频旁路器、低频旁路器、滤波器、调谐器、高频耦合器、低频耦合器的小型电容器。

5. 电容器的命名

大多数电容器的型号都由以下 3 部分组成，每部分所代表含义可查找表 2.21。

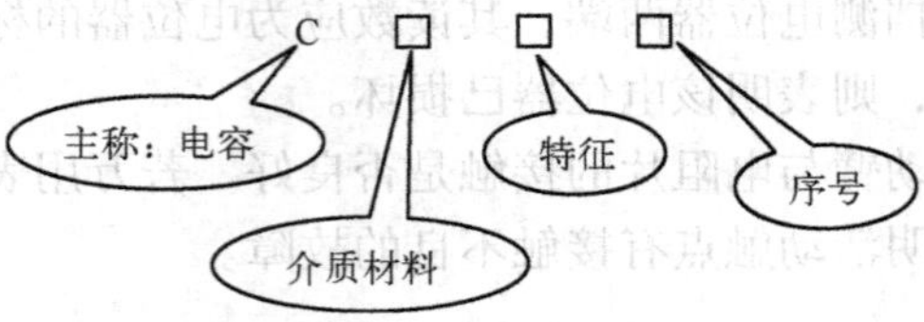

表 2.21　电容器的分类代号及其意义

第一部分（主称）		第二部分（介质材料）		第三部分（特征，依种类不同而含义不同）				
符号	含义	符号	含义	符号	瓷介	云母	有机	电解
C	电容器	C	高频瓷	1	圆形	非密封	非密封	箔式
		T	低频瓷	2	管形	非密封	非密封	箔式
		Y	云母	3	叠片	密封	密封	烧结粉液体
		V	云母纸	4	独石	密封	密封	烧结粉固体
		I	玻璃釉	5	穿心		穿心	
		O	玻璃膜	6	支柱形			
		B	聚苯乙烯	7				无极性
		F	聚四氟乙烯	8	高压	高压	高压	
		L	聚酯（涤纶）	9			特殊	特殊
		S	聚碳酸酯	G	高功率			
		Q	漆膜	T	叠片式			
		Z	纸介质	W	预调			
		J	金属化纸介质					
		H	复合介质					
		G	合金电解质					
		E	其他电解质					
		D	铝电解					
		A	钽电解					
		N	铌电解					
		T	钛电解					

6. 电容器的主要技术参数

表示电容器的性能参数很多，这里介绍一些常用参数。

（1）标称容量。电容量是电容器的基本参数，标在电容器外壳上的电容量数值称为标称电容量，常用的标称系列和电阻系列相同。标称容量与标称系列对照表如表 2.22 所示。

表 2.22 标称容量与标称系列对照表

标称电容或电容器类别	标称系列
容量 0.1～1 μF	E6
容量 1～100 μF	1、2、4、6、8、10、15、20、30、50、60、80、100
有机薄膜、瓷介、玻璃釉、云母	E24、E12、E6
电解电容器	E6

（2）允许误差。标称容量与实际容量之间有一定的误差，允许误差用百分数或误差等级来表示。允许的偏差范围称精度。精度等级与允许误差对应关系情况如表 2.23 所示。

表 2.23 精度等级与允许误差对照表

精度等级	允许误差/%	精度等级	允许误差/%
00（01）	±1	Ⅲ	±20
0（02）	±2	Ⅳ	+20～-10
Ⅰ	±5	Ⅴ	+50～-20
Ⅱ	±10	Ⅵ	+50～-30

注：一般电容器常用Ⅰ、Ⅱ、Ⅲ等级，电解电容器常用Ⅳ、Ⅴ、Ⅵ等级。

（3）额定工作电压（耐压）。额定工作电压是指在规定的工作温度范围内，电容器在电路中连续工作而不被击穿的加在电容器上的最大有效值，习惯上称为电容器的耐压。额定工作电压通常是指直流工作电压（专用于交直流电路的，标有交直流电压），若电容器工作在脉冲电压下，则交直流分量的总和须小于额定电压。在交流分量较大的电路中（比如滤波电路），电容器的耐压应留有充分的余量。

部分小型电容器的额定电压也采用色标法，其色标一般位于电解电容器正极引线的根部。色标所代表的耐压对照表如表 2.24 所示。

表 2.24 色标所代表的耐压

颜色	黑	棕	红	橙	黄	绿	蓝	紫	灰
耐压/V	4	6.3	10	16	25	32	40	50	63

（4）绝缘电阻及漏电流。电容器的绝缘电阻是指电容器两极间的电阻，或叫漏电电阻。电容器中的介质并非完全绝缘体，因此，任何电容器工作时，都会存在漏电流。除电解电容器外，一般电容器的漏电流都很小。漏电流过大，会使电容器发热，性能变坏，甚至失效，电解电容器还会爆炸。

显然，电容器的漏电流越大，绝缘电阻就越小。电解电容采用的电解液，漏电流较大，有的甚至达到 mA 级别。常用绝缘电阻表示绝缘性能，一般电容器的绝缘电阻都在数百 MΩ 到数 GΩ 数量级。

（5）损耗因素。一个理想的电容器不会损耗电能，但实际电容器由于存在漏电流，将会消耗一定的能量。一个存在漏电流的电容器，可以认为一个理想电容器并联一个等效电阻器。当电容器工作时，一部分电流通过等效电阻器变成有害的热能，这就是电容的损耗，即有功损耗 P，而存储于电容器 C 中的电能，并未消耗掉的称为无功损耗 P_q。

7. 电容器规格的标注法

电容器的规格标注方法有直接法、数码表示法和色标法。

（1）直标法。直标法是指将主要参数和技术指标直接标注在电容器的表面，允许误差直接用百分数表示。该表示方法一般用于电解电容等体积比较大的电容器上。

（2）数码表示法。不标单位，直接用数码表示。一般用3位数值表示容量的大小，前两位数字是电容量的有效数字，后一位是倍乘。读数方法与电阻值读法类似，需要注意的是单位情况。如果所标数值小于1，那么单位默认为 μF（微法）；如果所标注的数值大于1，那么单位默认为 pF（皮法）。

举例：$103 = 10 \times 10^3 = 10^4$ pF；5 = 5 pF；0.068 = 0.068 μF。

（3）色标法。电容器的色标法与电容器的色标法类似，如图2.8所示。色标通常有3种颜色，沿着引线方向，前面两种色标表示有效数字，第三个色标表示有效数字后面零的个数，默认单位为 pF。有时需注意，如果第一色标和第二色标的颜色相同，就涂成一道宽的色标。

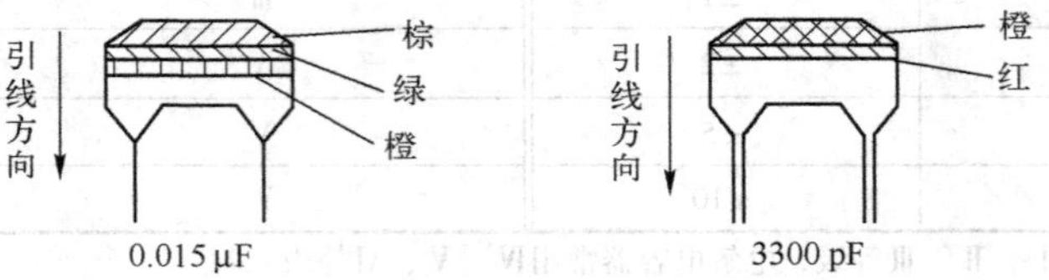

图2.8 电容色标图

8. 电容器的选用常识

电容器的种类繁多，规格各种各样，如何正确地选用电容器是电子工程技术人员必备的基本功。

（1）总体的选用原则：

① 用于高频旁路：陶瓷电容器、云母电容器、玻璃膜电容器、涤纶电容器、玻璃釉电容器。

② 用于滤波：铝电解电容器、纸介电容器、复合纸介电容器、液体钽电容器。

③ 用于调谐：陶瓷电容器、云母电容器、玻璃膜电容器、聚苯乙烯电容器。

④ 用于低频旁路：纸介电容器、陶瓷电容器、铝电解电容器、涤纶电容器。

⑤ 用于低耦合：纸介电容器、陶瓷电容器、铝电解电容器、涤纶电容器、固体钽电容器。

⑥ 用于低频旁路：纸介电容器、陶瓷电容器、铝电解电容器、涤纶电容器。

⑦ 小型电容器：金属化纸介电容器、陶瓷电容器、铝电解电容器、聚苯乙烯电容器、固体钽电容器、玻璃釉电容器、金属化涤纶电容器、聚丙烯电容器、云母电容器。

⑧ 在高温、高压的情况下，选择绝缘电阻高的电容器。

（2）按类型选用：

① 低频耦合、旁路：可以选用纸介电解电容器。

② 音频耦合：选用陶瓷、云母电容器。

③ 电压滤波、退耦：选用电解电容器。

（3）按精度、耐压、体积选用：

① 振荡电路、延时控制电路：一般选择云母、瓷管电容器，误差一般在 ±5% 以下，不得超过 ±10%。

② 耐压：额定电压应该高于工作电压的 30% ～ 50%。

③ 在空间允许的情况下，可以优选体积大的电容器。同类型、同容量的电容器，其体积越小，价格越贵。

9. 电容器使用常识

（1）使用前应测量容量与标称值是否相符。可以用万用表测其充、放电的能力。

（2）电解电容器一般具有极性，极性电容器不能用于交流电路，可用于直流和脉动直流电路，使用时尽量远离发热元件，同时要注意极性不能接反，否则会损坏电解电容器，甚至发生爆炸。

（3）用于高频电路时，引线要尽量短，减小分布参数。

（4）可变电容器使用前应该用万用表检查，动、定片是否短路，动片接地是否良好，转动是否平滑、轻松。

（5）几个电容器并联，容量增大，容量等于几个串联电容器之和。耐压最小的作为最终耐压值。

（6）几个电容器串联，容量减小，耐压增加。容量小的电容器承受电压高于容量大的电容器。

10. 常用电容器的检测

（1）固定电容器的检测：

① 检测 10 pF 以下的小电容器。因 10 pF 以下的固定电容器容量太小，用万用表进行测量，只能定性地检查其是否有漏电，内部短路或击穿现象。测量时，可选用万用表 $R\times10$ k 挡，用两表笔分别任意接电容器的两个引脚，电阻值应为无穷大。若测出电阻值（指针向右摆动）为零，则说明电容器漏电损坏或内部击穿。

② 检测 10 pF ～ 0.01 μF 固定电容器是否有充电现象，进而判断其好坏。万用表选用 $R\times$ 1 k挡。晶体管的 β 值均为 100 以上，可选用 3DG6 等型号硅晶体管组成复合管。如图 2.9 所示，万用表的红表笔和黑表笔分别与复合管的发射极 e 和集电极 c 相接。由于复合三极管的放大作用，把被测电容器的充放电过程予以放大，使万用表指针摆幅度加大，从而便于观察。

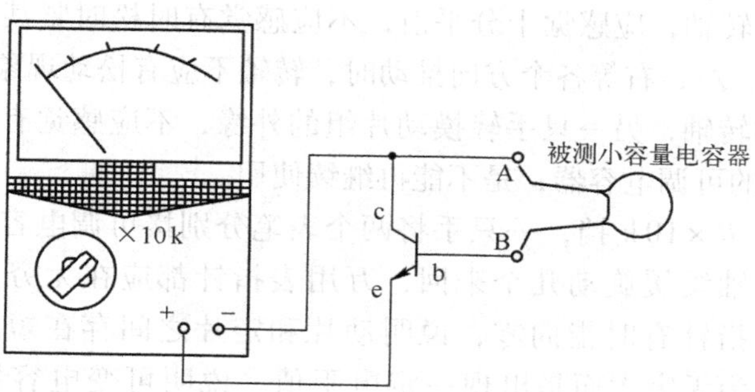

图 2.9　电容测量示意图

注意：在测试操作时，特别是在测较小容量的电容器时，要反复调换被测电容器引脚接触 A、B 两点，才能明显地看到万用表指针的摆动。

③ 对于 0.01 μF 以上的固定电容器，可用万用表的 $R\times10\,k$ 挡直接测试电容器有无充电过程以及有无内部短路或漏电，并可根据指针向右摆动的幅度大小估计出电容器的容量。

（2）电解电容器的检测：

① 因为电解电容器的容量较一般固定电容器大得多，所以，测量时，应针对不同容量选用合适的量程。根据经验，一般情况下，1 ～ 47 μF 间的电容器，可用 $R\times1\,k$ 挡测量，大于47 μF的电容器可用 $R\times100$ 挡测量。

② 如图 2.10 所示，将万用表红表笔接负极，黑表笔接正极，在刚接触的瞬间，万用表指针即向右偏转较大（对于同一电阻挡，容量越大，摆幅越大），接着逐渐向左回转，直到停在某一位置。此时的电阻值便是电解电容器的正向漏电阻，此值略大于反向漏电阻。实际使用经验表明，电解电容器的漏电阻一般应在几百千欧以上，否则，将不能正常工作。在测试中，若正向、反向均无充电现象，即表针不动，则说明容量消失或内部断路；如果所测阻值很小或为零，说明电容器漏电大或已击穿损坏，不能再使用。

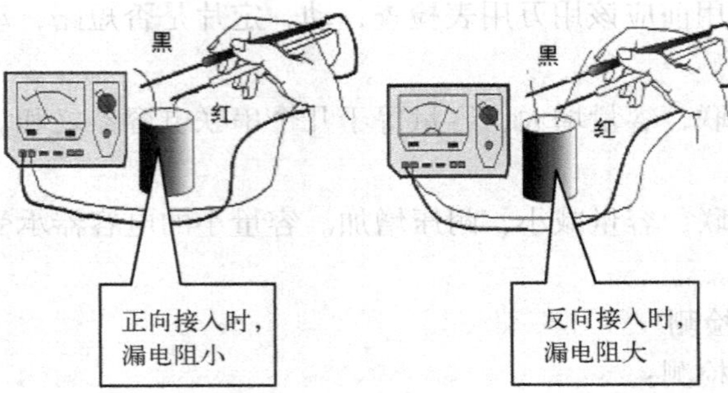

图 2.10　电解电容器测量示意图

③ 对于正、负极标志不明的电解电容器，可利用上述测量漏电阻的方法加以判别。即先任意测一下漏电阻，记住其大小，然后交换表笔再测出一个电阻值。两次测量中电阻值大的一次便是正向接法，即黑表笔接的是正极，红表笔接的是负极。

④ 使用万用表电阻挡，采用给电解电容器进行正、反向充电的方法，根据指针向右摆动幅度的大小，可估测出电解电容器的容量。

（3）可调电容器的检测：

① 用手轻轻旋动转轴，应感觉十分平滑，不应感觉有时松时紧甚至有卡滞现象。将载轴向前、后、上、下、左、右等各个方向推动时，转轴不应有松动现象。

② 用一只手旋动转轴，另一只手轻摸动片组的外缘，不应感觉有任何松脱现象。转轴与动片之间接触不良的可调电容器，是不能再继续使用。

③ 将万用表置于 $R\times10\,k$ 挡，一只手将两个表笔分别接可调电容器的动片和定片的引出端，另一只手将转轴缓缓旋动几个来回，万用表指针都应在无穷大位置不动。在旋动转轴的过程中，如果指针有时指向零，说明动片和定片之间存在短路点；如果碰到某一角度，万用表读数不为无穷大而是出现一定电阻值，说明可变电容器动片与定片之间存在漏电现象。

知识链接 4　电感器

电感器是常用的无线电元件之一，电感器和电容器一样，是储存能量的元件。电感器是依据电磁感应原理制成的，一般由导线绕制而成。在电路中具有通直流、阻交流的能力。它广泛应用于调谐、振荡、滤波、耦合、均衡、延迟、匹配、补偿等电路。作用：阻交流通直流，阻高频通低频（滤波），也就是说高频信号通过电感线圈时会遇到很大的阻力，很难通过，而对低频信号通过它时所呈现的阻力则比较小，即低频信号可以较容易地通过它。电感线圈对直流电的电阻几乎为零。

1. 电感器的概念

电感器是用导线在绝缘骨架上单层或多层绕制而成的，又称电感线圈。由于自身电流变化，引起磁场变化，又使自身产生感应电动势的现象，称为自感应。其大小用自感应系数表示：$L = /I$。

ψ：为磁感通量，单位是 Wb；I：流过导体的电流，单位是 A；L：自感系数，单位是 H。

当一个线圈中的电流变化时，它所产生的通过邻近线圈回路的磁通量也发生变化。从而在邻近线圈中产生感应电动势，这种现象称为互感现象。互感应的大小常用互感系数来表示。在两个有磁交链的线圈中，互感磁通量与产生此磁链的电流的比值即为互感系数，简称互感。互感系数用 M 表示：$M = \psi_{12}/I_1 = \psi_{21}/I_2$。

ψ_{12}：线圈 L_1 通电流时，在 L_2 中穿过的磁通量；ψ_{21}：线圈 L_2 通电流时，在 L_1 中穿过的磁通量。M 为互感系数，单位是 H。

2. 电感器符号

在电路图中，电感器用 L 表示，常用的图形符号如图 2.11 所示。

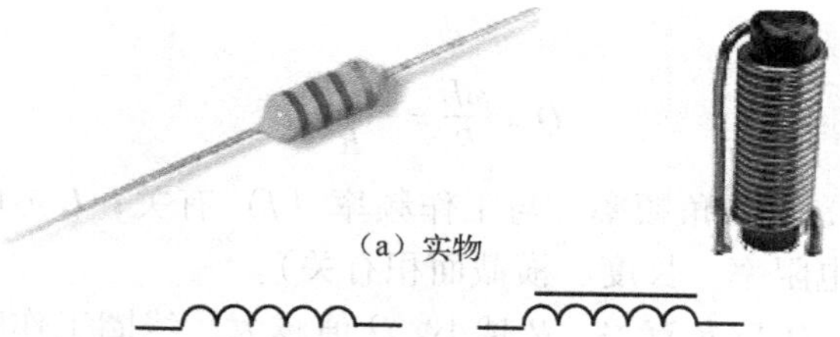

（a）实物

（b）图形符号

图 2.11　电感器实物及图形符号

3. 电感的单位和进制

电感的单位是亨［利］，用 H 表示。但是该单位比较大，一般不用，常用的单位有豪亨（mH）、微亨（μH）、豪微亨（nH）。它们之间的进制关系都是 10^3，即

$$1\ \text{H} = 1\,000\ \text{mH};\ 1\ \text{mH} = 1\,000\ \mu\text{H};\ 1\ \mu\text{H} = 1\,000\ \text{nH}$$

4. 电感器分类

电感器的分类种类很多，在电子元件中，电感器通常分为两大类：一类是应用自感作用的线圈；另一类是应用互感作用的变压器。也可以按导磁体性质、是否可调、绕线结构、功能分类、工作频率和过电流大小等分类。

（1）按导磁体性质，可以分为空芯线圈、铁氧体线圈、铁芯线圈、铜芯线圈。

（2）按电感量是否可调，可以分为固定线圈、可调线圈、预调线圈。

(3) 按绕线结构，可以分为绕线电感器和平面电感器。

(4) 按功能，可以分为天线线圈、振荡线圈、扼流线圈、陷波线圈、偏转线圈。

(5) 按工作频率大小：可分为低频电感器和高频电感器。

(6) 按过电流大小：可分为一般电感器和功率电感器。

5. 电感器命名

如图 2.12 所示，电感器命名由 4 部分组成，各部分的含义如下：

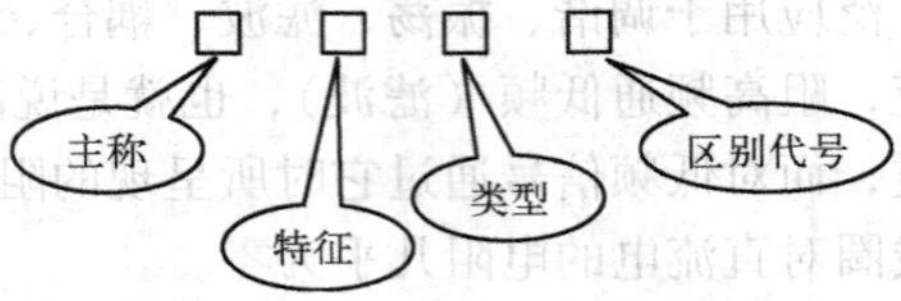

图 2.12　电感器的命名

第一部分为主称，常用 L 表示线圈，ZL 表示高频或低频阻流圈。

第二部分为特征，常用 G 表示高频。

第三部分为类型，常用 X 表示小型。

第四部分为区别代号，如 LGX 型即为小型高频线圈。

6. 电感器的主要参数

电感器的参数很多，下面只列出最主要的几种。

(1) 标称电感量及误差。电感量的大小与线圈的匝数、直径、内部有无铁芯、绕制方式等有直接关系。匝数越多，电感量越大；线圈内有铁芯、磁芯的比无铁芯、磁芯的电感量要大。与电流大小无关，反映电感器存储磁场能的能力，也反映电感器通过变化电流时产生感应电动势的能力。电感器的标称电感量符合 E 系列。电感器的实际电感量相对于标称值的最大允许偏差范围称为允许误差。误差一般在 ±5% ～ ±20% 之间。

(2) 品质因数（Q 值）。品质因数是表示线圈质量的一个重要参数，品质因数在数值上等于在某以频率的交流信号通过时，线圈所呈现出来的感抗和线圈的直流电阻的比值，即

$$Q=\frac{\omega L}{R}=\frac{2\pi fL}{R}$$

式中：ωL 为线圈的感抗，ω 为角频率，与工作频率（f）有关；L 为电感量；R 为线圈的损耗内阻（与电感导线的电阻率、长度、横截面积有关）。

当频率与 L 一定时，Q 与 R 有关，R 越小，Q 值越大，线圈工作时损耗越小，电路效率越高，选择性越好。

在实际使用当中，Q 不仅只与线圈的直流电阻有关，还包括线圈骨架的介质损耗，铁芯和屏蔽的损耗以及在高频条件下工作的集肤效应有关，提高线圈的 Q 值，并不是一件容易的事情，实际线圈的 Q 值通常为几十到一百，最高可达到四五百。对于谐振回路，要求 Q 值在一百到二百之间；对于耦合电路，Q 值可以低一些。为提高电感器的品质因数，可以采用镀银导线、多股绝缘线绕制成匝，使用高频陶瓷骨架和磁芯（提高磁通量）。

(3) 额定电流。额定电流指电感器中允许通过的最大电流。当电感器在供电回路里作为高频扼流圈、作滤波用的低频扼流圈或在大功率谐振电流里作为谐振电感时，都必须考虑它的额定电流是否符合要求。

7. 电感器主要参数的标注方法

(1) 直接标法。电感器的直接标法与电阻的直接标法相似，用数字和单位符合直接在电感表面标出，再用百分数标出误差。

（2）色标法。与电阻的色标法类似，具体如图 2.13 所示。

8. 电感器选用常识

电感器只有一部分如阻流圈、低频阻流圈，振荡线圈和 LG 固定电感器等是按规定的标准生产出来的产品，绝大多数的电感器是非标准件，往往要根据实际需要自行制作。由于电感器的应用极为广泛，如 LC 滤波电路、调谐放大电路、振荡电路、均衡电路、去耦电路等都会用到电感器。要想正确地用好线圈，还是一件较复杂的事情。总体原则如下：

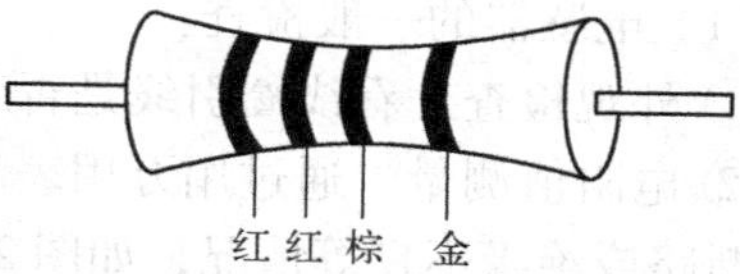

图 2.13 电感色码表示法

（1）小型固定电感器：常用在滤波、扼流、延迟、陷波等电路中。

（2）平面电感：适合在频率范围几十兆赫到几百兆赫的高频电路中。

（3）中周线圈：广泛应用于调幅、调频收音机、电视机、通信接收机等电子设备振荡调谐回路中。

（4）铁氧体磁线圈：罐型磁芯线圈广泛应用于 LC 滤波电路、谐振回路和匹配回路；I 形磁芯线圈常用作天线接收设备的天线磁芯；E 形磁芯线圈常用于小信号高频电路的电感器；铁氧体磁环线圈多用于开关电源，传递高频脉冲信号。

（5）磁珠：由氧磁体组成，把交流信号转化为热能，磁珠是用来吸收超高频信号，主要用于抑制电磁辐射干扰，滤除高频噪声效果显著。

9. 电感器的使用常识

电感器的用途很广，使用电感器时应注意其性能是否符合要求，并应正确使用，防止接错线或损坏。

（1）电感器的串并联。电感器的每个线圈都有一定的电感量，如果将两个或两个以上的线圈串联，总的电感量增加；如果将两个或两个以上的线圈并联，总的电感量减小。

（2）线圈的安装位置应符合设计要求。线圈在装配时相互之间的位置、和其他元件之间的位置要特别注意，应该符合规定要求，以免相互影响而导致整机无法正常工作。

（3）线圈在安装前，要进行外观检查。使用前，应检查线圈的结构是否牢固，线匝是否有松动和松脱现象，引线接点有无松动，磁芯旋转是否灵活，有无螺纹滑扣等。这些方面都检查合格后，再进行安装。

（4）线圈在使用过程需要微调的，应考虑微调方法。有些线圈在使用过程中，需要进行微调，改变线圈圈数又很不方便，因此，选用时应考虑到微调的方法。例如，单层线圈可采用移开端点的数匝线圈的方法，即预先在线圈的一端绕上 3 ～ 4 圈，在微调时，移动其位置就可以改变电感量。实践证明，这种调节方法可以实现微调 ±2% ～ ±3% 的电感量。

（5）使用线圈应注意保持原线圈的电感量。线圈在使用中，不要随便改变线圈的形状、大小和线圈间的距离，否则会影响线圈原来的电感量。尤其是频率越高，即圈数越少的线圈。所以，目前在电视机中采用的高频线圈，一般用高频蜡或其他介质材料进行密封固定。另外，应注意在维修中，不要随意改变或调整原线圈的位置，以免导致失谐故障。

（6）可调线圈的安装应便于调整。可调线圈应安装在机器的易于调节的位置，以便于调整线圈的电感量达到最佳的工作状态。

10. 电感器的检测

（1）电感器的一般检查：

① 外观检查。看线圈引线是否断裂、脱焊，绝缘材料是否烧焦和表面是否破损等。

② 电阻值测量。通过用万用表测量线圈电阻值来判断其好坏，即检测电感器是否有短路、断路或绝缘不良等情况，如图 2.14 所示。一般电感线圈的直流电阻很小（为零点几欧至几欧），由于低频扼流圈的电感量大，其线圈圈数相对较多，因此直流电阻相对较大（约为几百欧至几千欧）。当测得线圈电阻无穷大时，表明线圈内部或引出端已断线。如果表针指示为零，则说明电感器内部短路。

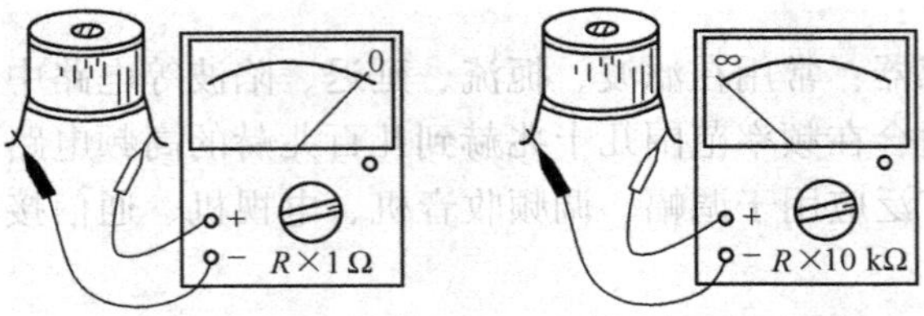

（a）内部短路　　（b）内部断路

图 2.14　欧姆测量

③ 绝缘检查。对低频阻流圈，应检查线圈和铁芯之间的绝缘电阻，即测量线圈引线与铁芯或金属屏蔽罩之间的电阻，阻值应为无穷大，否则说明该电感器绝缘不良，如图 2.15 所示。

④ 检查磁心可变电感器。如图 2.16 所示，可变磁心应不松动、未断裂，应能用无感改锥（一般用骨头自制）进行伸缩调整。

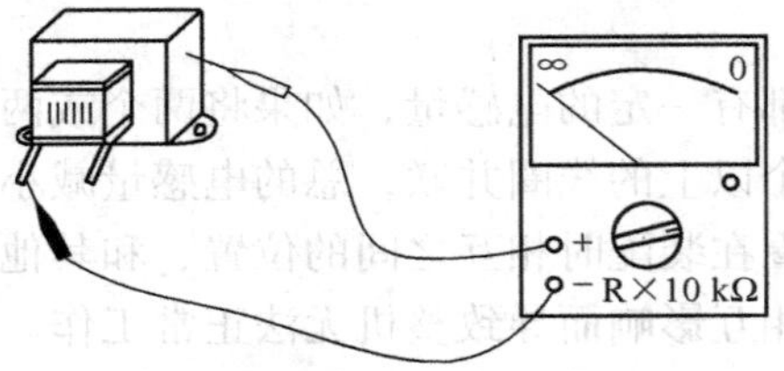

图 2.15　绝缘检查

图 2.16　磁芯检查

（2）色码电感器的检测。将万用表置于 $R\times1$ 挡，红、黑表笔各接色码电感器的任一引出端，此时指针应向右摆动。根据测出的电阻值大小，可具体分下述 3 种情况进行鉴别：

① 被测色码电感器电阻值为零，其内部有短路性故障。

② 被测色码电感器直流电阻值的大小与绕制电感器线圈所用的漆包线径、绕制圈数有直接关系，只要能测出电阻值，则可认为被测色码电感器是正常的。

知识链接 5　变压器

在电子元件中，电感器通常分为两类：应用自感作用的线圈；利用互感作用的变压器。其中，变压器在电路中主要用于耦合信号、变压、变流、调压、阻抗匹配。

1. 变压器的概念

变压器是将两组或两组以上线圈（初级和次级线圈）绕在同一骨架上，并在绕好的线圈中插入铁芯或磁芯等导磁材料而构成。

2. 变压器符号

变压器在电路中的符号如图 2.17 所示。

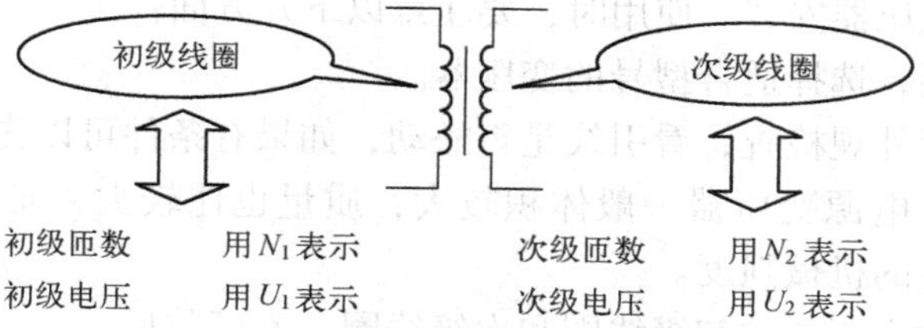

图 2.17　常见变压器图形符号

3. 变压器分类

变压器的分类方式很多，可以按用途、按导磁材料、按铁芯形状等方式分类。

（1）按用途分，有电源变压器、隔离变压器、音频变压器、中频变压器、高频变压器、脉冲变压器。

（2）按导磁材料分，有硅钢片变压器、低频磁芯片变压器、高频磁芯片变压器。

（3）按铁芯形状分，有 E 形类、R 形类、O 形类等。

4. 变压器主要特征参数

变压器的参数有很多，这里主要从额定电压、额定电流、额定功率、匝数比几方面考虑。

（1）额定电压。变压器的额定电压包括初级额定电压（U_1）和次级额定电压（U_2）。初级额定电压是指变压器初级绕组按规定应加上的工作电压，次级额定电压是指变压器初级绕组加上额定电压时，次级输出的电压。

（2）额定电流。额定电流是指变压器加上额定电压并满负荷工作时，初级输入电流（I_1）和次级输出电流（I_2）。

（3）额定功率。额定功率是指在规定的频率和电压下，变压器长期工作而不超过规定温升的输出功率，一般用伏安、瓦或千瓦表示。

（4）变压比。变压器的变压比是变压器初级电压（阻抗）与次级电压（阻抗）的比值，通常直接标出。其比例的变换关系为：

$$n=\frac{N_1}{N_2}=\frac{U_1}{U_2}=\frac{I_2}{I_1}$$

5. 变压器选用常识

变压器的种类也是多种多样的，从分类也可以看出，不同的变压器应用的场合不同，掌握一些基本选用原则，非常重要。总的选用原则如下：

（1）电源变压器：应用于一般电子产品中，给电子产品低压供电。

（2）隔离变压器：主要用于实验室、维修场所，起保护作用。

（3）调压器：调整滑动端可以改变输出电压，一般在实验室使用。

（4）音频变压器：在音频电路中起阻抗变换作用，失真小。

（5）中频变压器：适用的频率范围为几千赫到几十兆赫。

（6）高频变压器：用于高频电路中，起阻抗变换的作用。

（7）低频磁芯片变压器：主要用于开关电源中。

（8）高频磁芯片变压器：常用于开关电源。

6. 变压器使用常识

在电子产品中，变压器安装、使用时，要注意以下几方面：

（1）根据电路需要，选择适合型号的变压器。

（2）安装前先进行外观检查，看引线是否松动，如果有条件可以先进行检测。

（3）变压器特别是电源变压器一般体积较大，质量也比较大，安装时要注意位置的选择，必须要考虑有一定的机械强度。

（4）安装时要注意变压器的初级线圈和次级线圈，不可装反。

知识链接 6　二极管

二极管属于半导体器件。半导体是一种导电性能介于导体与绝缘体之间的材料。目前制造半导体的材料多数为锗（Ge）和硅（Si）。

1. 二极管概念

二极管是只往一个方向传送电流的电子零件。它采用一定工艺方法把 P 型和 N 型的半导体紧密地结合在一起，在其交界面处形成的空间电荷区称为 PN 结。当 PN 结两端加上正向电压时，即外加电压的正极接 P 区，负极接 N 区，此时 PN 结呈导通状态，形成较大的电流，其呈现的电阻很小（称正向电阻）。当 PN 结两端加上反向电压时，即外加电压的正极接 N 区，负极接 P 区，此时 PN 结呈截止状态，几乎没有电流通过，其呈现的电阻很大（称反向电阻），远远大于正向电阻。

2. 二极管符号

在一个 PN 结上，由 P 区和 N 区各引出一个电极，用金属、塑料或玻璃管、壳封装后，即构成一个二极管。在电路中一般用 D（或 VD）表示，常用的二极管实物及图形符号如图 2.18 所示。

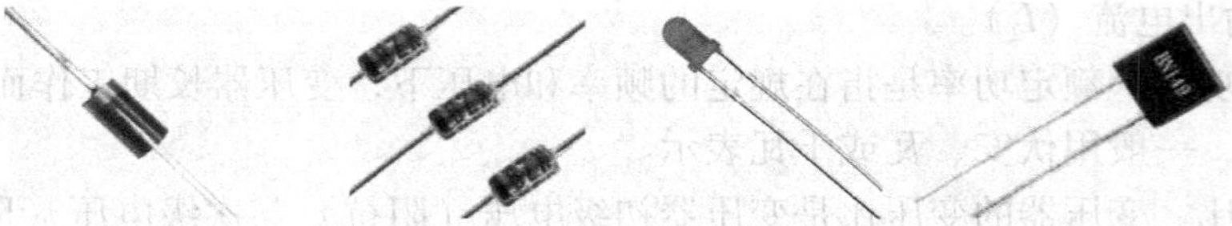

（a）实物图

（b）图形符号

图 2.18　二极管实物图及图形符号

由 P 型半导体上引出的极叫正极，由 N 型半导体上引出的极叫负极。正向导通时，电流从正极流向负极，如图 2.19 所示。

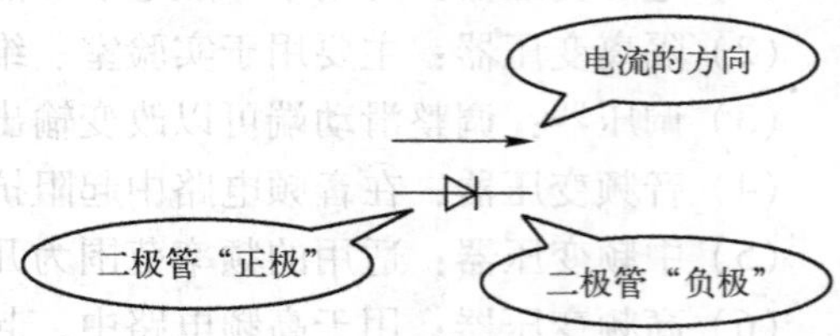

图 2.19　二极管电流流向示意图

3. 二极管分类

二极管有很多种类型，可以按材料、制造工艺和用途进行分类。

（1）按材料分，有锗二极管、硅二极管、砷化镓二极管。

（2）按制造工艺分，有点接触型二极管、面接触型二极管、平面型二极管。

（3）按用途分，有检波二极管、整流二极管、限幅二极管、稳压二极管、开关二极管和发光二极管。

4. 二极管命名

大多数二极管的型号都由以下几部分组成，每部分所代表的含义如表 2. 25 所示。

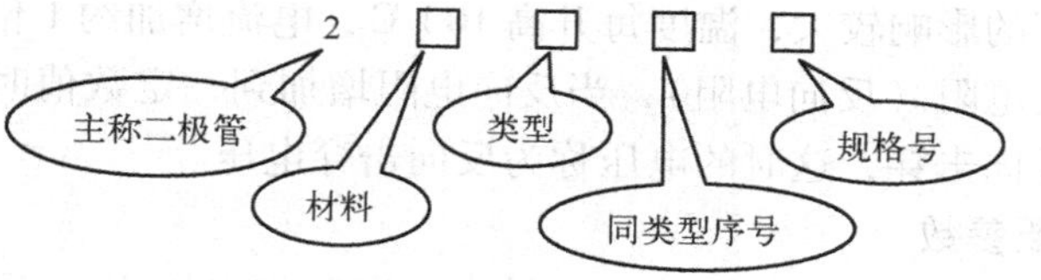

表 2. 25　二极管命名

第一部分 用数字表示器件的电极数目		第二部分 用汉语拼音字母表示器件的材料和极性		第三部分 用汉语拼音字母表示表示器件的类别	
符　号	意　义	符　号	意　义	符　号	意　义
2	二极管	A	N 型锗材料	P	普通管
		B	P 型锗材料	V	微波管
		C	N 型硅材料	W	稳压管
		D	P 型硅材料	C	参量管

举例说明：2AP9 含义诠释。

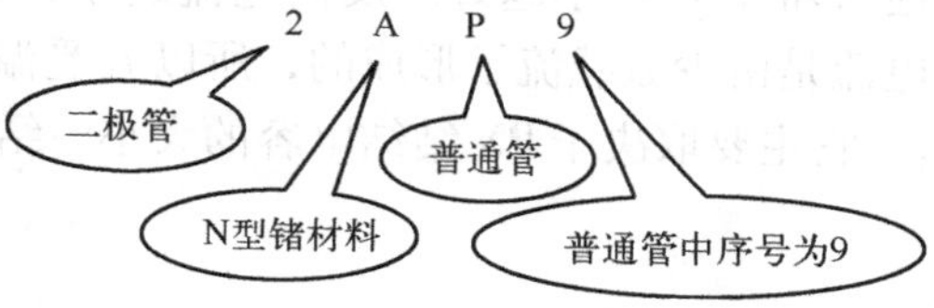

5. 二极管伏安特性

当 PN 结两端加上不同极性的直流电压时，其导电性能将产生很大差异。这就是 PN 结的单向导电性，它是 PN 结最重要的电特性。图 2. 20 所示为二极管正向伏安特性曲线。图 2. 21 所示为二极管反向伏安特性曲线。

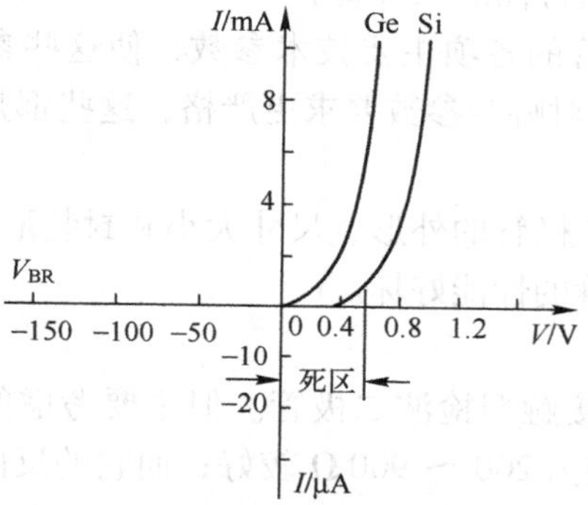

图 2. 20　二极管正向伏安特性曲线图

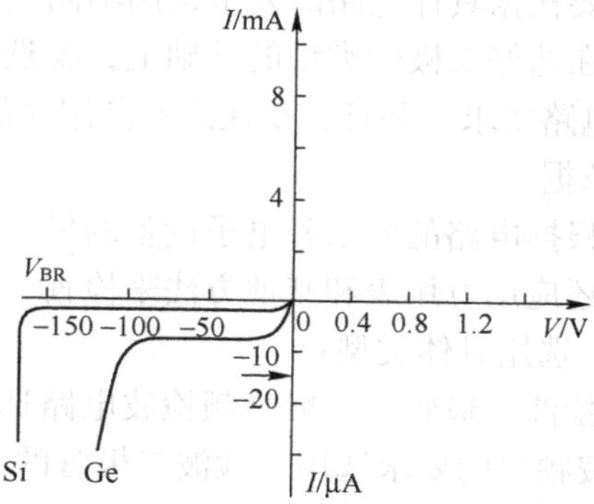

图 2. 21　二极管反向伏安特性曲线

在二极管两端加正向电压时，二极管导通。当正向电压很低时，二极管呈现较大的电阻，这一区域成为死区。制造二极管的材料不同，死区电压、导通电压也不一样。锗管的死区电压约为0.1 V，导通电压约为0.3 V；硅管的死区电压约为0.5 V，导通电压约为0.7 V。当外加电压超过死区电压后，电流随电压的增加而迅速上升，这就是二极管正常工作区。在正常工作区内，当电流增大时，管压降稍有增加，但压降很小。二极管两端加反向电压时，通过二极管的电流很小，且电流不随反向电压的增大而改变，这个电流称为反向饱和电流。反向饱和电流受温度的影响较大，温度每升高100 ℃，电流增加约1倍。在反向电压的作用下，二极管呈现较大电阻（反向电阻），当反向电阻增加到一定数值时，反向电流将急剧增大，这种现象称为反向击穿，这时的电压称为反向击穿电压。

6. 二极管的主要参数

二极管的主要参数有最大整流电流 I_F、最大反向工作电压 U_R、反向工作电流 I_R、最高工作频率 F_M。

（1）最大整流电流 I_F。它是指二极管长期连续工作时允许通过的最大正向平均电流。I_F 的数值是由二极管允许的温升所限定。使用时，通过二极管的平均电流不得超过该值，否则可能使二极管过热而损坏。

（2）最大反向工作电压 U_R。它是指工作时加在二极管两端的反向电压不得超过的电压值，否则二极管可能被击穿。为了留有余地，通常将击穿电压 U_{BR} 的一半定位 U_R。击穿分为齐纳击穿和雪崩击穿两种。齐纳击穿是可以恢复的；雪崩击穿是不可恢复的，表现出的现象是二极管短路，报废。

（3）反向工作电流 I_R。它是指在室温条件下，在二极管两端加上规定的反向电压时，流过二极管子的反向电流。通常希望 I_R 越小越好。反向电流越小，说明二极管的单向导电性能越好。同时，由于反向电流是由少数载流子形成的，所以 I_R 受温度的影响很大。

（4）最高工作频率 F_M。它主要取决于PN结结电容的大小。结电容越大，二极管允许的最高工作频率越低。

7. 二极管的选用常识

二极管的种类繁多，在选用时要注意根据实际情况选用不同类型和功能的二极管。这在电子产品设计中非常重要，既要根据它们的用途、性能和主要参数，又要根据各种电路的不同要求来选择二极管。下面简单介绍选用的基本原则。

（1）总体选用原则：

① 要根据具体电路的要求选用不同类型、不同特性的二极管。

② 在选好二极管类型的基础上，要选好二极管的各项主要技术参数，使这些参数和特性符合电路要求。并且，要注意不同用途的二极管对哪些参数要求更严格，这些都是选用二极管的依据。

③ 根据电路的要求和电子设备的尺寸，选好二极管的外形、尺寸大小和封装形式。

④ 还应用万用表和其他方法来检查一下二极管的性能好坏。

（2）选用具体类型：

① 检波二极管：一般高频检波电路选用锗点接触型检波二极管。但主要考虑的是工作频率，按频率的要求选用。检波二极管的正向电阻为200 ～ 900 Ω 较好；而它的反向电阻则是越大越好。

② 稳压二极管：稳压二极管的稳压值离散性很大，即使同一厂家同一型号产品其稳定电压值也不完全一样，这一点在选用时应注意。对要求较高的电路选用前对稳压值应进行检测。稳压管在电路中一般需串联限流电阻。

③ 整流二极管：选用前要先了解整流电路的输入电压、输出电流，整流电路的形式及各项参数值等。然后，根据电路的具体要求选用合适的整流二极管。在串联型电源电路中可选用一般的整流二极管。只要有足够大的整流电流和反向工作电压就可以选用。在低压整流电路中，所选用的整流二极管的正向电压应尽量小。在选用彩色电视机行扫描电路中整流二极管时，除了考虑最高反向电压、最大整流电流、最大功耗等参数外，还要重点考虑二极管的开关时间，不能用普通整流二极管。

④ 变容二极管：要注意结电容和电容变化范围。使用变容二极管应该避免变容二极管的直流控制电压与振荡电路直流供电系统之间的相互影响；通常采用电感或大电阻来作两者的隔离。另外，变容二极管的工作点要选择合适，即直流反偏压要选适当。一般要选用相对容量变化大的反向偏压小的变容二极管。

⑤ 开关二极管：在选择开关二极管时主要考虑开关的时间长短。分为低速、中速和高速。2CK 系列为硅平面开关二极管，常用于高速开关电路；2AK 系列为点接触锗开关二极管，常用于中速开关电路。

8. 二极管的使用常识

（1）根据设计原则，使用时要留有足够的余量。

（2）使用小功率的电烙铁进行焊接，时间要短。

（3）玻璃管封装的二极管引线弯曲处距离管体的距离不能太小，应该再 2 mm 以上，否则玻璃管容易破裂。

（4）接入电路时，特别注意二极管的极性不能接反。

（5）安装时，二极管尽可能不要靠近电路中的发热元件，安装时不要紧贴着 PCB 表面，要留有一定的空隙，便于散热。

（6）使用时要注意，硅管和锗管之间不能相互替代，同类型的二极管可以替代。

（7）检波二极管只要工作频率不低于原来的管子就可以替代。

（8）整流二极管只要反向耐压和正向电流不低于原来的管子就可以替换。

9. 二极管的测试方法

从外观上看，二极管两端中有一端会有白色或黑色的一圈，这圈就代表二极管的负极即 N 极。利用万用表根据二极管正向导通（如图 2.22）反向不导通（如图 2.23）的特性即可判别二极管的极性；指针式万用表两根表笔加在二极管两端，当导通时（电阻小），黑表笔所接一端是正极即 P 极，红表笔所接一端是负极即 N 极。

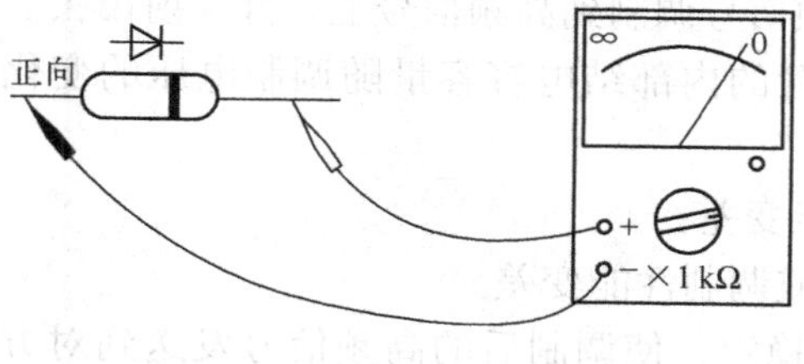

图 2.22　二极管正向测试

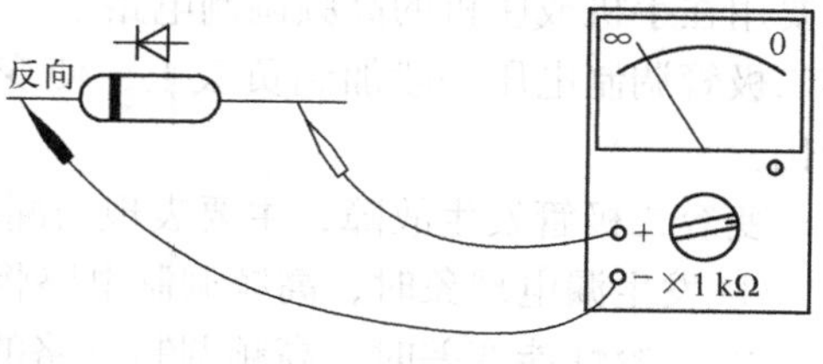

图 2.23　二极管反向测试

注意：指针式万用表置于电阻挡时，黑表笔接的是表内电池的正极，红表笔接的是表内电池的负极。

若使用数字万用表则相反，红表笔是正极，黑表笔是负极，但数字表的电阻挡不能用来测量二极管，必需用二极管挡。当红表笔接"正"，黑表笔接"负"时，二极管正向导通，显示PN结压降（硅：0.5～0.7 V）（锗：0.2～0.3 V），反之二极管截止，首位显示为"1"。

注意：用数字式万用表去测二极管时，红表笔接二极管的正极，黑表笔接二极管的负极，此时测得的阻值才是二极管的正向导通阻值，这与指针式万用表的表笔接法刚好相反。常用的1N4000系列二极管耐压比较如表2.26所示。

表2.26　常用的1N4000系列二极管耐压比较

型　号	IN4001	IN4002	IN4003	IN4004	IN4005	IN4006	IN4007
耐压/V	50	100	200	400	600	800	1000
电流/A	1						

10. 特殊二极管介绍

（1）稳压二极管。稳压二极管在电路中常用ZD加数字表示，如：ZD_5表示编号为5的稳压管。

① 稳压二极管的稳压原理：稳压二极管的特点就是击穿后，其两端的电压基本保持不变。这样，当把稳压管接入电路以后，若由于电源电压发生波动，或其他原因造成电路中各点电压变动时，负载两端的电压将基本保持不变。

② 故障特点：稳压二极管的故障主要表现在开路、短路和稳压值不稳定。在这3种故障中，前一种故障表现出电源电压升高；后2种故障表现为电源电压变低到零伏或输出不稳定。

常用稳压二极管的型号及稳压值如表2.27所示。

表2.27　稳压管常用型号对应的耐压值

型　号	1N4728	1N4729	1N4730	1N4732	1N4733	1N4734
稳压值/V	3.3	3.6	3.9	4.7	5.1	5.6
型　号	1N4735	1N4744	1N4750	1N4751	1N4761	—
稳压值/V	6.2	15	27	30	75	—

（2）变容二极管。变容二极管是根据普通二极管内部"PN结"的结电容能随外加反向电压的变化而变化这一原理专门设计出来的一种特殊二极管。在无绳电话机中，变容二极管主要用在手机或座机的高频调制电路上，实现低频信号调制到高频信号上，并发射出去。变容二极管调制电压一般加到负极上，使变容二极管的内部结电容容量随调制电压的变化而变化。

变容二极管发生故障，主要表现为漏电或性能变差：

① 发生漏电现象时，高频调制电路将不工作或调制性能变差。

② 变容性能变差时，高频调制电路的工作不稳定，使调制后的高频信号发送到对方被对方接收后产生失真。

出现上述情况之一时，就应该更换为同型号的变容二极管。

（3）双向二极管。双向二极管的外形、结构、图形符号和伏安曲线如图 2. 24 所示。

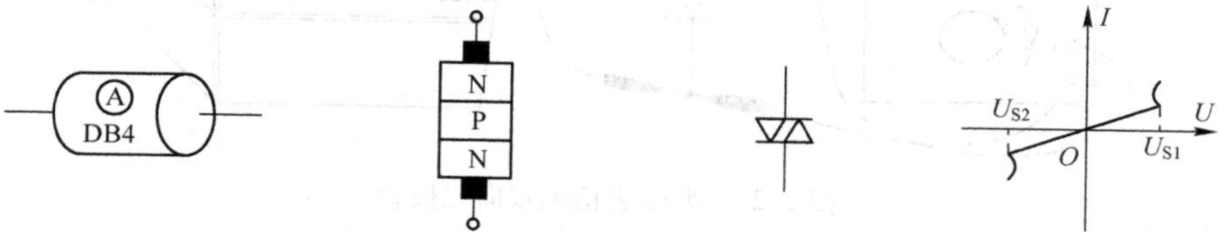

（a）外形　（b）结构　（c）图形符号　（d）伏安特性

图 2. 24　双向二极管的外形、结构、图形符号和伏安特性

双向二极管属于三层对称性的两端器件，等效于基极开路、发射极与集电极对称的 NPN 晶体管。双向二极管伏安曲线特征如下：

① 正反向特征完全对称。

② U_{S1}、U_{S2}为正反向转折电压，当其两端电压小于转折电压时，它成断路状态；当其两端电压大于转折电压时，它成短路状态。外加电压可正可负，双向二极管只有导通和截止两种状态。

③ 双向二极管的类型。双向二极管击穿值大致分为 3 个等级：20 ～ 60 V、100 ～ 150 V 及 200 ～ 250 V，在实际应用中，除根据电路的要求选取适当的转折电压 U_{BS}外，还应选取转折电流小、转折电压偏差 ΔU_B 小的双向触发二极管。在购买、使用二极管时要注意型号的选择。

双向二极管简易检测方法如下：

① 用万用表检测。将万用表置于 $R\times1$ k 或 $R\times10$ k 挡，因为双向二极管转折电压值均在 20 V 以上，所以测量正、反向电阻的阻值都应是无穷大，如图 2. 25 所示。

由上述分析可知，测试双向二极管需要外加一个高于双向二极管起始电压的电源，一般小二极管 50 V 就够了。测试方法如图 2. 26 所示，图中电流表可用万用表的 1 mA 挡，逐渐增加电源电压，当电流表指针有较明显摆动时就说明双向二极管导通了，此时的电压就可认为是双向二极管的转折电压。然后再改变电源的极性，可测出另一方向的转折电压，两次转折电压之差，即为转折电压偏差值 ΔU_B，ΔU_B 愈小愈好。

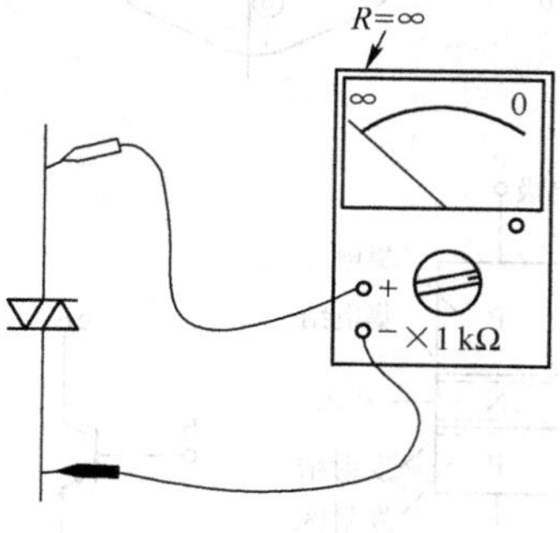

图 2. 25　万用表检测

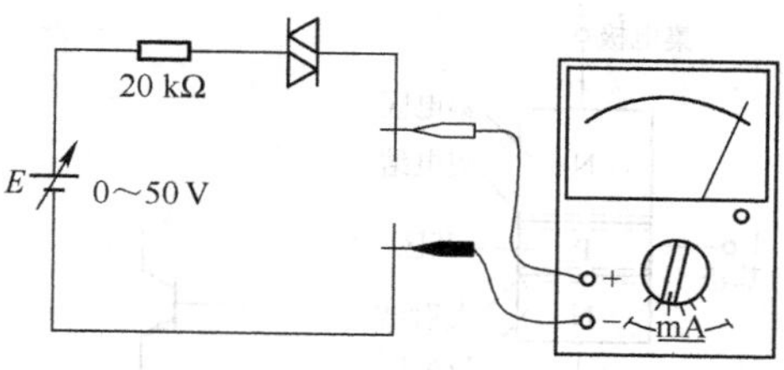

图 2. 26　双向二极管测试

② 使用兆欧表（绝缘电阻表）和万用表检测双向二极管，检测方法如图 2. 27 所示。

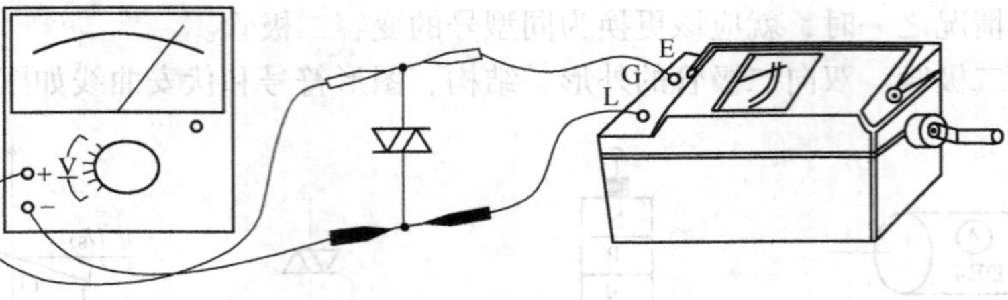

图 2.27　兆欧表检测双向二极管

由兆欧表提供击穿电压，慢慢加速摇动兆欧表，观察直流电压表突然下降到一稳压值，即为转折电压值。然后，调换双向二极管电极，测出反向转折电压值。

③ 双向触发二极管的用途。双向触发二极管常用于控制触发信号门限。

知识链接 7　晶体管

晶体管（双极型晶体管）是电子电路中最重要的器件，它也是半导体器件，被广泛应用于收音机、录音机、电视机等各种电子设备中。

1. 晶体管的概念

晶体管在电路中常用 V 加数字表示，如：V16 表示编号为 16 的晶体管。晶体管是内部含有两个 PN 结，并且具有放大功能的特殊器件。

2. 晶体管的符号及结构示意图

晶体管内部有两个 PN 结。由于不同的组合方式，形成了一种是 NPN 型的晶体管，另一种是 PNP 型的晶体管。这两种类型的晶体管从工作特性上可互相弥补，所谓 OTL 电路中的对管就是由 PNP 型和 NPN 型配对使用。在电路图中常用 V、VT 或 T 表示，常见晶体管的外形和图形符号如图 2.28 所示。

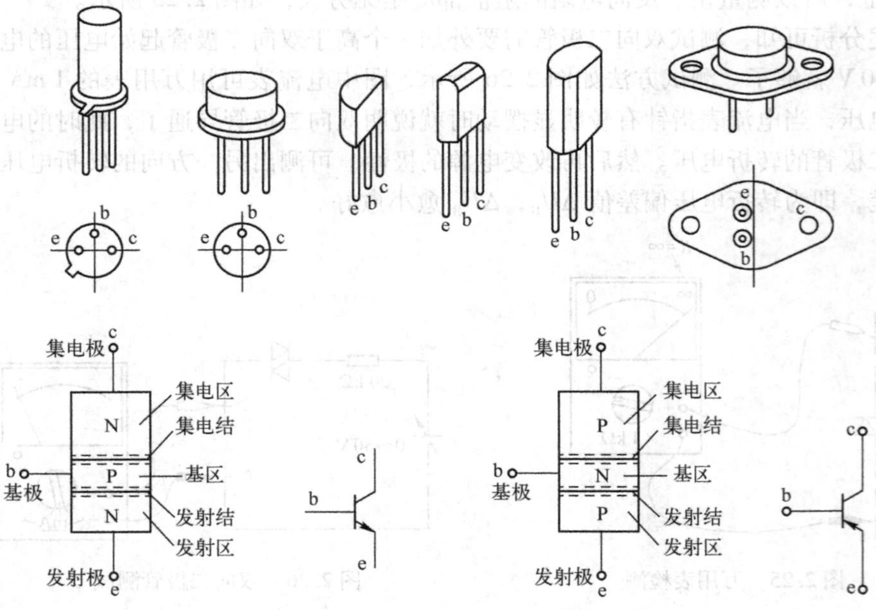

（a）NPN型BJT结构示意图及图形符号　　（b）PNP型BJT结构示意图及图形符号

图 2.28　晶体管结构示意图及图形符号

3. 晶体管分类

晶体管的种类繁多，分类的方式也多种多样。可以从使用的半导体材料、制作工艺、功率不同、用途不同等几方面来分类。

(1) 按使用的半导体材料分为硅晶体管和锗晶体管。

(2) 按制作工艺分为平面晶体管和合金晶体管。

(3) 按 PN 结的结构分为 PNP 型和 NPN 型两种。

(4) 按功率不同分为小功率晶体管、中功率晶体管和大功率晶体管。

(5) 按用途分为放大晶体管、开关晶体管等。

4. 晶体管特性

在一定条件下的放大作用和开关作用是晶体管的最主要特性之一，电子技术维修人员必须熟练掌握该特性，这是从事检测、维修时必备的基本功。由于它的特殊构造，在一定条件下具有放大作用和开关作用。

(1) 晶体管的放大作用。要使晶体管具有放大作用，必须在各电极之间加上极性正确、数值适合的电压，否则晶体管就不能正常工作，甚至会损坏。

(2) 晶体管输出特性曲线。输出特性是指输出电流和电压之间的关系特性，如图 2.29 所示。由图可知，输出特性分为 3 个区域：饱和区、放大区和截止区。

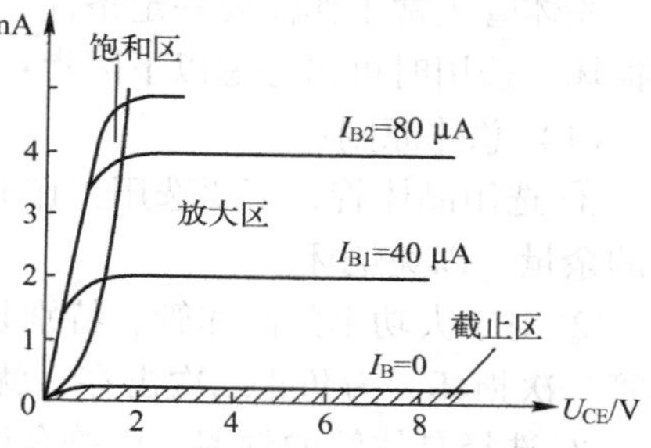

图 2.29　晶体管输出特性曲线

晶体管的 3 种工作状态的特点及参数之间的关系可以用表 2.28 表示

表 2.28　3 种工作状态的特点及参数之间的关系

工作状态	饱和状态	放大状态	截止状态
条件	发射结正偏 集电结正偏	发射结正偏 集电结反偏	发射结反偏 集电结反偏
参数关系	I_B $U_{CE}\approx 0$	I_B $U_{CE}\approx V_{CC}-I_CR_C$	$I_B=0$ $U_{CE}\approx V_{CC}$ $I_C\approx 0$
应用	开关电路	放大电路	开关电路

5. 晶体管的主要参数

晶体管的参数繁多，这里着重了解几个主要参数。

(1) 特征频率。晶体管属于非线性元件，它的特征频率是决定电路能够正常工作的重要参数，它是指在测试频率足够高时，使晶体管共发射极电流放大系数时的频率。当晶体管的 β 值下降到 1 时，所对应信号频率称为共发射极特征频率，用 f_T 表示。当 $f=f_T$ 时，晶体管完全失去电流放大功能。如果工作频率大于 f_T，电路将不正常工作。

(2) 集电极电流 I_{CM}。当集电极的电流过大时，晶体管的电流放大系数将下降，一般把下降到规定的允许值时的集电极最大电流称为集电极最大允许电流。使用中若 $I_C>I_{CM}$，晶体管不一定立即损坏，但性能将变坏。若晶体管的电流 I_C 超过此值，则 β 值将下降到正常值的 2/3 以下，并有可能烧坏晶体管。

（3）集电极最大允许耗散功率 P_{CM}。由于集电结是反向连接的，电阻很大，通过电流 I_C 后会产生热量，使集电结温度上升。根据晶体管工作时允许的集电结最高温度 T_J（锗管为 700 ℃，硅管可达 1 500 ℃），从而定出集电极的最大允许耗散功率 P_{CM}，使用时应满足 $P_C = U_{CE}I_C < P_{CM}$，否则晶体管将因发热而损坏。使用时，P_C 不允许超过最大功耗 P_{CM}。

（4）集电极－发射极间击穿电压 $U_{(BR)CEO}$。基极开路时，加于集电极和发射极间的反向电压逐渐增大，当增大到某一电压值 $U_{(BR)CEO}$ 时开始击穿，其 $U_{(BR)CEO}$ 称为集电极－发射极间击穿电压。当温度上升时，击穿电压要下降，所以工作电压要选得比击穿电压小很多，一般选击穿电压的一半，以保证有一定的安全系数。

6. 极性晶体管的选用常识

晶体管正常工作需要一定条件，超过条件允许的范围可能使晶体管不能正常工作，甚至会损坏。选用时可以考虑以下因素：

（1）总体原则：

① 选用晶体管，不要选用工作时超过手册中规定的极限值的晶体管。要根据设计留一定的余量，以免烧坏。

② 对于大功率的晶体管，特别是外延型的高频功率管，在使用中的二次击穿往往使功率管二次损坏。为防止二次击穿，就必须大大降低晶体管的使用功率和电压。

③ 选择晶体管的频率，应符合设计电路中的工作频率范围。

④ 根据电路的特殊要求，合理选择适合的晶体管。

（2）选用基本准则：

① 低频管的特征频率 f_T 一般在 2.5 MHz 以下，而高频管的 f_T 为几十兆赫到几百兆赫甚至更高。选晶体管时应使 f_T 为工作频率的 3 ～ 10 倍。

② 一般希望 β 选大一些，但也不是越大越好。β 太大容易引起自激振荡，且一般 β 高的晶体管工作多不稳定，受温度影响大。通常 β 多选 40 ～ 100 之间，还可以进行高低搭配使用。

③ 对高频放大、中频放大、振荡器等电路用的晶体管，应选用特征频率 f_T 高、极间电容较小的晶体管，以保证在高频情况下仍有较高的功率增益和稳定性。

7. 晶体管的使用注意事项

（1）焊接时选用的电烙铁功率在 20 ～ 75 W 之间，焊接时间不要太长。

（2）晶体管引线弯曲处离管壳距离不得小于 2 mm。

（3）大功率晶体管要配散热器并且保证之间接触紧密，可以在散热器和晶体管之间涂硅胶，确保散热可靠。

（4）晶体管安装时，要注意远离电路中的发热元件。

（5）维修、替换时要遵循类型相同、材料相同、极性相同、特性相近、外形相似。

（6）原则上来讲高频管可以替代低频管，普通硅管的稳定性比锗管好得多。

（7）在工程应用中，NPN：$V_c > V_b > V_e$ 晶体管处于放大状态。

PNP：$V_c < V_b < V_e$ 晶体管处于放大状态。

V_c 电压接近电源电压 V_{CC} 时，晶体管处于截止状态。

V_c 电压接近零时，（硅管小于 0.7 V，锗管小于 0.3 V）晶体管处于饱和状态。

8. 晶体管的检测

指针万用表和数字万用表是有区别的：对于指针万用表来讲，黑表笔接内部电源的正极，红表笔接内部电源的负极；而对于数字万用表来讲，红表笔接内部电源的正极，黑表笔接内部电源的负极。

除此之外，在使用上也是有区别的，从用万用表判断晶体管的方法也可以看出。

（1）数字式万用表双极型晶体管的测试。将晶体管分解为两个相连的二极管，如图 2.30所示。

用二极管挡找到公共相连的基极，当二极管正向导通时，红表笔接基极的晶体管是 NPN 型晶体管，黑表笔接基极的晶体管是 PNP 型晶体管。

步骤：

① 测量放大倍数，判别 c 和 e。

② 将万用表量程置于 h_{FE} 挡。

③ 将 PNP 型或 NPN 型晶体管对号插入右图的测试孔中。基极 b 插入 B 孔中，其余两个引脚随意插入，若放大倍数较大时，则 c 极和 e 极插入正确。

（2）指针式万用表半导体晶体管的测试。小功率晶体管的测试，如图 2.31 所示。

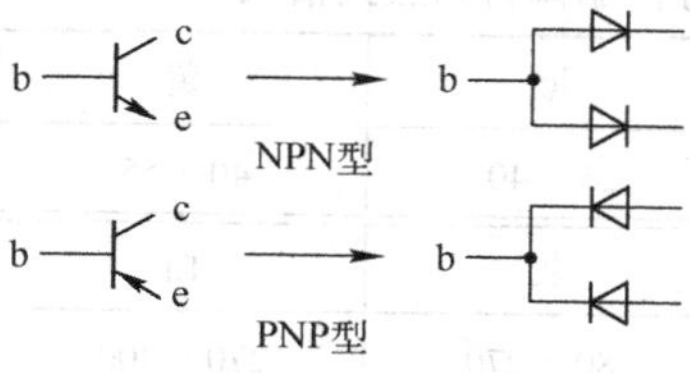

图 2.30　晶体管的分解法

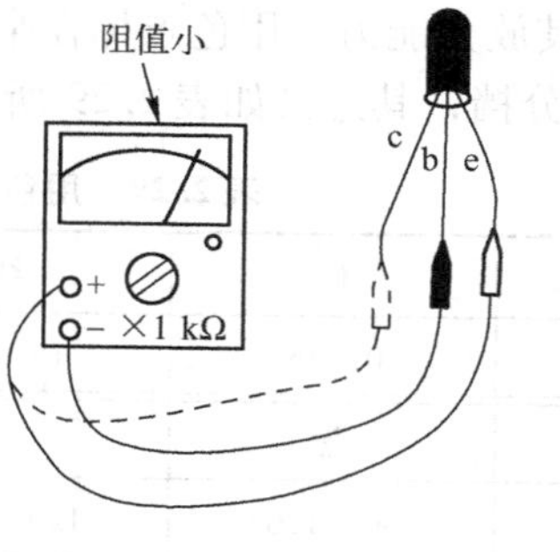

图 2.31　基极 b 的判别

① 基极 b 的判别：假定某一个引脚为基极，用黑表笔接到基极，红表笔分别接另外两个引脚，如果一次电阻大、一次电阻小说明假定的基极是错误的，找出两次电阻都小时说明假定的基极是正确的。如果没有找到两次电阻小只有两次电阻大，可以用红表笔接到假定的基极上，黑表笔分别接另外两个引脚，一定可以找出两次电阻都小的情况。

② PNP 管与 NPN 管的判别：当基极找出来以后，用黑表笔接在基极上红表笔接另外任意一个引脚，若导通说明基极是 P，此被测晶体管即为 NPN 管，反之为 PNP 管。

③ 集电极 b 与发射极 e 的判别：用指针万用表判别集电极和发射极，要设法令晶体管导通，根据晶体管导通的基本条件是必须在发射结上加正向偏置电压这一特性，可以在集电极与基极之间加一个分压电阻（大约 100 kΩ），且在集电极和发射极上通过万用表的两根表笔加上正确极性的电压，从而令发射结导通，此时万用表的两根表笔之间有电流通过，即反映出电阻值小，根据这一原理可以判别晶体管的集电极与发射极。

具体方法是：对于 NPN 管，假定基极以外的某一个极为集电极，万用表的黑表笔接在假定的集电极引脚上，红表笔接在假定的发射极引脚上，用手指替代电阻同时接触到基极与假定的集电极之间，此时若万用表电阻挡测出电阻较小，参照图 2.32 可知，假定的集电极是正确的。若万用表电阻挡测出电阻较大，说明假定是错误的。

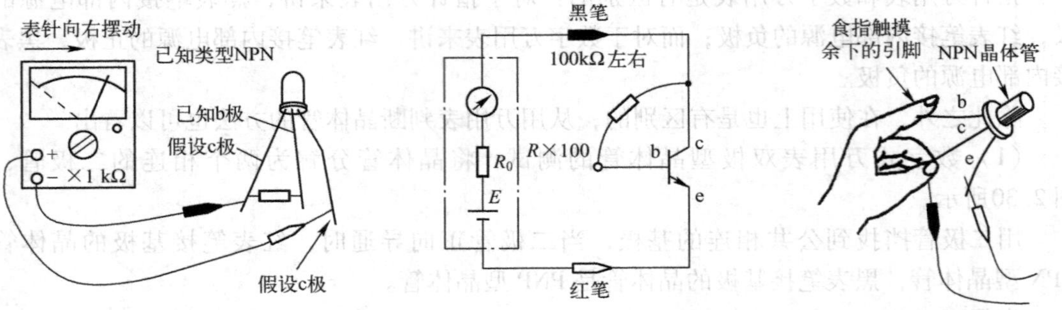

图 2.32　集电极 b 与发射极 e 的判别

对于 PNP 管，假定基极以外的某一个极为集电极，万用表的红表笔接在假定的集电极引脚上，黑表笔接在假定的发射极引脚上，用手指替代电阻同时接触到基极与假定的集电极之间，此时若万用表电阻挡测出电阻较小，假定的集电极是正确的。若万用表电阻挡测出电阻较大，说明假定错误。

- 判断其放大能力：用色点标在半导体晶体管的顶部，表示共发射极直流放大倍数 β 或 h_{FE} 的分挡，其意义如表 2.29 所示。

表 2.29　用色点表示半导体晶体管的放大倍数

色　点	棕	红	橙	黄	绿
β 分档	0～15	15～25	25～40	40～55	55～80
色　点	蓝	紫	灰	白	黑
β 分档	80～120	120～180	180～270	270～400	400 以上

- 稳定性判别：用手捏住管壳加热，或将晶体管靠近发热体，观察指针摆动的范围，摆动越大，稳定性越差，如图 2.33 所示。

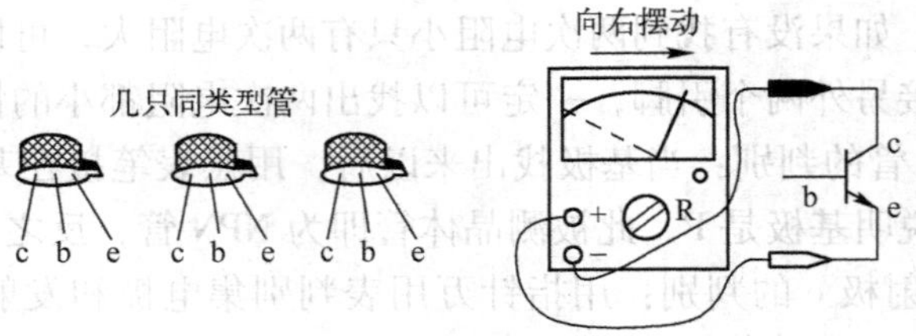

图 2.33　稳定性的判别

（3）大功率晶体管的检测。利用万用表检测小功率晶体管的极性、管型及性能的方法对大功率晶体管（$P_{CM}>1$ W）基本适用，因为金属外壳为已知（集电极），所以判别方法较为简单。需要指出的是，由于大功率管体积大，极间电阻相对较小，若像检测小功率晶体管极间正向电阻那样，使用万用表的 $R\times1\,\mathrm{k}$ 挡，必然使得欧姆表指针趋向于零，这种情况与极间短路一样，使检测者难以判断。为了防止误判，在检测大功率晶体管 PN 结正向电阻时，应使用 $R\times1$ 挡，同时，测量前欧姆表应调零。

知识链接 8　集成电路

集成电路是 20 世纪 60 年代出现的，当时只集成了十几个元器件。几十年来，集成电路的生产技术取得了长足进步，得到了迅速发展，使其集成度越来越高，应用也极其广泛。集成电路具有体积小、重量轻、功耗低、性能好、可靠性高、电路性能稳定、成本低等优点。

1. 集成电路基本概念

集成电路是一种微型电子器件或部件。它是用半导体工艺或薄、厚膜工艺（或将这里工艺结合），将二极管、双极型晶体管、场效应晶体管、电阻器、电容器等元件按设计电路的要求连接起来，共同制作在一块硅或绝缘体基片上，然后封装而成为具有特定功能的完整电路。英文缩写为 IC，又称芯片。在电路中常用 IC 来表示芯片。

2. 集成电路分类

集成电路分类的方式很多，可以从制作工艺、功能、集成规模、封装形式等几方面进行分类。

（1）按制作工艺分为薄膜集成电路、厚膜集成电路、半导体集成电路。

（2）按集成规模分为小规模、中规模、大规模、超大规模、特大规模和巨大规模几种。

（3）按集成电路功能分为模拟集成电路、数字集成电路、模/数混合集成电路和微波集成电路。

（4）按封装形式分为金属封装、陶瓷封装和塑料封装 3 种。

（5）按专用程度分为通用型、半专用型、专用型几种。

（6）按应用环境分为军用级、工业级、商业（民用）级。

（7）按导电类型不同分为双极型集成电路和单极型集成电路。

3. 集成电路的引脚识别

集成电路是多引脚的器件，在实际使用过程中必须学会识别器件的引脚，清楚地知道每个引脚的意义。绝大多数集成电路相邻两个引脚的间距是 2.54 mm。虽然集成电路的封装形式多种多样，但是在识别引脚时是有规律可循的，如图 2.34 所示。

（1）圆形封装的集成电路：将引脚对准自己，从引键开始顺时针读取引脚序号。

（2）单列直插式的集成电路：是以正面或（标志面）朝向自己，引脚向下，以缺口、凹槽、色点作为引脚参考标志，引脚序号从左到右依次读取。

（3）双列或四列封装的集成电路：是以正面或（标志面）朝向自己，引脚向下，以缺口、凹槽、色点作为引脚参考标志，引脚序号按逆时针顺序依次读取。

（4）三脚封装集成电路：是以正面或（标志面）朝向自己，引脚向下，引脚序号从左到右依次读取。

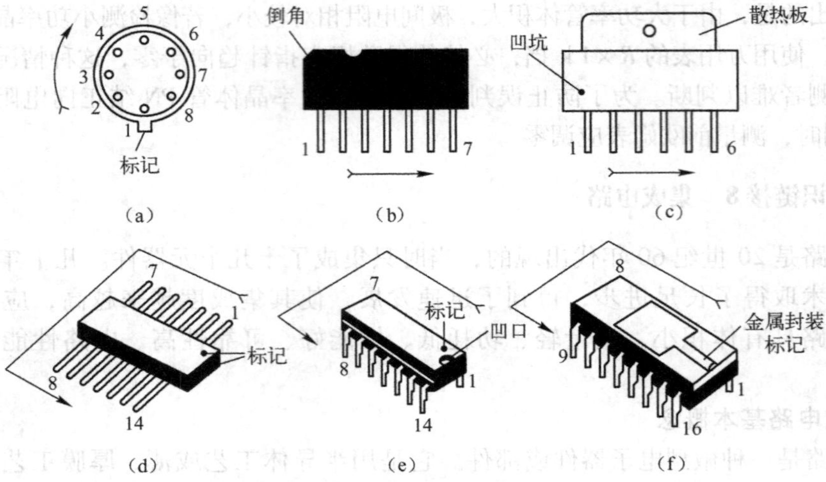

图 2.34　集成电路常见外形及其引脚方向

4. 集成电路选用原则

(1) 使用集成电路时，其负荷不能超过极限值，集成电路的电气参数要符合规定标准，在接通和断开的瞬间不能产生高压，否则会击穿集成电路。

(2) 输入信号的电平不能超过集成电路电源电压范围，必要时要加入输入端电平转换电路。

(3) 要根据电路的实际情况考虑数字集成电路的负载能力，即扇出系数。

(4) 使用模拟集成电路前，必须要查阅资料，保证电路符合规范。

5. 集成电路使用注意事项

(1) 总体要求：

① 数字集成电路的多余输入端一般不允许悬空，否则容易造成逻辑错误。

② 商业级别集成电路一般温度要求在 0～70 ℃之间，在电路系统布局时，应该让集成电路远离热源。

③ 在手工焊接时，不要使用功率大于 45 W 的电烙铁焊接，每个引脚焊接的时间不要太长。

④ 安装时要注意集成电路的方向。

⑤ 调试电路时，不要带电拔插集成电路。

(2) 使用 TTL 集成电路和 CMOS 集成电路注意事项：

① TTL 集成电路的电源电压不能高于 +5.5 V 使用，不能将电源与地颠倒错接，否则将会因为过大电流而造成器件损坏。

② 电路的各输入端不能直接与高于 +5.5 V 和低于 −0.5 V 的低内阻电源连接，因为低内阻电源能提供较大的电流，导致器件过热而烧坏。

③ 除三态和集电极开路的电路外，输出端不允许并联使用。

④ 输出端不允许与电源或地短路，否则可能造成器件损坏。但可以通过电阻与地相连，提高输出电平。

⑤ 存放 CMOS 集成电路时要屏蔽，一般放在金属容器中，也可以用金属箔将引脚短路。

⑥ CMOS 集成电路可以在很宽的电源电压范围内提供正常的逻辑功能，但电源的上限电压（即使是瞬态电压）不得超过电路允许极限值、电源的下限电压（即使是瞬态电压）不得低于系统工作所必需的电源电压最低值 $V_{\min}$，更不得低于 V_{SS}。

⑦ 焊接 CMOS 集成电路时，一般用 20 W 内热式电烙铁，而且烙铁要有良好的接地线。也可以利用电烙铁断电后的余热快速焊接。禁止在电路通电的情况下焊接。

⑧ 调试 CMOS 电路时，如果信号电源和电路板用两组电源，则刚开机时应先接通电路板电源，后开信号源电源。关机时则应先关信号源电源，后断电路板电源。即在 CMOS 本身还没有接通电源的情况下，不允许有输入信号输入。

⑨ CMOS 多余输入端绝对不能悬空，否则不但容易受外界噪声干扰，而且输入电位不定，破坏了正常的逻辑关系，也消耗不少功率。

知识链接 9　其他半导体器件

除了上述的二极管、晶体管和集成电路，场效应管和晶闸管也属于半导体器件。在此仅对它们的选用和使用时的注意事项进行说明。

1. 场效应管

场效应管是一种电压控制型的半导体器件。场效应管具有输入阻抗高、噪声低、热稳定性好、功耗小、抗辐射能力强和便于集成等优点，但是容易击穿。

（1）总体选用原则：

① 选用场效应管，不要选用工作时超过手册中规定的极限值的，要根据设计留一定的余量，以免烧坏。

② 选择场效应管的频率，应符合设计电路中的工作频率范围。

③ 根据电路的特殊要求，合理选择适合的场效应管。

（2）具体选用说明：

① 彩色电视机的高频调谐器、半导体收音机的变频器等高频电路，应使用双栅场效应管。

② 音频放大器的差分输入电路及调制、较大、阻抗变换、稳流、限流、自动保护等电路，可选用结型场效应管。

③ 音频功率放大、开关电源、逆变器、电源转换器、镇流器、充电器、电动机驱动、继电器驱动等电路，可选用功率 MOS 场效应管。

④ 小功率场效应管应注意输入阻抗、低频跨导、夹断电压（或开启电压）、击穿电压待参数。

⑤ 大功率场效应管应注意击穿电压、耗散功率、漏极电流等参数。其最大耗散功率应为放大器输出功率的 0.5 ～ 1 倍，漏源击穿电压应为功放工作电压的 2 倍以上。

（3）场效应管的使用注意事项：

① 可把 D、G、S 三极比作晶体管的 c、b、e 三极，但 D、S 两极可以互换使用。

② 结型场效应管的栅源电压不能接反，但是可以在开路状态下保存。

③ 绝缘栅型场效应管特别要避免栅极悬空，在不使用时，必须将各极引线短路，焊接时要将电烙铁外壳接地。

④ 结型场效应管可以用万用表定性测量，而绝缘栅型场效应管不允许这样的操作，用

仪表测量时也要采取良好的接地措施，同时安装操作时应佩戴接地手环。

⑤ 焊接时也要保持3个极的短路状态，并要求先焊漏极、源极，最后焊接栅极。

2. 晶闸管

晶闸管具有体积小、结构相对简单、功能强等特点，是比较常用的半导体器件之一。

（1）晶闸管的选用原则：

① 选用晶闸管的额定电流时，除了考虑通过元件的平均电流外，还应注意正常工作时导通角的大小、散热通风条件等因素。在工作中还应注意管壳温度不超过相应电流下的允许值。

② 选用晶闸管的额定电压时，应参考实际工作条件下的峰值电压的大小，并留出一定的余量。

③ 双向晶闸管元件主要用于交流控制电路，如温度控制、灯光控制、防爆交流开关以及直流电动机调速和换向等电路。

（2）晶闸管使用注意事项：

① 严禁用兆欧表检查元件的绝缘情况。

② 使用晶闸管之前，应该用万用表检查晶闸管是否良好，发现有短路或断路现象时，应立即更换。

③ 电流为5 A以上的晶闸管要装散热器，并且保证所规定的冷却条件。为保证散热器与晶闸管管心接触良好，它们之间应涂上一薄层有机硅油或硅脂，以利于散热。

④ 按规定对主电路中的晶闸管采用过压及过流保护装置。

⑤ 要防止晶闸管控制极的正向过载和反向击穿。

⑥ 器件固定到散热器时，避免让双向晶闸管受到应力。固定后焊接引线，不要把铆钉芯轴放在器件接口片一侧。

知识链接10　电声器件

电声器件指电和声相互转换的器件，它是利用电磁感应、静电感应或压电效应等来完成电声转换的，包括传声器、唱头、扬声器、耳机等。

1. 传声器

传声器是一种将声音变成相应电信号的声电器件，俗称话筒。传声器有动圈式、电容式、压电式几种。传声器的性能参数有很多，这里就其主要参数进行简单介绍。

（1）灵敏度。它是表征传声器电声转换能力的一个指标，其定义是在单位声压下的输出电压或输出功率。在实际使用中，除非特别说明，通常说明书上给出的都是声场灵敏度。

（2）频率响应。传声器的灵敏度与频率有关，不同的频率，其灵敏度也不一定相同。这种反映灵敏度随频率变化的特性就称为频率响应或频率特性。通常采用灵敏度与频率之间的关系特性表示。

（3）输出阻抗与输入阻抗。这主要是传声器与其后的输入声级（调音台等）的配接问题。在配接时，要求配接阻抗比传声器的内阻大得多，即负载对信号源来说，近似开关状态。在一般情况下，负载阻抗比内阻大5倍即可。

2. 扬声器

扬声器俗称喇叭，它是收音机、录音机、音响设备中的重要元件。

（1）扬声器电路图符号。扬声器在电路图中的符号很形象，如图 2. 35 所示。

（2）扬声器工作原理。扬声器的工作原理很简单，电流通过音圈时，音圈产生随音频电流而变化的磁场，在永久磁铁的磁场中时而吸引时而排斥，带动纸盆振动发出声音。

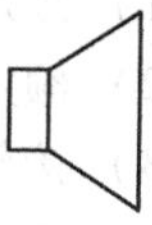

图 2. 35　扬声器的图形符号

（3）扬声器种类。扬声器的种类很多，可按其换能原理和频率范围分类。

① 按换能原理可分为电动式（即动圈式）、静电式（即电容式）、电磁式（即舌簧式）、压电式（即晶体式）等几种。

② 按频率范围可分为低频扬声器、中频扬声器、高频扬声器等几种。

（4）扬声器的参数。扬声器的参数很多，这里只简单介绍主要参数。

① 额定功率。额定功率又称标称功率，是指扬声器长时间正常工作所允许的输入功率。扬声器在额定功率以下工作是安全的，失真度也不会超出规定值。扬声器所能承受的最大功率应为额定功率的 1. 5 ～ 2 倍，它是指扬声器在短时间内所能承受的最大输入功率。

② 标称阻抗。扬声器的阻抗是指交流阻抗，它是频率的函数，呈非线性结构，阻抗随信号频率的变化而变化。一般扬声器所给出的标称阻抗，是在频率为 1 000 Hz 或 400 Hz 时的阻抗。

③ 频响范围。频响范围是指扬声器在重放时所能达到的频率范围，扬声器的频响范围越宽，其重放的频率覆盖范围越大。一般要求全音域扬声器的最低响应频率范围不低于 50 ～ 12 500 Hz。

（5）失真度。所谓失真度是扬声器在输出的声波中还存在着整倍于原频率的谐波器本身产生的非线性成分引起的。一般扬声器的失真度应小于 2%。

3. 电声器件的选用原则

（1）一般根据应用场合的不同而进行不同选择。

（2）低档电子产品中一般选择普通扬声器和驻极体。

4. 电声器件的使用注意事项

（1）扬声器长期输入电功率不应该高于其额定功率。

（2）扬声器要远离热源，电磁式长期受热会退磁，压电式受热会改变其性能。

（3）扬声器应该防潮，特别是纸盆扬声器，应该避免变形和破损。

（4）电动式扬声器严禁装机或振动，以免失磁而损坏。

知识链接 11　机电器件

机电器件是利用机械力或电信号实现电路接通、断开或转接的器件。电子产品中常用的开关、继电器和接插件就属于机电器件。其主要功能如下：

（1）传输信号和输送电能。

（2）通过金属接触点的闭合或开启，使其所联系的电路接通或断开。

1. 开关

开关大致可分为三大类：机械开关、电磁开关、电子开关。

机械开关和电磁开关是有触点的开关，有噪声和火花拉弧，电子开关是无触点开关，有电流限制。开关的主要技术参数如下：

（1）额定电压：正常工作状态下所能承受的最大直流电压或交流电压有效值。

（2）额定电流：正常工作状态下所允许通过的最大直流电流或交流电流有效值。

（3）接触电阻：一对接触点连通时的电阻，一般要求≤20 mΩ。

（4）绝缘电阻：不连通的各导电部分之间的电阻，一般要求≥100 MΩ。

（5）抗电强度（耐压）：不连通的各导电部分之间所能承受的电压，一般开关要求≥100 V，电源开关要求≥500 V。

（6）工作寿命：在正常工作状态下使用的次数，一般开关为5 000 ～ 10 000 次，高可靠开关可达到 5×10^4 ～ 5×10^5 次。

2. 继电器

继电器是根据输入电信号变化而接通或断开控制电路、实现自动控制和保护的自动电器，它是一种由电、磁、声、光等输入物理参量控制的开关。图 2.36 所示为继电器图形符号。

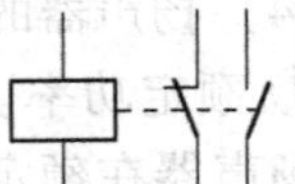

图 2.36　继电器图形符号

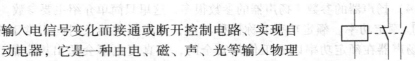

继电器的种类繁多，在电子产品中常用的有利用电磁吸力工作的电磁继电器、用极化磁场作用保持工作状态的磁保持继电器、专用于转换高频电路并与同轴电缆匹配的高频继电器、由各种非电量（热、温度、压力等）控制的控制继电器、利用舌簧管工作的舌簧继电器、具有时间控制作用的时间继电器、作为无触点电子开关的固态继电器等。

3. 接插件

按照接插件的工作频率分类，低频接插件通常是指适合在频率 100 MHz 以下工作的连接器。而适合在频率 100 MHz 以上工作的高频接插件，在结构上需要考虑高频电场的泄漏、反射等问题，一般都采用同轴结构，以便与同轴电缆连接，所以也称为同轴连接器。

按照外形结构特征分类，常见的有圆形接插件、矩形接插件、印制电路板接插件、带状电缆接插件等。

任务二　表面安装元器件的识别与检测

☑ 任务描述

表面安装元器件是无引线或短引线的新型微小型元器件，例如一片片状电阻只有一粒米那么大。表面安装元器件最重要的特点是小型、标准化，现在几乎全部的传统电子元件都已经被片状化了。它直接被安装在印制电路板上，是表面组装技术的专用器件。目前，表面安装元器件被广泛应用于计算机、移动通信设备和音频设备中。拆开彩电的高频头，其内部均为密密麻麻的表面安装元器件，可见电子微型化已是大势所趋。因此，了解表面安装元器件是十分必要的。

☑ 任务目标

（1）了解各种表面安装元器件的命名，正确认识各类元器件。

（2）掌握各种表面安装元器件标注方法；

（3）掌握检测表面安装元器件的方法。

☑ 任务内容及实施步骤

（1）根据表 2.30 给出的表面安装元器件的图片写出相应的元器件名称，填写在表 2.30 中。

表 2.30　表面元器件

元器件图片	元器件名称	封装形式

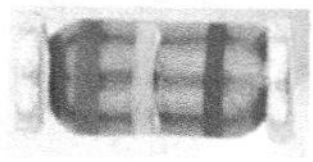		
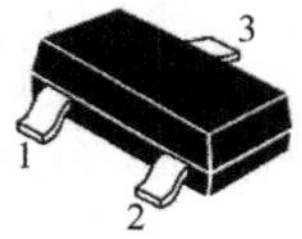		

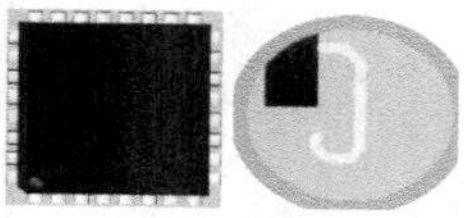		
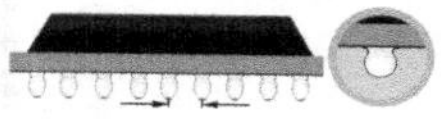		

（2）1 in（英寸）= ________ mm（毫米）

1.27 mm（毫米）= ________ in（英寸）

（3）填写表 2.31 中不同系列贴片电阻器对应的长、宽等尺寸。

表 2.31　贴片电阻器尺寸

系列	长（英制）	宽（英制）	长（米制）	宽（米制）
0402				
1206				

（4）测量电路板上表面安装元器件大小，并根据练习电路板上元器件的位号标记，记录在表 2. 32 相应位置。

表 2. 32　表面安装元器件测量数值

位　号	标　注	标 称 值	测 量 值	误　差
R_1				
R_2				
R_3				
R_4				
C_1				
C_2				
C_3				
C_4				

☑ 知识链接

知识链接 1　SMT 元器件

1. SMT 元器件的特点

图 2. 37 所示为既有通孔插装（THT）元器件又有表面安装（SMT）元器件的混合电路板图形。表面安装元器件又称贴片式元器件或片状元器件，从图中可看出它具有的两个明显特点：

（1）SMT 元器件电极无引线或引线很短。相邻电极间距离比传统的 THT 集成电路引线间距（2. 54 mm）小很多，目前引脚间距最小已经达到 0. 3 mm。

（2）SMT 元器件直接贴装在印制电路板表面，由于没有通孔焊盘，电路板布线密度和组装密度大大提高。

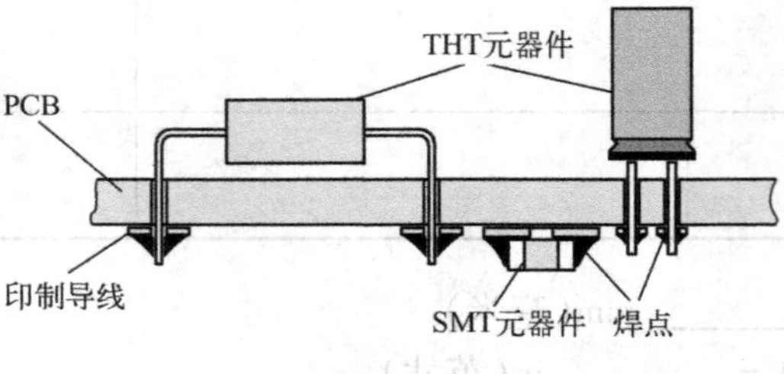

图 2. 37　混合电路板

2. SMT 元器件的种类和规格

表面安装元器件按照形状分有薄片矩形、圆柱形、扁平异形等；从功能上分有无源元件（Surface Mounting Component，SMC）、有源器件（Surface Mounting Device，SMD）和机电元件三大类。表面安装元器件的详细分类如表 2. 33 所示。

表 2.33　SMT 元器件的分类

类　别	封装形式	种　类
无源表面安装元件 SMC	矩形片式	厚膜和薄膜电阻器、热敏电阻器、压敏电阻器、单层或多层陶瓷电容器、钽电解电容器、片式电感器、磁珠等
	圆柱形	碳膜电阻器、金属膜电阻器、陶瓷电容器、热敏电容器、陶瓷晶体等
	异形	电位器、微调电位器、铝电解电容器、微调电容器、线绕电感器、晶体振荡器、变压器等
	复合片式	电阻网络、电容网络、滤波器等
有源表面安装器件 SMD	圆柱形	二极管
	陶瓷组件（扁平）	无引脚陶瓷芯片载体 LCCC、有引脚陶瓷芯片载体 CBGA
	塑料组件（扁平）	SOT、SOP、SOJ、PLCC、QFP、BGA、CSP 等
机电元件	异形	继电器、开关、连接器、延迟器、薄型微电机等

片状元器件最重要的特点是小型化和标准化。已经制定了统一标准，对片状元器件的外形尺寸、结构与电极形状等都做出了规定，这对于表面安装技术的发展无疑具有重要的意义。

知识链接 2　无源元件（SMC）

SMC 包括片状电阻器、电容器、电感器、滤波器和陶瓷振荡器等。片状电阻器、片状电容器的体积为 2 mm × 1.25 mm × 0.7 mm，片状二极管的体积为 2.9 mm × 2.8 mm × 1.25 mm。片状元器件适合自动化装配、焊接（采用贴片机装配）。

1. 型号标注

长方体 SMC 是根据其外形尺寸的大小划分成几个系列型号的，欧美产品大多采用英制系列，日本产品大多采用公制系列，我国还没有统一标准，两种系列都可以使用。无论哪种系列，系列型号的前两位数字表示元件的长度，后两位数字表示元件的宽度。图 2.38 所示为片状元器件外形。例如，公制系列 2012（英制 0805）的矩形贴片元件，长 $L = 2.0$ mm（0.08 in），宽 $W = 1.2$ mm（0.05 in）。并且，系列型号的发展变化也反映了 SMC 元件的小型化进程：5750(2220)→4532(1812)→3225(1210)→3216(1206)→2520(1008)→2012(0805)→1608(0603)→1005(0402)→0603(0201)。典型 SMC 系列的外形尺寸如表 2.34 所示。

图 2.38　片状元器件外形尺寸

表 2.34　典型 SMC 系列的外形尺寸（单位：mm/inch）

公制/英制型号	*L*	*W*	*a*	*b*	*T*
3216/1206	3.2/0.12	1.6/0.06	0.5/0.02	0.5/0.02	0.6/0.024
2012/0805	2.0/0.08	1.25/0.05	0.4/0.016	0.4/0.016	0.6/0.016
1608/0603	1.6/0.06	0.8/0.03	0.3/0.012	0.3/0.012	0.45/0.018
1005/0402	1.0/0.04	0.5/0.02	0.2/0.008	0.25/0.01	0.35/0.014
0603/0201	0.6/0.02	0.3/0.01	0.2/0.005	0.2/0.006	0.25/0.01

注：公制/英制转换：1 in = 1 000 mil；1 in = 25.4 mm，1 mm ≈ 40 mil。

虽然 SMC 的体积很小，但它的数值范围和精度并不差（见表 2. 35）。以 SMC 电阻器为例，3216 系列的电阻值范围是 0. 39 Ω ～ 10 MΩ，额定功率可达到 1/4 W，允许偏差有 ±1%、±2%、±5% 和 ±10% 等 4 个系列，额定工作温度上限是 70 ℃。

表 2. 35　常用典型 SMC 电阻器的主要技术参数

系 列 型 号	3216	2012	1608	1005
电阻值范围/Ω	0. 39～10 M	2. 2～10 M	1～10 M	10～10 M
允许偏差/%	±1、±2、±5	±1、±2、±5	±2、±5	±2、±5
额定功率/W	1/4、1/8	1/10	1/16	1/16
最大工作电压/V	200	150	50	50
工作温度范围/℃	-55～+125/70	55～+125/70	-55～+125/70	-55～+125/70

表面安装元器件可以用 3 种包装形式提供给用户：散装、管状料斗和盘状纸编带。SMC 的阻容元件一般用盘状纸编带包装，便于采用自动化装配设备。

2. 表面安装电阻器

表面安装电阻器又称片状电阻器，它可分为薄膜型和厚膜型两种，但应用较多的是厚膜型。片状电阻器的实物与外形结构如图 2. 39 所示。

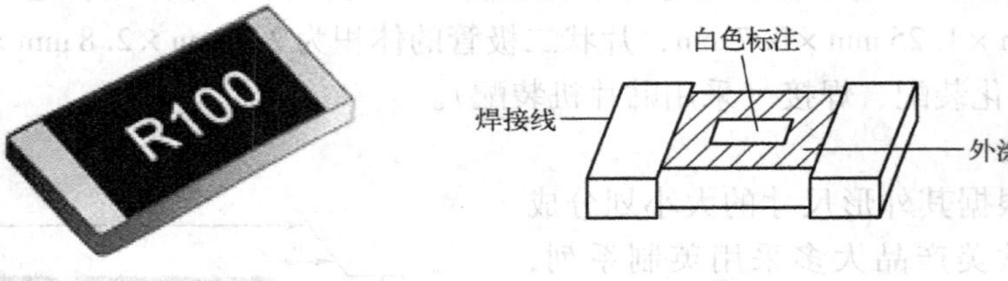

（a）实物　（b）外形结构

图 2. 39　片状电阻器实物与外形结构

片状排阻是多个电阻器按一定电路规律封装在一起的元件，又称网络电阻器，如图 2. 40所示。片状排阻内的各电阻器其阻值大小相等，它用于一些电路结构相同，电阻值相同的电路中。

3. 表面安装电容器

表面安装电容器又称片状电容器，它是一种小型无引线电容器。其电容介质、加工工艺等均很精密，其介质主要由有机膜或瓷片构成。其外形为矩形，也有圆柱形的，如图 2. 41 所示。耐压一般≤63 V。由于体积小，允许误差与其耐压均不做标注。常用于矩形有机薄膜电容器和陶瓷电容器。

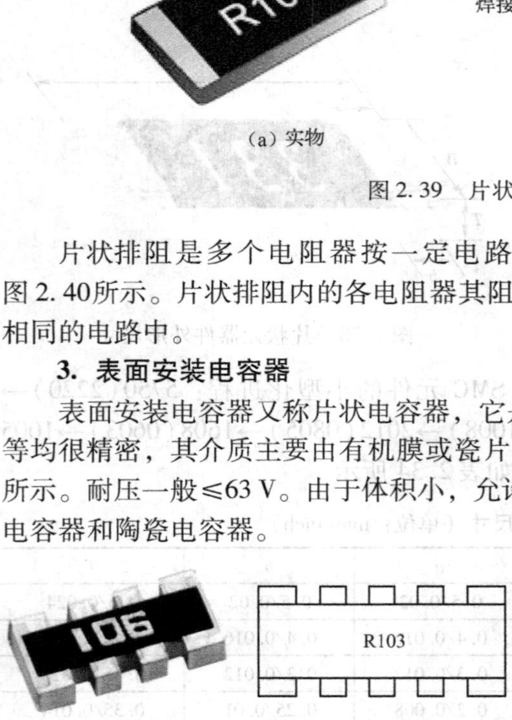

（a）实物　（b）外形结构

图 2. 40　片状排阻实物及外形

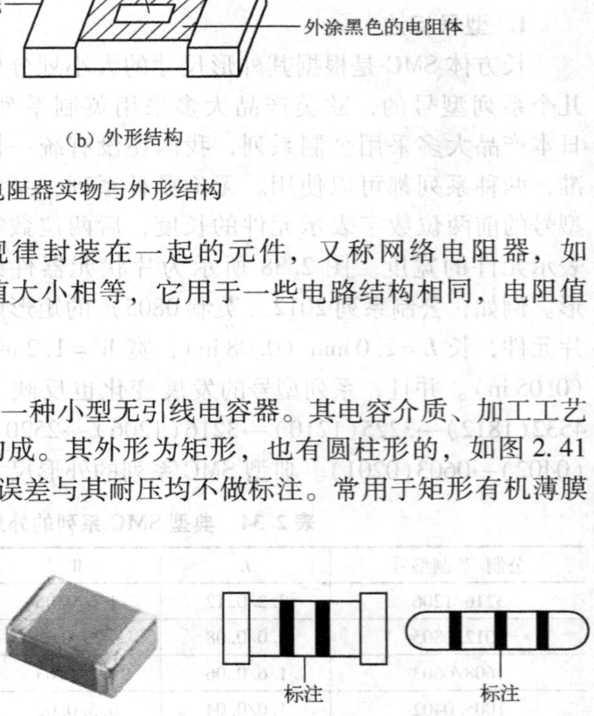

（a）实物　（b）外形结构

图 2. 41　片状电容器实物及外形结构

（1）本体颜色加一个字母标注法。在LL电容体表面涂红、黑、蓝、白、绿、黄等某一种颜色，再标注一个字母。体表面颜色表示电容器的数量级，字母表示电容量的数值。从表2.36中可查出对应的电容值。

表2.36　电容器标注中字母的含义　　单位：pF

字母	A	B	C	D	E	F	G	H	J	K	L
电容值	1.0	1.1	1.2	1.3	1.5	1.6	1.8	2.0	2.2	2.4	2.7
字母	M	N	O	Q	R	S	T	W	X	Y	Z
电容值	3.0	3.3	3.6	3.9	4.3	4.7	5.1	6.8	7.5	8.2	9.1
字母	a	b	d	e	f	u	m	v	h	t	y
电容值	2.5	3.5	4.0	4.5	5.0	5.6	6.0	6.2	7.0	8.0	9.0

（2）一个字母加一个数标注及识别。在片状电容体表面标注一个字母，再在字母后标一个数字，即完整地表示一个电容器的标称值。这种标注方法常用于云母电容器、陶瓷电容器的标注，如表2.37所示，其字母含义仍见表3.6。

表2.37　颜色和字母表示法中颜色的含义

颜色	10^n	颜色	10^n	颜色	10^n
红	0	白	3	黄	6
黑	1	绿	4	紫	7
蓝	2	橙	5	黑	8

以表2.38中A0举例：

$$\text{A0 表示 } 1\times10^0 = 10\ \text{pF}$$

表2.38　字母加数字表示法举例

字母	电容标称值/pF	字母	电容标称值/pF	字母	电容标称值/pF	字母	电容标称值/pF
A0	1	L1	27	N2	330	Y3	8200
H0	2	Q1	39	S2	470	X3	9100
d0	4	S1	47	U2	560	A4	0.01
f0	5	U1	56	W2	680	E4	0.015

4. 表面安装电感器

表面安装电感器外形如图2.42所示。

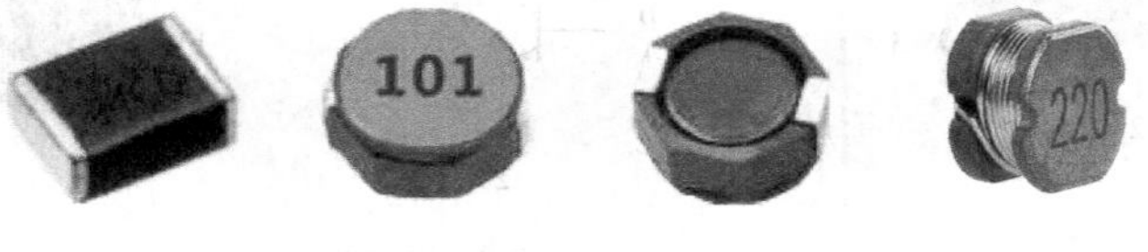

图2.42　表面安装电感器

在其表面层采用字母数字混标法或3位数表示法标出电感器的标称值，默认单位μH。

小功率电感量的代码有 nH 及 μH 两种单位，分别用 N 或 R 表示小数点。示例如表 2.39 所示。

表 2.39　电感量示例

标　注	电　感　量	标　注	电　感　量
4N7	4.7nH	6R8	6.8 μH
10N	10nH	100	10 μH
R47	0.47 μH	101	100 μH

知识链接 3　SMD 分立器件

SMD 分立器件包括各种分立半导体器件，有二极管、晶体管、场效应管，也有由两三只晶体管、二极管组成的简单复合电路。

1. 片状二极管

片状二极管一般不打印出型号，而打印出型号代码或色标，这种型号代码由企业自定，并不统一。图 2.43 所示为两引线封装二极管，其顶面 A2 表示型号代码。图 2.44 所示的 N、N20、P1 分别表示型号代码。图 2.45 所示为片状二极管的内部结构示意图。

图 2.43　两引线封装二极管

图 2.44　片状二极管型号代码

2. 片状晶体管

片状晶体管有 3 个很短的引脚，分布成两排。其中一排只有一个引脚，这是集电极，其他两根引脚分别是基极和发射极，如图 2.46 所示。图 2.47 所示为片状晶体管的内部结构示意图。片状场效应管内部结构如图 2.48 所示。

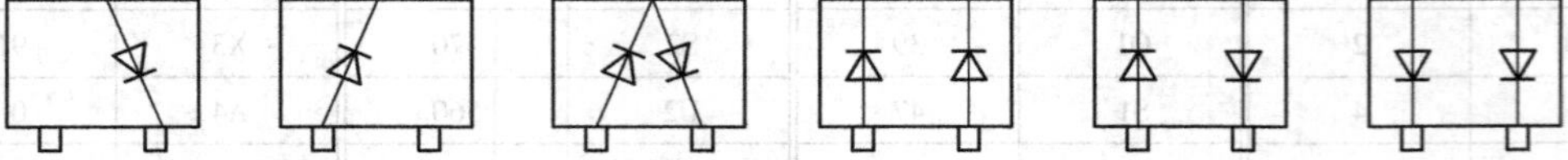

图 2.45　片状二极管内部结构示意图

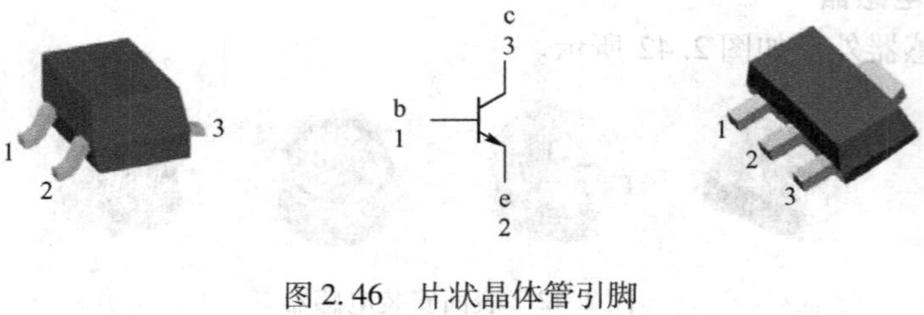

图 2.46　片状晶体管引脚

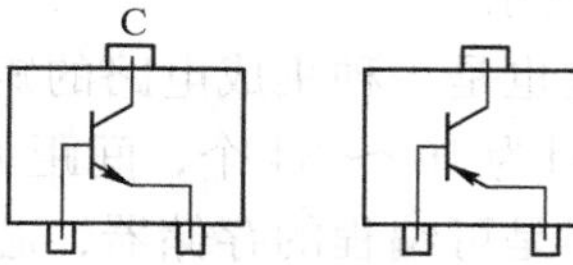

图 2.47　片状晶体管内部结构

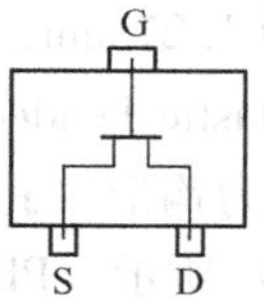

图 2.48　片状场效应管内部结构

3. SMD 集成电路封装

片状功率管有两个 C 极，可任接一脚。集成电路要利用标志来确认引脚的排列方法。图 2.49 所示为片状功率管的引脚排列，图 2.50 所示为片状小型集成电路引脚的排列方法。图 2.51 所示为常见片状集成电路的封装形式。

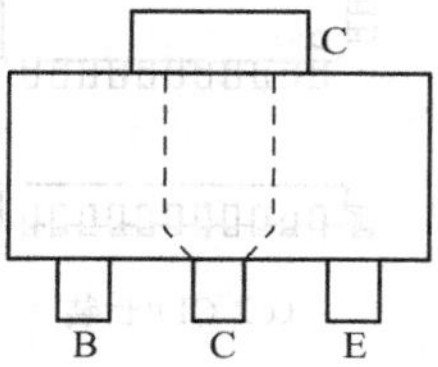

图 2.49　片状功率管

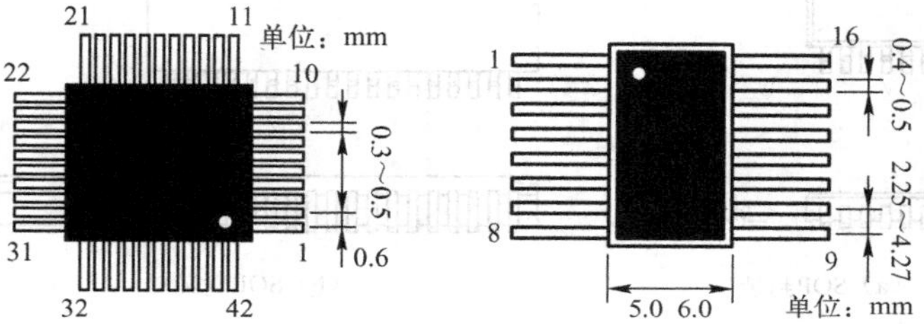

图 2.50　片状小型集成电路

图 2.51　常见片状集成电路实物图

（1）SO（Short Out - line）封装：引线比较少的小规模集成电路大多采用这种小型封装。SO 封装又分为几种，芯片宽度小于 0.15 in，电极引脚数目少于 18 脚的，称为 SOP（Short Out - line Package）封装，如图 2.52（a）所示；其中薄形封装的称为 TSOP 封装；0.25 in宽的、电极引脚数目在 20 ～ 44 以上的，称为 SOL 封装，如图 2.52（b）所示。引脚在 44 脚以上，芯片宽度在0.6 in以上的集成电路称为 SOW 封装。这种芯片常见于可编程存储器（PROM）。SO 封装的引脚采用翼形电极，引脚间距有 1.27 mm、1.0 mm、0.8 mm、0.65 mm 和 0.5 mm。

（2）QFP（Quad Flat Package）封装：矩形四边都有电极引脚的 SMD 集成电路称为 QFP 封装，其中 PQFP（Plastic QFP）封装的芯片四角有突出（角耳），薄形 TQFP 封装的厚度已经降到 1.0 mm 或 0.5 mm。QFP 封装也采用翼形的电极引脚形状，如图 2.52（c）所示。QFP 封装的芯片一般都是大规模集成电路，在商品化的 QFP 芯片中，电极引脚数目最少的有 20 脚，最多可能达到 300 脚以上，引脚间距最小的是 0.4 mm（最小极限是 0.3 mm），最大的是 1.27 mm。

（3）LCCC（Leadless Ceramic Chip Carrier）封装：这是 SMD 集成电路中没有引脚的一种封装，芯片被封装在陶瓷载体上，无引线的电极焊端排列在封装底面上的四边，电极数目为

18 ～ 156 个，间距 1. 27 mm，其外形如图 2. 52（d）所示。

（4）PLCC（Plastic Leaded Chip Carrier）封装：这也是一种集成电路的矩形封装，它的引脚向内钩回，称为钩形（J 形）电极，电极引脚数目为 16 ～ 84 个，间距为 1. 27 mm，其外形如图 2. 52（e）所示。PLCC 封装的集成电路大多是可编程的存储器，芯片可以安装在专用的插座上，容易取下来对它改写其中的数据；为了减少插座的成本，PLCC 芯片也可以直接焊接在电路板上，但用手工焊接比较困难。

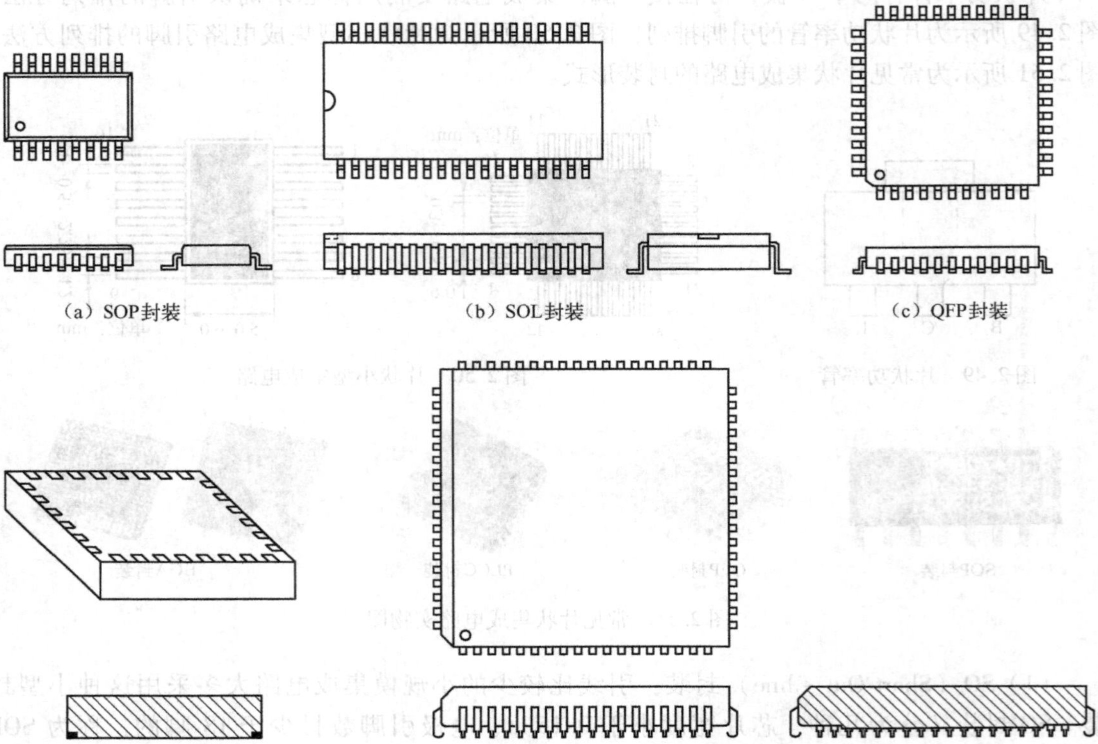

（a）SOP封装　（b）SOL封装　（c）QFP封装

（d）LCCC型封装　（e）PLCC型封装

图 2. 52　常见 SMD 集成电路封装的外形

从图 2. 53 可以看出 SMD 集成电路和传统的 DIP 集成电路在内部引线结构上的差别。显然，SMD 内部的引线结构比较均匀，引线总长度更短，这对于器件的小型化和提高集成度来说，是更加合理的方案。

（5）BGA 封装：这是一种极富生命力的封装方式。20 世纪 90 年代前期主要采用 QFP 方式，90 年代后期开始大量采用 BGA 方式，使得集成电路的集成度大幅度提高。QFP 封装引脚间距 0. 3 mm，引脚很细，容易折断，安装要求太高。而 BGA 封装的最大优点是引脚间距大，典型间距为 1. 0 mm、1. 27 mm、1. 5 mm。安装精度降低，贴装的失误率大幅度下降，提高了可靠性。目前，BGA 封装的引脚数为 72 ~ 736，预计将达到 2 000。图 2. 54 所示为 80 脚 QFP 封装芯片，图 2. 55 所示为 80 脚 BGA 封装芯片。

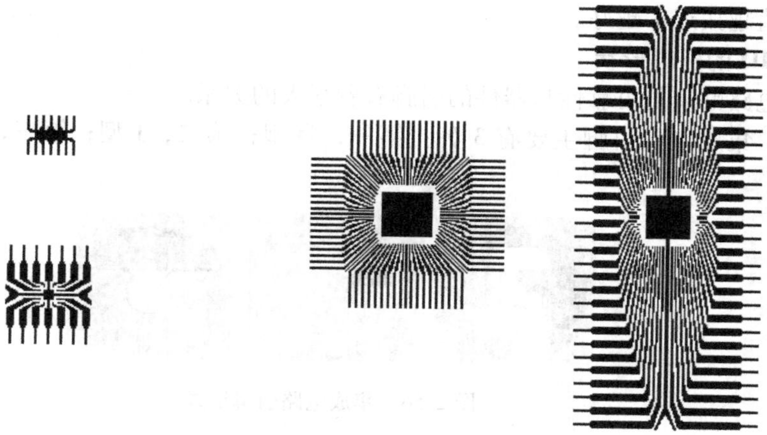

（a）SO-14与DIP-14引线结构比较　　（b）PLCC-68与DIP-68引线结构比较

图 2. 53　SMD 与 DIP 器件的内部引线结构比较

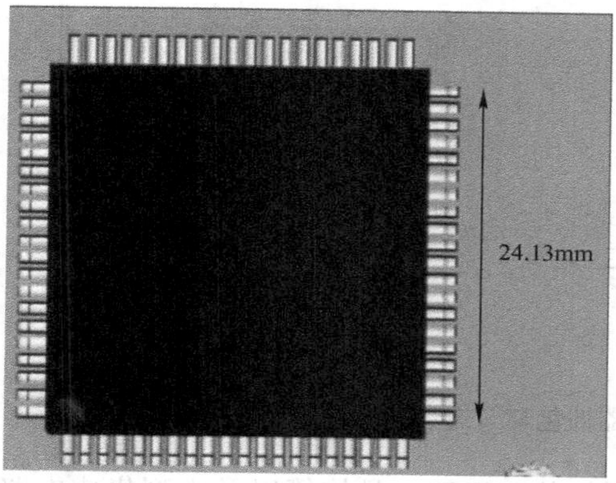

图 2. 54　80 脚 QFP 封装芯片

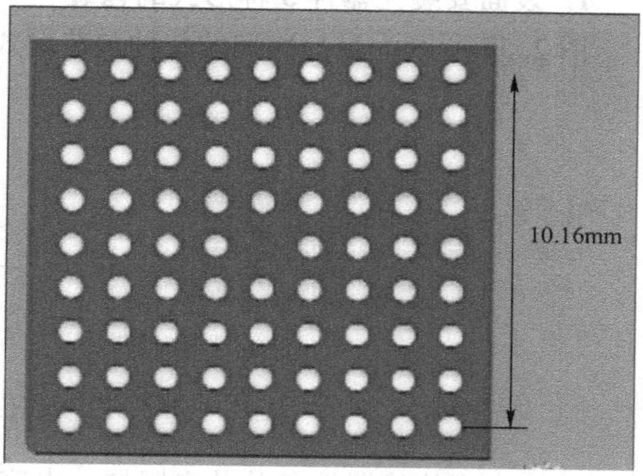

图 2. 55　80 脚 BGA 封装芯片

QFP 封装 80 脚面积 = 24. 13 mm × 24. 13 mm

= 582. 2569 mm^2

BGA 封装 80 脚面积 = 10. 16 mm × 10. 16 mm

= 103. 2256 mm^2

两者相差 479. 0313 mm^2。

4. SMD 的封装比

30 多年来，半导体产业发展一直遵循每 18 个月大规模集成电路制造技术就发生变化的规律。现在，CPU 主流产品在 1. 46 cm 的空间里集成 5 500 万只晶体管，美国 Intel 公司即将推出集成度高达 10 亿只晶体管的微处理器。引脚从几百增加到 2 000 左右。

衡量集成电路制造技术的先进性，除了集成度、电路技术、特征尺寸、电气性能（时钟频率、工作电压、功耗）之外，还有就是集成电路的封装技术。

常用封装比来评价集成电路封装技术优劣：

$$封装比 = \frac{芯片面积}{封装面积}$$

封装比比值越接近 1 越好。

5. SMD 的引脚形状

集成电路贴装的可靠性与器件的引脚有着很大的关系。

目前，集成电路引脚主要有 3 种：第一，翼型；第二，J 型；第三，球型，如图 2.56 所示。

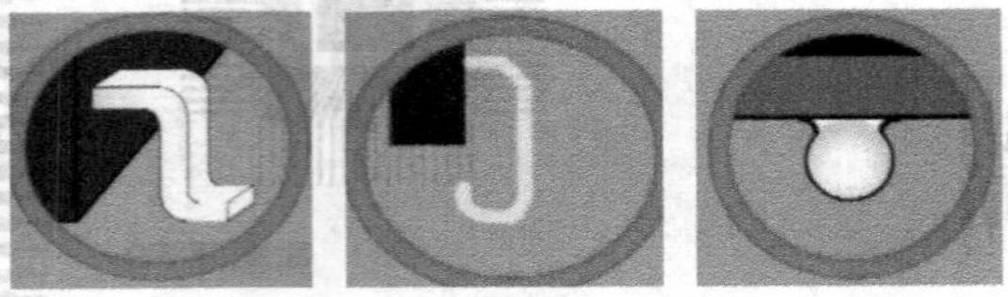

图 2.56　集成电路引脚形式

知识链接 4　片状元器件的包装

1. 表面安装元器件 3 种形式的包装

图 2.57 所示为目前典型的几种包装形式。

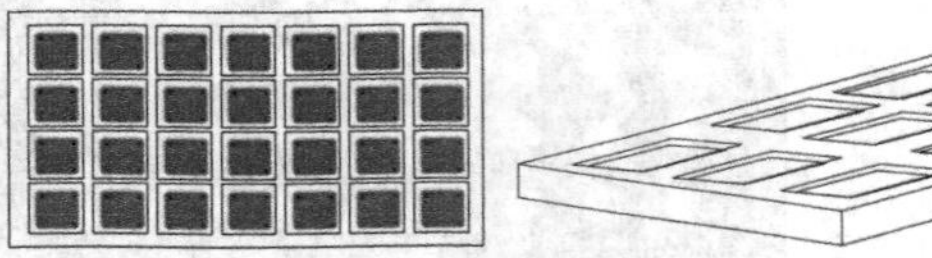

(a) 塑料托盘包装

(b) 盘状编带包装

图 2.57　表面安装元器件包装形式

(1) 小型片状器件（片状电阻器、电容器、圆柱状二极管、晶体管以及小型集成电路）包装通常采用盘状编带包装，便于自动化设备的操作使用。

(2) 大规模集成电路器件通常采用塑料托盘式包装，根据自动化贴片设备的需求，只是包装数量上的差异。

(3) 管状包装，只用于小批量生产需要。

引脚数目少的集成电路一般采用塑料管包装，引脚数目多的集成电路通常用防静电的塑料托盘包装。

2. 片状元件的贴装方式

(1) 专业生产。片状元器件的焊接技术被称为表面组装技术，就是将片状元器件的焊接端子对准印制电路板上的焊盘，利用黏接剂或焊膏的黏性把片状元器件贴到印制电路板上，然后通过波峰焊或流焊实现焊接。典型工艺流程如下：印制电路板设计→涂黏接剂或印刷焊膏→贴装片状元器件→波峰焊→清洗→测试。

(2) 人工焊接。采用电烙铁手工操作，为了防止焊接时元器件移位，可先用黏接剂将元器件粘贴在印制电路板上对应的位置，胶点大小与位置均有要求。待固化后，刷上助焊剂，再进行焊接。

3. 片状元器件的测量

（1）片状引出脚的确认，应查手册资料。

（2）测量与传统元件基本一致，需要说明的是片状电容器元件由于电容量太小，所以用万用表测不出来，应用电容测试仪来进行测量。

4. 片状元器件的焊接和拆卸

片状元器件体积非常小，既怕热又怕碰，而且引线脚很多，难以拆卸，给维修带来很大困难。因而掌握科学的拆卸方法非常重要，具体的技能训练详见本书项目三中的任务二。

任务三　识别常用工具与材料

☑ 任务描述

电子产品的制作，不仅需要电子元器件，还需要各种材料。正确了解这些材料的特性、参数和用途可保证产品的质量。

本任务要求能够正确识别各类导线、焊接工具和焊接材料。

☑ 任务目标

（1）认识各种导线和绝缘材料，了解其特性和用途。

（2）掌握各种焊接工具和焊接材料的使用方法，了解其工作原理。

☑ 任务内容及实施步骤

（1）拆卸一支电烙铁，了解其基本结构后组装还原，并将拆卸情况记录于表 2.40 中。

表 2.40　电烙铁拆卸情况

功　率	解体后零部件名称	加热类型	加热电阻	烙铁头形状

（2）工具包中的各种工具名称、数量及作用填写在表 2.41 中。

表 2.41　工具名称、数量及作用

序　号	名　称	数　量	作　用

（3）将材料袋里的各种导线分别归类，并在表 2.42 中填写其种类和数量。

表 2.42　填写导线种类和数量

序　号	名　称	数　量	材料、组成、作用等

☑ 知识链接

在此主要介绍电路焊接常用的焊接工具、焊接材料、导线和绝缘材料等。焊接工具包括电烙铁、吸锡器、镊子、尖嘴钳、斜口钳、剪刀和烙铁架等；焊接材料包括：焊锡丝、焊锡膏、助焊剂及阻焊剂等。

知识链接 1　焊接与拆焊工具

1. 电烙铁

电烙铁是手工焊接的基本工具，其作用是把足够的热量传送到焊接部位，以便融化焊料而不融化元件，使焊料和被焊金属链接起来。正确使用电烙铁是电子装接工必须具备的技能之一。

（1）电烙铁的外形如图 2.58 所示。

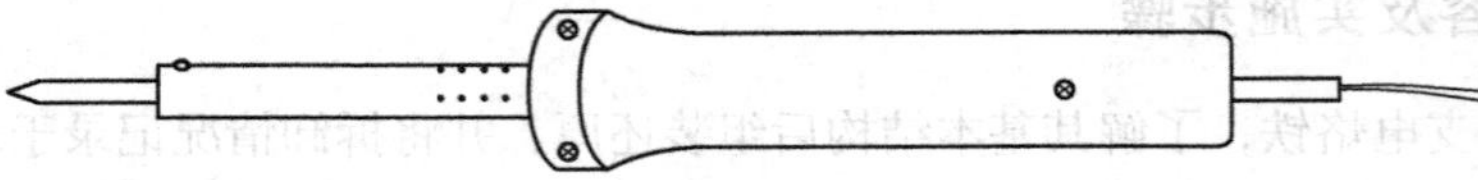

图 2.58　电烙铁外形

（2）电烙铁的结构如图 2.59 所示。

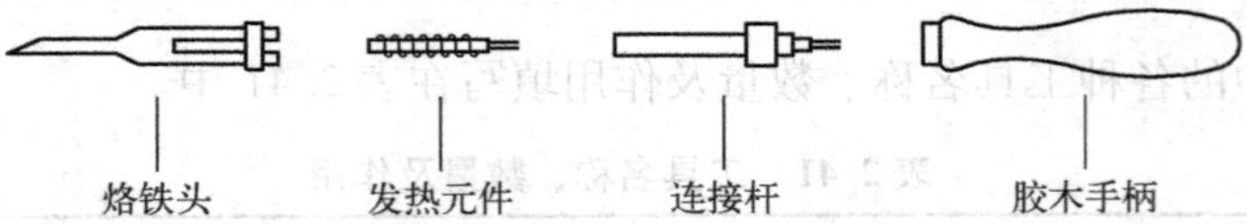

图 2.59　电烙铁内部结构

（3）电烙铁外形和内部结构。内热式电烙铁的外形和内部结构如图 2.57 和图 2.58 所示，烙铁芯装在烙铁头的内部，故称之为“内热式”电烙铁。内热式电烙铁具有加热效率高、加热速度快、耗电少、体积小和重量轻等优点，20 W 规格的电烙铁适合印制电路板和小型元件的焊接。

另外，还有一种外热式电烙铁。如图 2.60 所示，加热器通过传热筒套在电烙铁头的外部，当电烙铁接通电源时，由电阻丝绕制成的加热器发热，再通过传热筒使烙铁头发热。这种电烙铁热效率较低，但价格相对便宜。

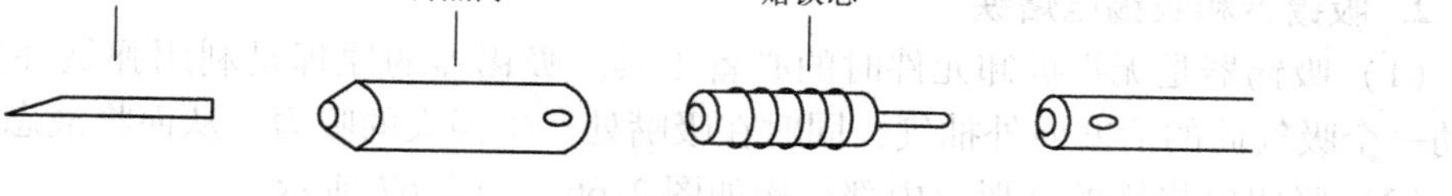

图 2. 60　外热式电烙铁

（4）电烙铁的常见故障。电烙铁最常见的故障是电路内部开路，其现象是通电后电烙铁长时间不发热。如图 2. 61 所示，使用者可拆开电烙铁，用万用表欧姆挡分别测量 A、B 两处的电阻值，便可找出电烙铁的故障所在。若发现加热器过度氧化，则需要及时更换。

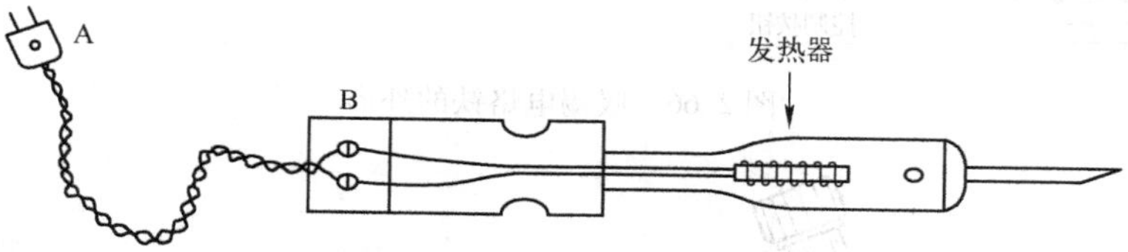

图 2. 61　电烙铁检修

电烙铁头使用过久，会出现腐蚀、凹坑等现象，这样会影响正常焊接，此时应使用锉刀对其进行整形，把它加工成符合焊接要求的形状。

焊接收音机应选用 30 ～ 35 W 电烙铁。新烙铁使用前应用锉刀把烙铁头两边修改成如图 2. 62所示形状。并将烙铁头部倒角磨光，以防焊接时毛刺将印制电路板焊盘损坏。若采用长命烙铁头（见图 2. 63），则无须加工。烙铁头上沾附一层光亮的锡，烙铁就可以使用了。

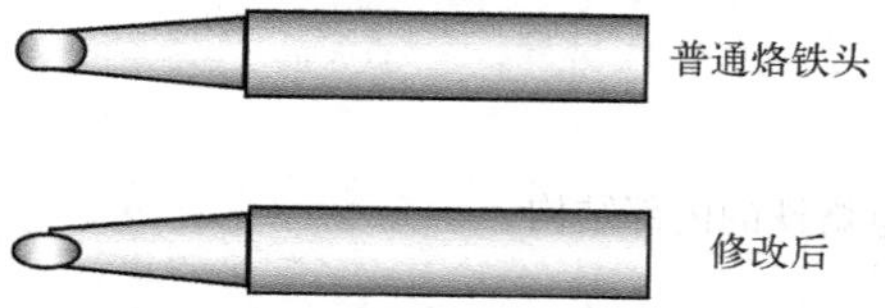

图 2. 62　烙铁头两边修改前后

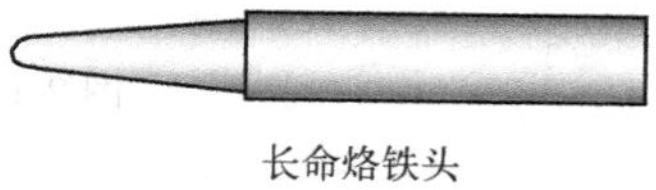

图 2. 63　长命烙铁头

（5）电烙铁的接地端。要求电烙铁接地的原因有两个：一是为了保护人身安全，防止电烙铁的漏电外壳带电造成伤害；二是为了避免静电感应击穿 MOS 器件。

电烙铁接地就是将电烙铁金属外壳的引出线接到三线电源插头中间接零线的铜片上，如图 2. 64 和图 2. 65 所示。

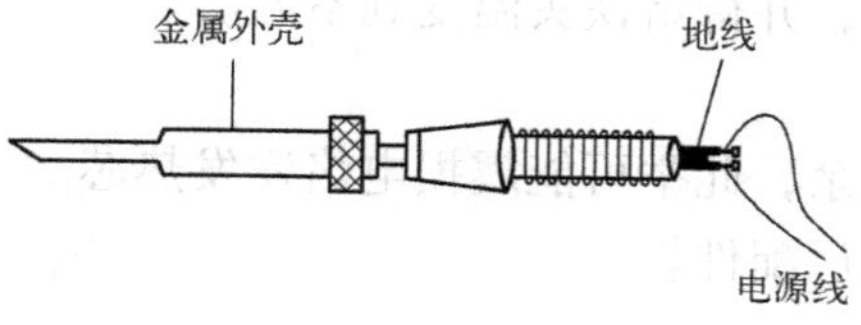

图 2. 64　电烙铁接地端

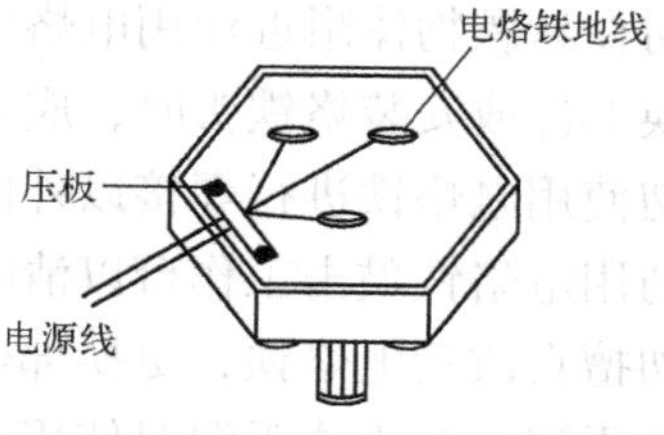

图 2. 65　三线电源插头结构

如果所用的电烙铁没有引出地线，则可在焊接 MOS 类型集成块时拔下电烙铁的电源插头，利用余热焊接。这一点要特别注意。

2. 吸锡器和吸锡电烙铁

(1) 吸锡器是无损拆卸元件时的必备工具。吸锡器的原理是利用弹簧突然释放的弹力带动一个吸气筒的活塞向外抽气，同时在吸嘴处产生强大的吸力，从而将液态的焊锡吸走。

(2) 吸锡电烙铁的外形及内部结构如图 2.66、图 2.67 所示。

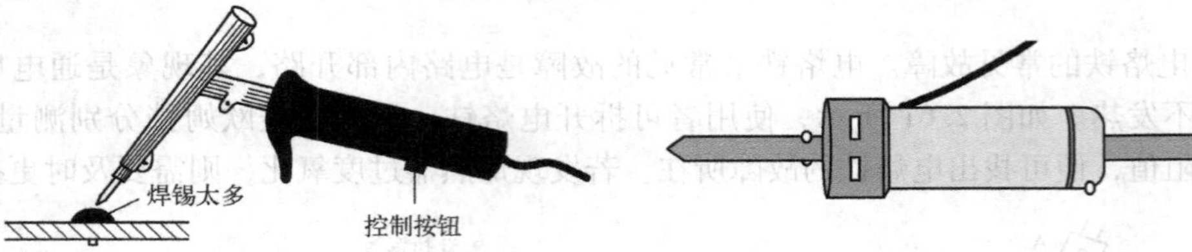

图 2.66　吸锡电烙铁的外形

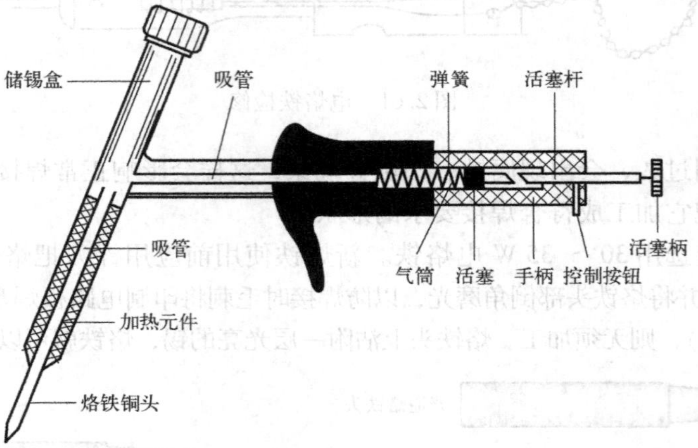

图 2.67　吸锡电烙铁的内部结构

这类产品具有焊接和吸锡的双重功能，在使用时，只要把烙铁头靠近焊点，待焊点熔化时按下按钮，即可把熔化后的焊锡吸入储锡盒内。

(3) 电烙铁的使用注意事项：

① 安全事项。鉴于可能导致灼伤或火患，为避免损坏烙铁台及保持作业环境及个人安全，应遵守以下事项：

- 切勿触及烙铁头附近的金属部分。
- 切勿在易燃物体附近使用电烙铁。
- 更换部件或安装烙铁头时，应关闭电源，并待烙铁头温度到室温。
- 切勿使用电烙铁进行焊接以外的工作。
- 切勿用电烙铁敲击工作台以清除焊锡残余，此举可能震损电烙铁发热芯。
- 切勿擅自改动电烙铁，更换部件时用原厂配件。
- 切勿弄湿电烙铁或手湿时使用电烙铁。
- 使用电烙铁时，不可做任何可能伤害身体或损坏物体的举动。
- 休息时或完工后应关闭电源。
- 使用完电烙铁后要洗手，因为锡丝含铅有毒。

② 电烙铁的使用保养事项。适当地使用烙铁头和经常注意烙铁头的清洁保养，不单大大增加烙铁头的寿命，保证烙铁头的润湿性，还可以把烙铁头传热性能完全发挥；焊接前要先润湿海绵，有利于烙铁头的清洁；焊接后不用电烙铁时要先把电烙铁温度调低到 250 ℃再加一层焊锡保护烙铁头防止氧化；检查烙铁头是否松动保持接地良好。

不要对烙铁头施压太大，防止烙铁头收损变形。

3. 紧固、拆卸螺钉和螺母

（1）常用紧固件。在整机的机械安装中，各部分的连接、部件的组装、部分元器件的固定及锁紧、定位等，经常用到紧固零件。常用的紧固件有以下几种：

① 螺钉：常用的螺钉按头部形状可分为半圆头、平圆头、圆柠头、球面圆柱头、沉头、半沉头、滚花头和自攻螺钉等；按头部槽口形状可分为一字槽、十字槽等。

② 螺母：螺母的种类也很多，按外形可分为方形、六角形、蝶形、圆形、盖形等。它与螺栓、螺钉配合，起连接和紧固机件的作用。

③ 垫圈：垫圈按形状分有平面、球面、锥面、开口等；按功能分有弹簧垫圈、止动垫圈等。

④ 螺栓和螺柱：螺栓有方头、六角头、沉头、半圆头等几种；螺柱有单头、双头、长双头等几种。

⑤ 铆钉：铆订有个圆头、沉头、平锥头、管状等几种。

⑥ 压板和夹线板：常见的压板和夹线板如图 2. 68 所示。它们主要用于导线、线束、零件和部件的固定。

图 2. 68　压板和夹线板

（2）螺丝刀如图 2. 69 所示，主要用于紧固或拆卸螺钉。它有多种分类：按头部形状的不同分为一字头螺丝刀和十字两种。按旋转方式分为自动螺丝刀、电动螺丝刀、风动螺丝刀等。

（a）一字头螺丝刀　（b）十字头螺丝刀

图 2. 69　螺丝刀

① 一字头螺丝刀。字形螺丝刀主要用来旋紧或拆卸一字形螺钉。选用时应使其头部的长短和宽窄与螺钉槽相适应。如果头部宽度超过螺钉槽的长度，在旋转沉头螺钉时容易损坏安装件的表面，如果头部宽度过小，则不但不能将螺钉旋紧，还容易损坏螺钉槽。头部的厚度比螺钉槽过厚或过薄也是不好的。使用螺丝刀时应注意，在长时间使用后一字头螺丝刀头部会呈现凸形，此时应及时将螺丝刀的端头用砂轮磨平，以防损坏螺钉槽。

② 十字形螺丝刀。十字形螺丝刀适用于旋转十字形槽螺钉。使用时应使其头部与螺钉槽相吻合，否则易损坏螺钉的十字槽。

使用一字形或十字形螺丝刀时用力要平稳，推压和旋转要同时进行，旋紧螺钉时螺丝刀的用力方向如图 2. 70 所示。

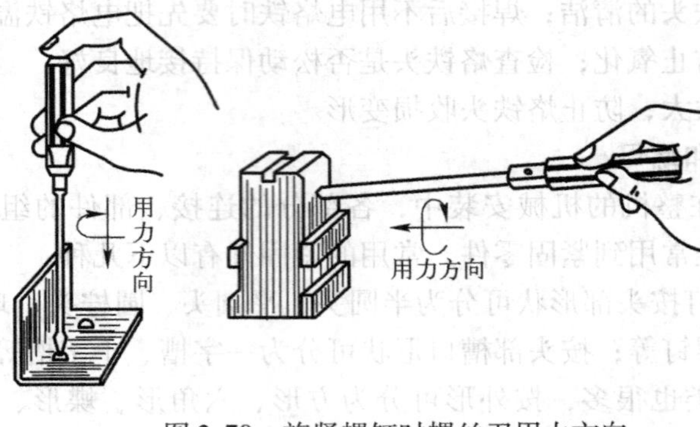

图 2. 70 旋紧螺钉时螺丝刀用力方向

4. 夹持各类零部件及剪切各类线材

在电子产品装配过程中，经常要夹持元器件的引出线、导线和一些零部件，这时，往往会用到各类钳口类工具。钳子的种类很多，按用途可分为尖嘴钳、平嘴钳、圆嘴钳、剥线钳、断线钳、钢丝钳等，其外形如图 2. 71 所示。

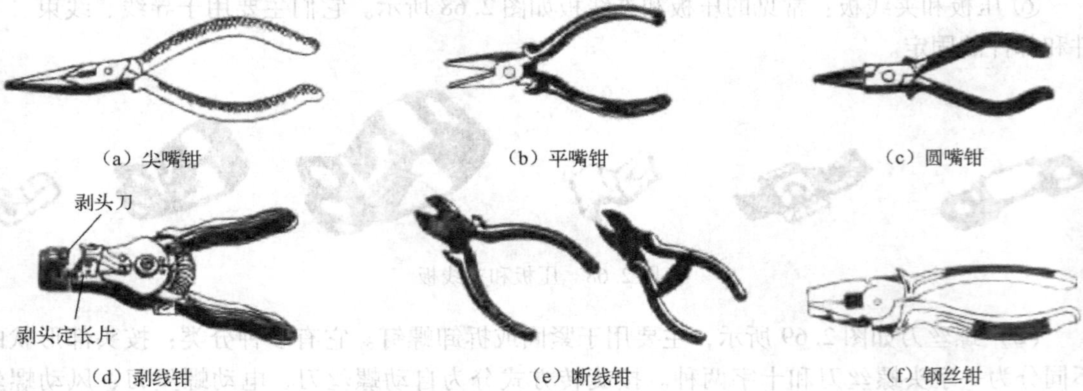

图 2. 71 各种钳子的外形图

(1) 尖嘴钳。尖嘴钳的头部尖细，又称尖头钳，适用于在狭小的工作空间操作，主要用来夹持小螺母、小零件。焊接时可用于在焊接点上围绕导线和元器件引线、布线等。带有刃的尖嘴钳可用来剪断细小的金属丝，但尖嘴钳钳口较小，不能用它钳很大的物体或剪裁粗硬的金属丝，也不允许把尖嘴钳当锤子使用来敲击物体，以防钳嘴折断。不要在锡锅或高温的地方使用，以保持钳头硬度和防止塑料柄熔化或老化。

(2) 平嘴钳。平嘴钳又称扁嘴钳，主要用于拉直裸导线或将较粗的导线及较粗的元器件引线成型。在焊接晶体管及热敏元件时，可用平嘴钳夹住引脚引线以便于散热。

(3) 圆嘴钳。圆嘴钳又称圆头钳，由于钳口呈圆锥形，可以用它很方便地将导线端头或元器件的引线完成一个圆形，以便于安装。

(4) 钢丝钳。钢丝钳又称老虎钳，主要用于夹持和拧断金属薄板及金属丝。在剪切钢丝时，应根据钢丝粗细合理地选用不同规格的钢丝钳，然后钢丝在剪口根部，不要斜放或靠近腮边，以防崩口卷刀。

（5）镊子。常用的镊子有钟表镊子和医用镊子两种，如图 2.72 所示。镊子的主要用途是用来夹持物体。端部较宽的医用镊子可夹持较大的物体，而头部尖细的普通镊子，可夹持细小物体。在焊接时，可用镊子夹持导线或元器件使它们固定不动。镊子应对称，外观光滑，弹性强，叠合处无松动、断裂。

（6）剥线钳。剥线钳主要用于剥掉单股或多股导线的绝缘层（如橡胶层、塑料等），剥头的长度可以调节，线径为 0.2 ～ 1.2 mm。

（7）断线钳。断线钳又称偏口钳或斜口钳，主要用于剪切导线和元器件引线。剪线时钳头应朝下，在不变动方向时可用另一只手遮挡，以防剪下的线头飞出伤眼。常用的断线钳有普通的和带弹簧的两种。

（8）剪刀。剪刀有普通剪刀和金属材料用剪刀两种，后者外形如图 2.73 所示。它的头部短而宽，刃口角度大，能承受较大的剪切力。

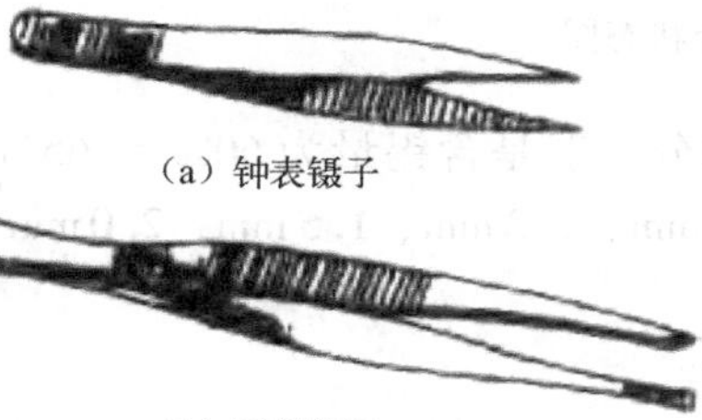

（a）钟表镊子

（b）医用镊子

图 2.72　镊子

图 2.73　剪刀

知识链接 2　焊接材料

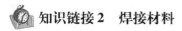

焊接材料包括焊料和焊剂。它们对于保证产品的焊接质量具有决定性的影响。

1. 焊料

在焊接时，凡是用来使两种或两种以上金属连接成为一个整体的金属或合金被称为焊料。按照组成的成分，有锡铅焊料、银焊料、铜焊料等；按照熔点分有软焊料（熔点在 450 ℃以下）和硬焊料（熔点高于 450 ℃）。目前，在一般电子产品的装配焊接中，主要使用铅锡焊料，一般俗称为焊锡。

（1）铅锡合金状态图。铅与锡以不同比例熔合成铅锡合金以后，熔点和其他物理性能都会发生变化。

图 2.74 所示为不同比例的铅和锡的合金状态随温度变化的曲线。从图中可以看出，当铅与锡用不同的比例组成合金时，合金的熔点和凝固点也各不相同。除了纯铅、纯锡的熔化点和凝固点是一个点以外，只有 *A* 点（锡含量 61.9%）所示比例的合金是在一个温度下熔化。其他比例的合金都在一个区域内处于半熔化、半凝固的状态。

（2）共晶焊锡。图 2.74 中的 *A* 点称作共晶点，对应合金成分为 Pb－38.1%、Sn－61.9% 的铅锡合金称为共晶焊锡，它的熔点最低，只有 182 ℃，是铅锡焊料中性能最好的一种。在实际应用中，铅和锡的比例不可能也不必要严格控制在共晶焊料的理论比例上，一般采用锡含量为 60% ～ 63%（61.9%）、铅含量为 37% ～ 40%（38.1%）的共晶焊料，其熔化点和凝固点也不是在单一的 183 ℃上，而是在某个小范围内。处在共晶点附近的焊料的抗拉强度及剪切强度最高，分别为 5. 36 kg/mm^2 及 3. 47 kg/mm^2 左右。共晶焊料能较好地兼顾表面张力及黏度这两个特性。

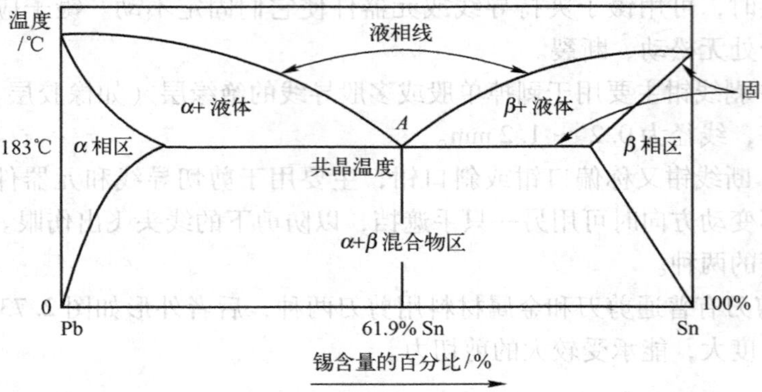

图 2. 74　铅锡合金状态图

手工电烙铁焊接经常使用管状焊锡丝。焊料成分一般是含锡量为 60% ～ 65% 的铅锡合金。焊锡丝直径有 0. 5 mm、0. 8 mm、0. 9 mm、1. 0 mm、1. 2 mm、1. 5 mm、2. 0 mm、2. 3 mm、2. 5 mm、3. 0 mm、4. 0 mm、5. 0 mm。

2. 助焊剂

助焊剂是一种促进焊接的化学物质，在锡焊中，它是一种不可缺少的辅助材料，其作用是极为重要的。

（1）助焊剂的作用：

① 去除氧化膜。熔解被焊母材表面的氧化膜。

② 防止氧化。防止被焊母材的再氧化。

③ 减小表面张力。降低熔融焊料的表面张力。

④ 使焊点美观。合适的助焊剂能够整理焊点形状，保持焊点表面的光泽。

（2）助焊剂的分类。助焊剂的分类及主要成分如表 2. 43 所示。

表 2. 43　助焊剂的分类及主要成分

助焊剂	无机系列	酸	正磷酸（H_3PO_4）
			盐酸（HCl）
			氟酸
		盐	氯化物（$ZnCl_2$、NH_4Cl、$SnCl_2$等）
	有机系列	有机酸（硬脂酸、乳酸、油酸、氨基酸等）	
		有机卤素（盐酸苯胺等）	
		氨基酰胺、尿素、$CO(NH_4)_2$、乙二胺等	
	松香系列	松香	
		活化松香	
		氧化松香	

上面三类助焊剂中，无机系列助焊剂的化学作用强，助焊性能非常好，但腐蚀作用大，属于酸性、水溶性焊剂。电子设备的装联中严禁使用这种无机系列的助焊剂。

有机系列助焊剂，助焊作用介于无机焊剂与松香焊剂之间，属于酸性、水溶性焊剂，可用于电子设备的装联。

树脂系列助焊剂，属于有机溶剂助焊剂，主要成分是松香，它根据有无添加活性剂及化学活性的强弱分为 R、RMA、RA、RSA（美国 MIL 标准），R、RMA 焊接残留物无腐蚀，广泛应用于电子设备的焊接。应当注意：松香加热到 300 ℃以上或经过反复加热，就会分解并发生化学反应，成为黑色的固体，失去化学活性。有经验的焊接操作者都知道，碳化发黑的松香不仅不能起到帮助焊接的作用，还会降低焊点的质量。

现在推广使用的氢化松香焊剂，是从松脂中提炼而成，常温下性能比普通松香稳定，加热后酸价高于普通松香，因此有更强的助焊作用。

3. 膏状焊料

用再流焊设备焊接 SMT 电路板要使用膏状焊料。膏状焊料俗称焊膏，由于当前焊料的主要成分是铅锡合金，故也称铅锡焊膏或焊锡膏。焊膏应该有足够的黏性，可以把 SMT 元器件黏附在印制电路板上，直到再流焊完成。焊锡膏由焊粉和糊状助焊剂组成。

（1）焊粉。焊粉是合金粉末，是焊膏的主要成分。焊粉是把合金材料在惰性气体（如氩气）中用喷吹法或高速离心法生产的，并储存在氮气中避免氧化。焊粉的合金组分、颗粒形状和尺寸对焊膏的特性和焊接的质量（焊点的润湿、高度和可靠性）产生关键性的影响。常用焊料合金有：锡－铅（63% Sn－37% Pb）、锡－铅（60% Sn－40% Pb）、锡－铅－银（62% Sn－36% Pb－2% Ag）。

理想的焊粉应该是粒度一致的球状颗粒，国内外销售的焊粉的粒度有 150 目、200 目、250 目、350 目和 400 目等数种。粒度用来描述颗粒状物质的粗细程度，原指筛网在每 1 英寸长度上有多少个筛孔（目数），目数越多，筛孔就越小，能通过的颗粒就越细小。粒度大，即目数大，表示颗粒的尺寸小。粒度的单位是目。焊粉的形状、粒度大小和均匀程度，对焊锡膏的性能影响很大：如果印制电路板上的图形比较精细，焊盘的间距比较狭窄，应该使用粒度大的焊粉配制的焊锡膏。焊粉中的大颗粒会影响焊膏的印刷质量和黏度，微小颗粒在焊接时会生成飞溅的焊料球导致短路。

（2）焊膏组成和技术要求。焊膏是用合金焊料粉末和糊状助焊剂均匀混合而形成的膏状焊料。焊膏已经广泛应用在 SMT 的焊接工艺中，可以采用丝网印刷、漏板印刷等自动化涂敷或手工滴涂的方式进行精确的定量分配，便于实现和再流焊工艺的衔接，能满足各种电路组件对焊接可靠性和高密度性的要求。并且，在再流焊开始之前具有一定黏性的焊膏，可以起到固定元器件的作用，使它们不会在传送和焊接过程中发生移位。由于焊接时熔融焊膏的表面张力作用，可以校正元器件相对于 PCB 的微小位移。

（3）焊膏管理与使用的注意事项：

① 焊膏通常应该保存在 5 ～ 10 ℃的低温环境下，可以储存在电冰箱的冷藏室内。

② 一般应该在使用的前一天从冰箱中取出焊膏，至少要提前 2 h 取出来，待焊膏达到室温后，才能打开焊膏容器的盖子，以免焊膏在解冻过程中凝结水汽。假如有条件使用焊膏搅拌机，焊膏回到室温只需要 15 min。

③ 观察锡膏，如果表面变硬或有助焊剂析出，必须进行特殊处理，否则不能使用；如果焊锡膏的表面完好，则要用不锈钢棒搅拌均匀以后再使用。如果焊锡膏的黏度大而不能顺利通过印刷模板的网孔或定量滴涂分配器，应该适当加入稀释剂，充分搅拌稀释以后再用。

④ 使用时取出焊膏后，应该盖好容器盖，避免助焊剂挥发。

⑤ 涂敷焊膏和贴装元器件时，操作者应该戴手套，避免污染电路板。

⑥ 把焊膏涂敷印制电路板上的关键是要保证焊膏能准确地涂覆到元器件的焊盘上。若涂敷不准确，必须擦洗掉焊膏再重新涂敷。擦洗免清洗焊膏不得使用酒精。

⑦ 印好焊膏的电路板要及时贴装元器件，尽量在4小时内完成再流焊。

⑧ 免清洗焊膏原则上不允许回收使用，如果印刷涂敷的间隔超过1小时，必须把焊膏从模板上取下来并存放到当天使用的焊膏容器里。

⑨ 再流焊的电路板，需要清洗的应该在当天完成清洗，防止焊锡膏的残留物对电路产生腐蚀。

4. SMT所用的黏合剂

黏合剂应用于SMT波峰焊接时，只需要把元器件简单地放置在电路基板表面上，用黏合剂粘接固定后即可使用波峰焊设备进行焊接。用于粘贴SMT元器件的黏合剂，俗称贴片胶或贴装胶。使用它是因为波峰焊接时的SMT电路板，波峰焊接时元器件位于基板的下面，不使用黏合剂就无法固定它们。

知识链接3　各类导线和绝缘材料

1. 导线

导线是能够导电的金属线，是电能的传输载体。在无线电整机中是必不可少的线材，它起在整机的电路之间、分机之间进行电气连接与相互间传递信号的作用。在电子产品生产中常用的安装导线，主要是塑料线。屏蔽线能够实现静电（或高电压）屏蔽、电磁屏蔽和磁屏蔽的效果。屏蔽线有单芯、双芯和多芯数种，一般用在工作频率为1MHz以下的场合。在整机装配前必须对所使用的线材进行加工。导线加工工艺一般包括绝缘导线加工工艺和屏蔽导线端头加工工艺。

(1) 导线的分类。电子产品中常用的导线包括电线与电缆，按照材料分有单金属丝导线、双金属丝导线、合金丝导线；按照有无绝缘层可分为裸导线、绝缘导线。此外，导线又能细分成裸导线、绝缘电线、电磁线、电力电缆、电气装配用电缆、通信电缆等。除了裸线，导线一般由导体芯线和绝缘体外皮组成。

① 裸导线：（又称裸线）是表面没有绝缘层的金属导线。

② 绝缘电线：是在裸导线表面裹上绝缘材料层的导线。

③ 电磁线：是由涂漆或包缠纤维做成的绝缘导线，可分为绕包线和漆包线两大类，主要用于绕制电动机、变压器、电感线圈等的绕组。

④ 电力电缆：电力电缆主要用于电力系统中的传输和分配。

⑤ 电气装配用电缆：用于电器设备内部的安装连接线、信号控制系统中等。

⑥ 通信电缆：包括电信系统中各种通信电缆、射频电缆、电话线和广播线等。

(2) 导线的分类。在使用导线之前必须要了解导线的以下性能。

① 安全载流量。表2.44中列出的安全载流量，是铜芯导线在环境温度为25℃、载流芯

温度为 70 ℃的条件下架空敷设的载流量。当导线在机壳内、套管内等散热条件不良的情况下，载流量应该打折扣，取表中数据的 1/2 是可行的。一般情况下，载流量可按 5 A/mm^2 估算，这在各种条件下都是安全的。

表 2.44　铜芯导线的安全载流量（25 ℃）

截面积/mm^2	0.2	0.3	0.4	0.5	0.6	0.7	0.8	1.0	1.5	4.0	6.0	8.0	10.0
载流量/A	4	6	8	10	12	14	17	20	25	45	56	70	85

② 最高耐压和绝缘性能。随着所加电压的升高，导线绝缘层的绝缘电阻将会下降；如果电压过高，就会导致放电击穿。导线标志的试验电压，是表示导线加电 1 min 不发生放电现象的耐压特性。实际使用中，工作电压应该大约为试验电压的 1/3 ～ 1/5。

③ 导线颜色。塑料安装导线有棕、红、橙、黄、绿、蓝、紫、灰、白、黑等各种单色导线，还有在基色底上带一种或两种颜色花纹的花色导线。为了便于在电路中区分使用，习惯上经常选择的导线颜色如表 2.45 所示，可供参考。

表 2.45　选择安装导线颜色的一般习惯

电路种类		导线颜色
三相交流电路	A 相	红
	B 相	绿
	C 相	蓝
	零线或中性线	淡蓝
	安全接地	绿底黄纹
一般交流电路		① 白　② 灰
接地电路		① 绿　② 绿底黄纹
直流电路	+	① 红　② 棕
	GND	① 黑　② 紫
	−	① 青　② 白底青纹
晶体管电极	*E* 极	① 红　② 棕
	B 极	① 黄　② 橙
	C 极	① 青　② 绿
指示灯		青
电子管电极	+ B	棕
	阳极	红
	帘栅极	橙
	控制栅极	黄
	阴极	绿
	灯丝	青
立体声电路	右声道	① 红　② 橙
	左声道	① 白　② 灰
有号码的接线端子		1 ～ 10 单色无花纹（10 是黑色）11 ～ 99 基色有花纹

④ 工作环境条件。室温和电子产品机壳内部空间的温度不能超过导线绝缘层的耐热温度；当导线（特别是电源线）受到机械力作用的时候，要考虑它的机械强度。对于抗拉强度、抗反复弯曲强度、剪切强度及耐磨性等指标，都应该在选择导线的种类、规格及连线操作、产品运输等方面进行考虑，留有充分的余量。

⑤ 要便于连线操作。应该选择使用便于连线操作的安装导线。例如，带丝包绝缘层的导线用普通剥线钳很难剥出端头，如果不是机械强度的需要，不要选择这种导线作为普通连线。

（3）导线的加工。绝缘导线加工工序如下：

① 剪裁。导线应该按照先长后短的顺序，用斜口钳或者自动剪线机进行剪切。剪线应按照工艺文件中的导线加工表规定进行，长度应符合公差要求。剪裁导线应拉直再剪，绝缘层不允许损伤，纤芯应无锈蚀。

② 剥头。剥头是指将绝缘导线的两端各去掉一段绝缘层，而漏出线芯的过程。生产中，剥头长度应符合工艺文件中导线加工表的要求。剥头长度应该根据线芯截面积和接线端子的形状来确定。剥头不应损伤线芯，剥头的常用方法：刃截法、热截法。

③ 清洁。绝缘导线在空气中长时间放置，导线端头易被氧化，有些线芯上有油漆层。故在浸锡前应进行清洁处理，除去氧化层和油漆层，提高导线端头的可焊性。

④ 捻头（针对多股线）。多股线经过清洁后，线芯容易松散开，因此必须进行捻头处理，以防止浸锡后线头直径太粗。捻头时应该按照原来合股方向扭紧。捻头时用力不宜过猛，以防捻断芯线。大批量生产时可使用捻头机进行捻头。

⑤ 浸锡。经过剥头和捻头的导线应及时浸锡，以防止氧化。通常使用锡锅浸锡。锡锅通电加热后，锅中的焊料熔化。将导线端头蘸上助焊剂，然后将导线垂直插入锅中，并且使浸锡层与绝缘层之间有 1 ～ 2 mm 间隙，待浸润后取出即可，浸锡时间为 1 ～ 3 s。应随时清除残渣，以确保浸锡层均匀、光亮。

2. 绝缘材料

绝缘材料又称电介质，它是指具有高阻率，能够隔离相邻导体或者防止导体之间发生接触的材料。它在直流电压的作用下，只允许极微小的电流通过。绝缘材料的电阻率（电阻系数）一般都大于 $10^9\ \Omega\cdot\text{cm}$，在电子工业中的应用相当普遍。它起到在电气设备中把电位不同的带电部分隔离开的作用。

（1）绝缘材料的主要性能及选择如下：

① 抗电强度。抗电强度又称耐压强度，即每毫米厚度的材料所能承受的电压，与材料的种类及厚度有关。对一般电子产品生产中常用的材料来说，抗电强度比较容易满足要求。

② 机械强度。绝缘材料的机械强度一般是指抗张强度，即每平方厘米所能承受的拉力。对于不同用途的绝缘材料，机械强度的要求不同。例如，绝缘套管要求柔软，结构绝缘板则要求有一定的硬度并且容易加工。同种材料因添加料不同，强度也有较大差异，选择时应该注意。

③ 耐热等级。耐热等级是指绝缘材料允许的最高工作温度，它完全取决于材料的成分。按照一般标准，耐热等级可分为 7 级。在一定耐热级别的电机、电器中，应该选用同等耐热等级的绝缘材料。必须指出，耐热等级高的材料，价格也高，但其机械强度不一定高。所以，在不要求耐高温处，要尽量选用同级别的材料。

（2）常用绝缘材料有以下几种：

① 气体绝缘材料。气体绝缘材料的功能是用于电气绝缘、冷却、散热、灭弧等。在电机、仪表、变压器、电缆、电容器中得到广泛应用。

② 绝缘漆。绝缘漆是一种固化成绝缘膜或绝缘整体的重要绝缘材料。

绝缘漆主要用来浸渍多孔性绝缘零部件或涂覆在工件、材料表面。按用途绝缘漆可以分为浸渍漆和涂覆漆两大类。

③ 绝缘纤维制品。它包括天然纤维制品和合成纤维制品两种。其中，合成纤维因具有良好的耐热性、耐腐蚀性、抗张强度高、介电性能好等优点，是一种有发展前途的新产品。

④ 绝缘层压制品。按成型工艺分为层压板、卷制制品、模压制品。

⑤ 绝缘薄膜。电工用绝缘薄膜的特点是厚度薄、柔软、耐潮、电气性能和机械性能好。其厚度范围大致为 0.006 ~ 0.5 mm。薄膜主要用作电机、电器线圈和电线电缆绕包绝缘，以及作为电容器的介质。

⑥ 绝缘油。绝缘体材料通常呈油状存在，所以液体绝缘材料又称绝缘油。

项目三 贴片八路抢答器

☑ 项目描述

电子产品装配的工序因设备的种类、规模不同，其结构也有所不同，但基本工序并没有什么变化，其过程大致可分为装配准备、装连、调试、检验、包装、入库或出厂等几个阶段。

本项目以贴片八路抢答器为载体，通过其 PCB 的制作、焊接和调试过程，让学生详细了解电子产品的制作和调试流程，掌握相应的焊接、调试方法等。最终制作出的贴片八路抢答器如下：

☑ 项目目标

（1）了解印制电路板的构成。

（2）会使用绘图软件绘制 PCB 图，掌握印制电路板制作流程。

（3）熟练掌握手工焊接通孔插装元器件和贴片元器件的技术。

（4）了解电子产品整机组装规则，能够独立完成电子产品的组装。

（5）了解常用工具、仪器仪表的使用，具备对电子产品进行调试检测的能力。

☑ 项目训练器材

计算机、绘图工具软件、雕刻机、焊台、元器件、导线、万用表、信号源、示波器等。

☑ 项目内容及实施步骤

进行贴片八路抢答器的制作与调试。制作贴片八路抢答器的 PCB、完成手工焊接过程，并进行调试和检测。

（1）独立完成贴片八路抢答器的电路原理图和 PCB 图的绘制，分组完成 PCB 雕刻或化学蚀刻。图 3.1 所示为贴片八路抢答器电路原理图，图 3.2 所示为贴片八路抢答器的 PCB 图。

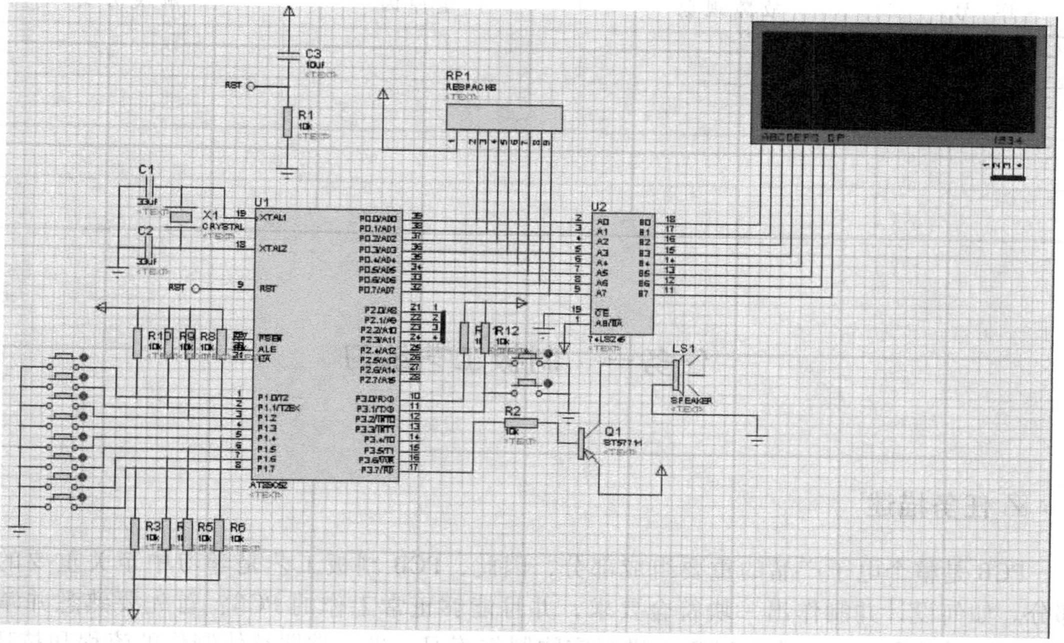

图 3.1　贴片八路抢答器电路原理图

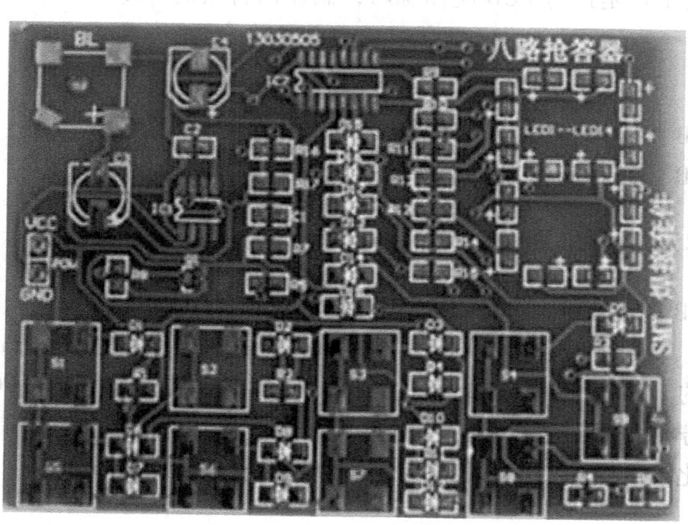

图 3.2　贴片八路抢答器的 PCB

（2）熟练掌握手工焊接技术之后，分组进行完成电路板的焊接，并能够针对不同的电路板给出相应的工艺流程。

（3）分组完成贴片八路抢答器的组装焊接后，依照理论调试过程和方法对贴片八路抢答器进行通电前的检测、通电观察、静态调试和动态调试等过程，并记录故障状况。其产生原因和最终解决方法，填写在表格 3.1 中。

表 3.1　故障现象、原因及解决方案

序　号	故障现象	产生原因	解决方案

任务一　制板工艺练习

☑ 任务描述

PCB 是整个电子产品的重要组成部分，因此，PCB 制板工艺是学习中至关重要的一部分。如何设计并制作出一块符合要求，并且能够正常工作的 PCB？首先要熟悉并掌握 PCB 的设计流程，然后在此基础上进行实物制作练习，进而掌握整体制作的流程和技巧。

本任务的主要工作是进行 PCB 制作练习，制作出合格的 PCB。

☑ 任务目标

（1）了解 PCB 的组成。

（2）熟悉 PCB 的几种制作方法以及每种方法的制作流程。

☑ 任务内容及实施步骤

（1）写出 PCB 的组成，制作 PCB 所需耗材。

（2）5 人一组，根据微型贴片收音机的电路原理图（见图 3.3），用 Protel 绘图软件画出微型贴片收音机的 PCB 图，评选出较好的作品，用雕刻机雕刻出相应的 PCB。

（3）了解化学法制板过程，根据单管共射放大电路原理图 3.4，绘制出 PCB 图，评选出优秀作品并用化学制板法制作出之前绘制的单管放大电路的 PCB。

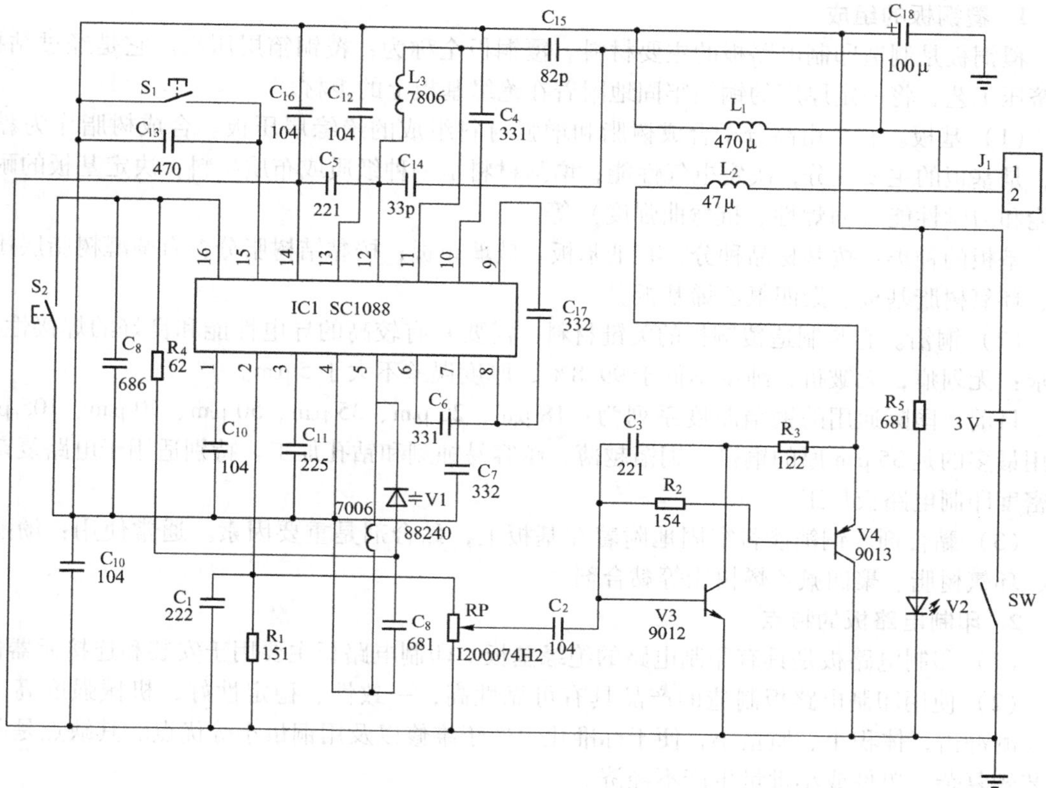

图 3.3　微型贴片收音机电路原理图

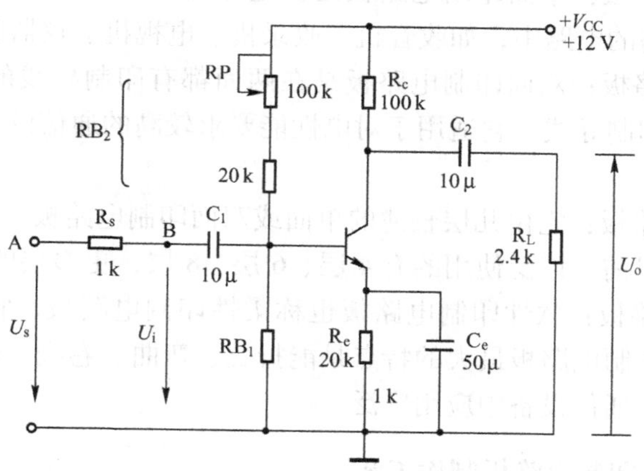

图 3.4　单管共射放大电路原理图

☑ 知识链接

知识链接 1　印制电路板的基本概念

印制电路是指在绝缘基板上的印制导线和印制元件系统。

1. 覆铜板的组成

覆铜板是制造印制电路板的主要材料。覆铜板全称为：覆铜箔层压板。它是经过粘接、热挤压工艺，将一定厚度的铜箔牢固地附着在绝缘基板上的板材。

（1）基板。它是由高分子合成树脂和增强材料组成的绝缘层压板。合成树脂作为黏合剂，是基板的主要成分，决定电气性能；增强材料是一种纸质或布质材料，决定基板的耐热性能和力学性能（耐焊性、抗弯曲强度）等。

基板的种类：按基材品种分，有纸基板、玻璃布板；按黏结树脂分，有酚醛树脂层压基板、环氧树脂基板、聚四氟乙烯基板。

（2）铜箔。它是制造覆铜板的关键材料，需要具有较高的导电性能和良好的焊接性能。要求：无划痕，无皱折，纯度不低于99.8%，厚度误差不大于5 μm。

目前，国际通用的铜箔厚度系列为：18 μm、25 μm、35 μm、50 μm、70 μm、105 μm，使用最多的是35 μm厚的铜箔。铜箔越薄，越容易蚀刻和钻孔加工。特别适用于电路复杂的高密度印制电路板加工。

（3）黏合剂。铜箔能否牢固地附着在基板上，黏合剂是重要因素。通常使用：酚醛树脂、环氧树脂、聚四氟乙烯树脂等黏合剂。

2. 印制电路板的特点

（1）印制电路板是具有印制电路的绝缘基板。印制电路板主要用于安装和连接元器件。

（2）使用印制电路板制造的产品具有可靠性高，一致性、稳定性好，机械强度高、耐振、耐冲击，体积小、质量小，便于标准化、便于维修以及用铜量小等优点。其缺点是制造工艺较复杂，单件或小批量生产不经济。

3. 印制电路板的分类

（1）单面印制电路板：单面印制电路板是在绝缘基板覆铜箔一面制成印制导线。它适用于对电性能要求不高的电路中，如收音机、收录机、电视机、仪器和仪表等。

（2）双面印制电路板：双面印制电路板是在两面都有印制导线的印制电路板。一般采用金属化孔连接两面印制导线。它适用于对电性能要求较高的通信设备、计算机、仪器和仪表等。

（3）多层印制电路板：它由几层较薄的单面或双面印制电路板（每层厚度在0.4 mm以下）叠合压制而成。目前，广泛使用的有4层、6层、8层，更多层的也有使用。

（4）软性印制电路板：软性印制电路板也称柔性印制电路板，它可以分为单面、双面和多层三大类。此类印制电路板最大的特点是能折叠、弯曲、卷绕。软性印制电路板在电子计算机、自动化仪表、通信设备中应用广泛。

知识链接2　印制电路板制作工艺

减成法工艺是印制电路板生产的唯一手段。在覆铜板上印制图形后，将图形部分保护起来，再将没有抗蚀膜的多余铜层腐蚀掉，以减掉铜层的方法形成印制电路，即减成法。常用的腐蚀剂是三氯化铁，固体、棕色、溶于水，它是一种非常强的氧化剂，对金属有氧化腐蚀作用。

制板工艺的雕刻法和化学法是两种截然不同的方法：一种采用物理方法实现电路板制作；一种采用化学方法实现电路板制作。雕刻法的优点是在制作电路相对简单的电路板时，雕刻法的时间快，但是雕刻法主要是对电路板在工作台面的平整度要求高，同时对雕刻刀和机器的运转速度有要求，否则将无法达到所设计的精度。化学法主要是不管电路板复杂与否，消耗的时间都比较多，采用化学方法，加工块数多时话会有一定优势。但是，化学法采用了不少对人体皮肤有一定伤害的药液，学生在操作时一定要注意安全。

1. 雕刻法制板

（1）生成加工文件。用 Protel 99SE 软件画出需要加工的电路图。电路板文件设计好后，需输出机器可执行的加工文件，来驱动机器刻制出需要的电路板。Protel 99SE 等软件均自带了自动输出 Gerber 文件功能。

注意：建议 PCB 中的焊盘的外半径与内半径的差直应大于 20 mil（1 mil = 0. 0254 mm），所有的走线建议设置为如 V_{CC} 为 40 mil，GND 为 50 mil，普通的线为 30 mil ，两个走线的距离设置时比默认的要稍微大一些。

注意：PCB 文件转换前，要检查当前 PCB 文件是否有 Keep Out（禁止布线）层，如果未设置 Keep Out 层，请添加。刻制机软件以 Keep Out 层为加工边界。

下面说明在 Protel 99 SE 环境下，如何生成加工文件。

① 在 DDB 工程中，选中需要加工的 PCB 文件，在 File（文件）菜单中选择 CAMManager（CAM 管理器）命令，弹出如图 3. 5 所示的对话框。

② 单击“Next（下一步）”按钮，提示输出加工文件类型（见图 3. 6），首先选择Gerber 文件格式。

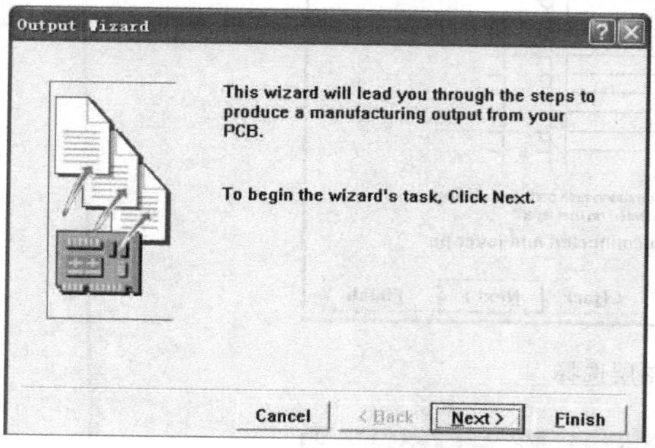

图 3. 5　CAM 管理器

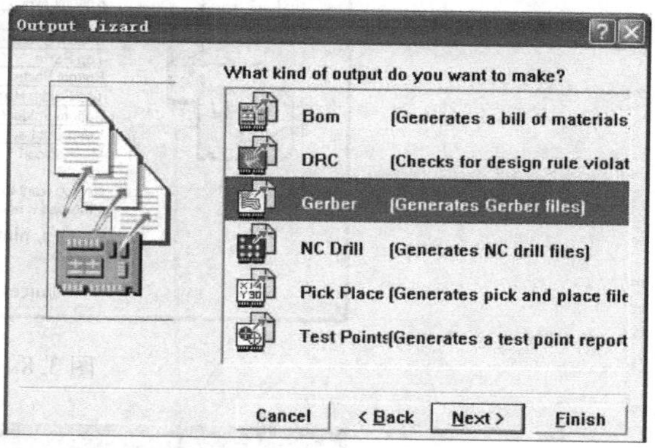

图 3. 6　生成 Gerber 文件

③ 连续单击“Next（下一步）”按钮，到数字格式设置界面，如图 3. 7 所示。

④ 选择图中的 Millimeter（毫米）和 4:4 格式（即保留 4 位整数和 4 位小数），单击“Next（下一步）”按钮，弹出图层选择对话框，如图 3. 8 所示。

选择布线中使用的图层：

- 双面板：一定要选择 TopLayer（顶层）、BottomLayer（底层）、Keep Out Layer（禁止布线层）。
- 单面板：一定要选择 BottomLayer（底层）、Keep Out Layer（禁止布线层）。

注意：只在 Plot 栏中选择，Mirror 栏不可选择，否则将输出镜像图层，不能与钻孔文件配套。单击“Finish（完成）”按钮即生成电路板光绘文件 Gerber Output1 。

（2）输出钻孔加工文件：

① 在 CAM Outputs 文件栏中右击，选择 CAM Wizard，出现如图 3. 9 所示的加工文件类

型选择界面，此次选择数控钻孔文件NC Drill。

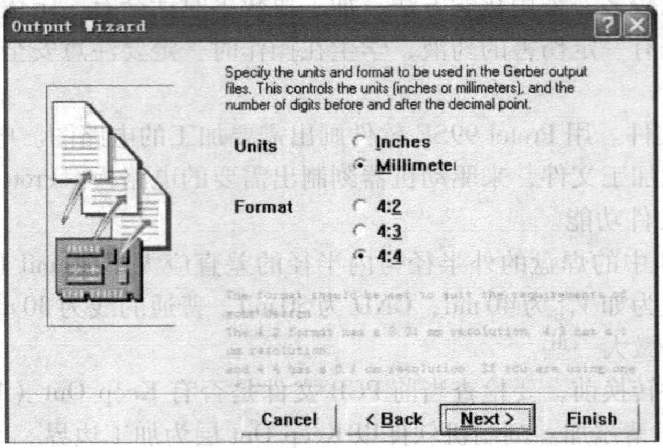

图 3.7　数字格式设置

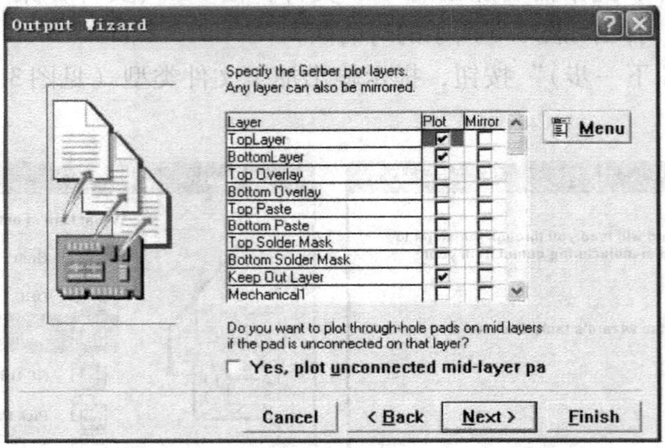

图 3.8　图层选择

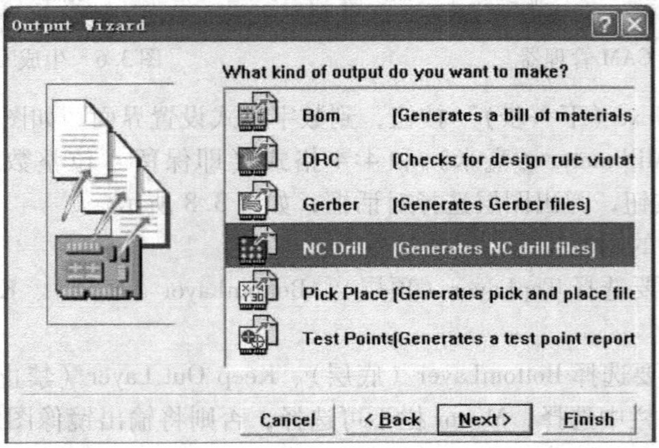

图 3.9　数字钻孔文件

② 单击“Next（下一步）”按钮，在后续数字格式设置界面中，同样设置单位为毫米，整数和小数位数为4:4，单击“Finish（完成）”按钮，生成数控钻孔文件 NC Drill Output1。

光绘文件和钻孔文件生成后，需要把它们的坐标统一。

因为数控钻孔文件的默认坐标系是 Center plots on，所以需把光绘文件的坐标系改成和数控钻孔文件的一致。

③ 在 sp2 的 Protel 99 SE 中，右击 Gerber Output1 文件，选择 Properties（属性）命令，如图 3.10 所示选择 Advanced（高级）选项卡，去掉“Other（其他）”中的 Center plots on film 选项复选框，单击 OK 按钮即可。

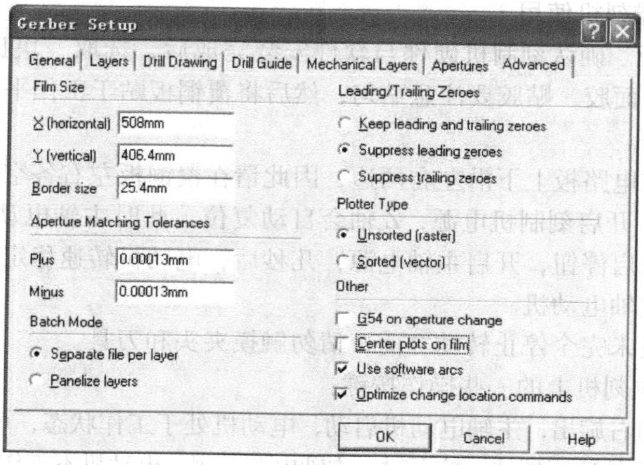

图 3.10　Gerber output1 文件

④ 对于有了 sp6 的 Protel 99 SE，在 Gerber Output1 的属性窗口中，在 Advanced（高级）选项卡中，选中 Reference to relative origin（见图 3.11），这是数控钻孔文件默认的坐标系。

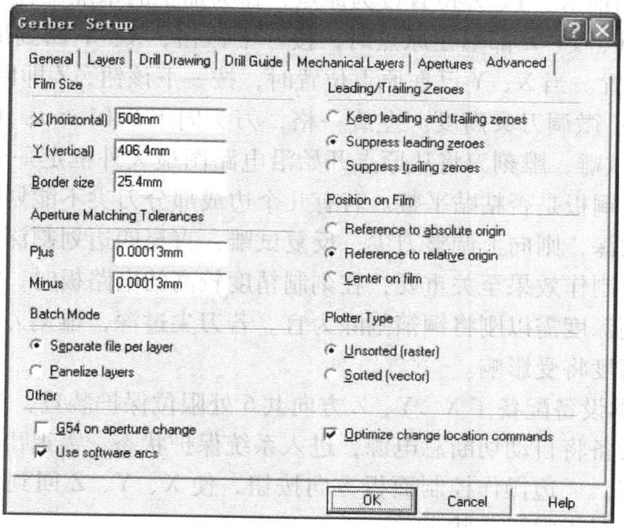

图 3.11　坐标系窗口

⑤ 在 CAM Outputs 文件栏中右击，选择 Generate CAM Files（生成 CAM 文件）命令，或直接按［F9］键，生成所有加工文件，这时，左面栏目中会出现一个 CAM 文件夹。右击左边栏目中的 CAM 文件夹，选择 Export（输出），将该文件夹存放到指定位置。

注意：其他选项均采用 Protel 软件的默认设置。

同 Protel DXP 2004 一样，Properties（属性）窗口，Coordinate Positions（坐标位置）项中，光绘文件是忽略前导零（Suppress leading zero），而数控钻孔文件是忽略 Suppress trailing zero（殿后零），切勿修改此两默认项，否则会影响加工文件的正确识别。

加工文件生成后，就要调整机器，来加工设计好的电路板。下面介绍机器的使用方法。

2. WH－3232 雕刻机使用

（1）固定电路板。确认刻制机硬件与软件安装完成后，选取一块比设计电路板图略大的覆铜板，一面贴双面胶，贴胶要注意贴匀，然后将覆铜板贴于工作平台板的适当位置，并均匀用力压紧、压平。

注意：定位孔在电路板上下沿左右两边，因此请在覆铜板左右各空出 1 cm。

（2）开启电源。开启刻制机电源，Z 轴会自动复位，此时主轴电动机仍保持关闭状态，向右旋转主轴电动机启停钮，开启主轴电源，几秒后，电动机转速稳定后即可开始加工。按下启停钮即可关闭主轴电动机。

注意：在电动机未完全停止转动之前，请勿触摸夹头和刀具。

（3）学会使用雕刻机上的一些操作按键：

① 主轴启停：向右旋出，主轴电动机启动，电动机处于工作状态，可以在 Circuit Workstation 软件中设置电动机的速度挡位。按下时，主轴电源关闭，电动机不工作，且不受软件控制。

② X、Y 粗调：在 X、Y 方向快速移动加工头。有两种操作方式：按住方向键不放，则连续移动；按方向键一次，移动一步。

③ Z 粗调：在 Z 方向快速移动刀头。操作方式同上。

④ 设原点：将当前 X、Y、Z 位置设为原点，作为加工的基准位置。

⑤ 回原点：当 X、Y、Z 都不在原点时，按一下该钮，X、Y 回到原点位置，再按一下该钮，Z 回到原点位置。当 X、Y 已在原点位置时，按一下该钮，Z 即回原点。

⑥ Z 微调/试雕：微调刀头高度。左旋一格，刀头向下 0.01 mm；右旋一格，刀头向上 0.01 mm。按下进行试雕，雕刻刀将从原点开始沿电路图最大外框走一个矩形，以检查 Z 轴的深度是否合适及覆铜板是否粘贴平整。若有几个边或部分刀尖不能划到板子，则继续向下调整刀尖；若划割太深，则向上调整刀尖，反复试雕，直至四边划割深度恰到好处。

注意：此步骤对制作效果至关重要，在刻制精度较高的电路板时，需保证电路板粘贴的平整度，且刀尖切割深度需以刚将铜箔割除为宜。若刀尖过深，雕刻刀实际切割宽度将大于刀尖标称值，加工精度将受影响。

⑦ 保护复位：本设备配备了 X、Y、Z 方向共 6 处限位保护装置，当 X、Y、Z 方向超出正常加工范围后，设备将自动切断总电源，进入系统保护状态。需退出系统保护状态，需一边按下保护复位按钮，一边操作控制面板方向按钮，使 X、Y、Z 回到正常位置，然后松开复位保护按钮，即恢复正常操作状态。

（4）打开雕刻机操作软件。双击桌面上的图标，打开 Circuit Workstation 软件主界面，如图 3.12 所示。

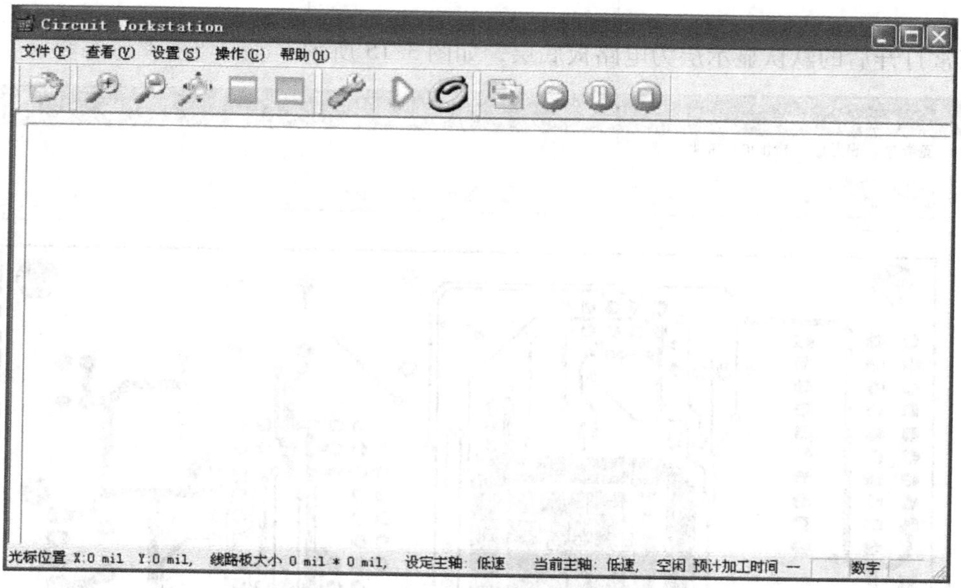

图 3.12　Circuit Workstation 主界面

① 若设备未连接或主机电源未打开，会提示“设备无法连接，是否仿真运行?”，单击“是”按钮，进入仿真状态；单击“否”按钮，重试连接，单击“取消”按钮，则直接退出程序。

② 选择菜单栏中的“文件”→“打开”命令，出现文件导入窗口，选择单/双面板，单击工具栏上的“打开”按钮，弹出如图 3.13 所示对话框。

③ 根据所需加工的 PCB 文件类型选择单面板或双面板，单击“打开”按钮。

若为单面板，根据铜箔所在层设定铜箔在顶层或铜箔在底层，该选项将决定钻孔的位置，需根据实际情况设置。

以打开双面板 PCB 文件为例，如图 3.14 所示，在窗口中选择加工文件夹中的任意扩展名的文件，如：成都市样板 . GKO，再单击“打开”按钮。

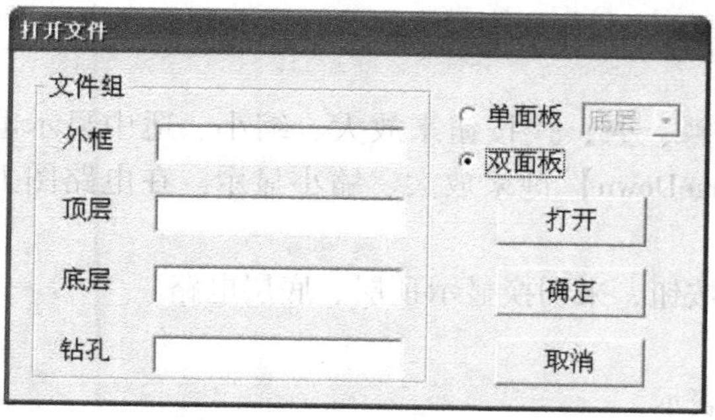

图 3.13　“打开文件”对话框

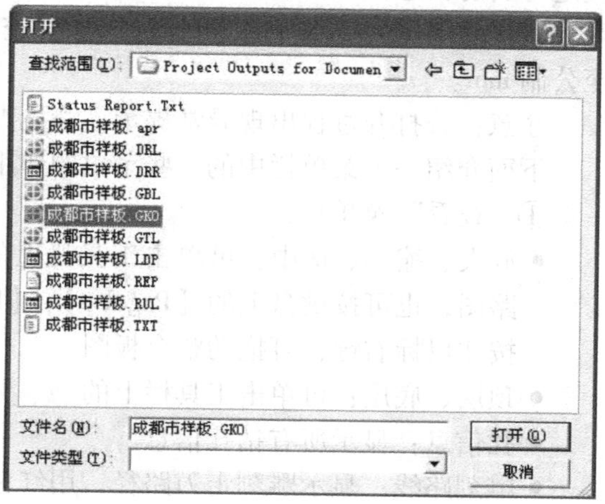

图 3.14　打开双面板 PCB 文件

正常打开后的默认显示层为电路板底层，如图 3.15 所示。

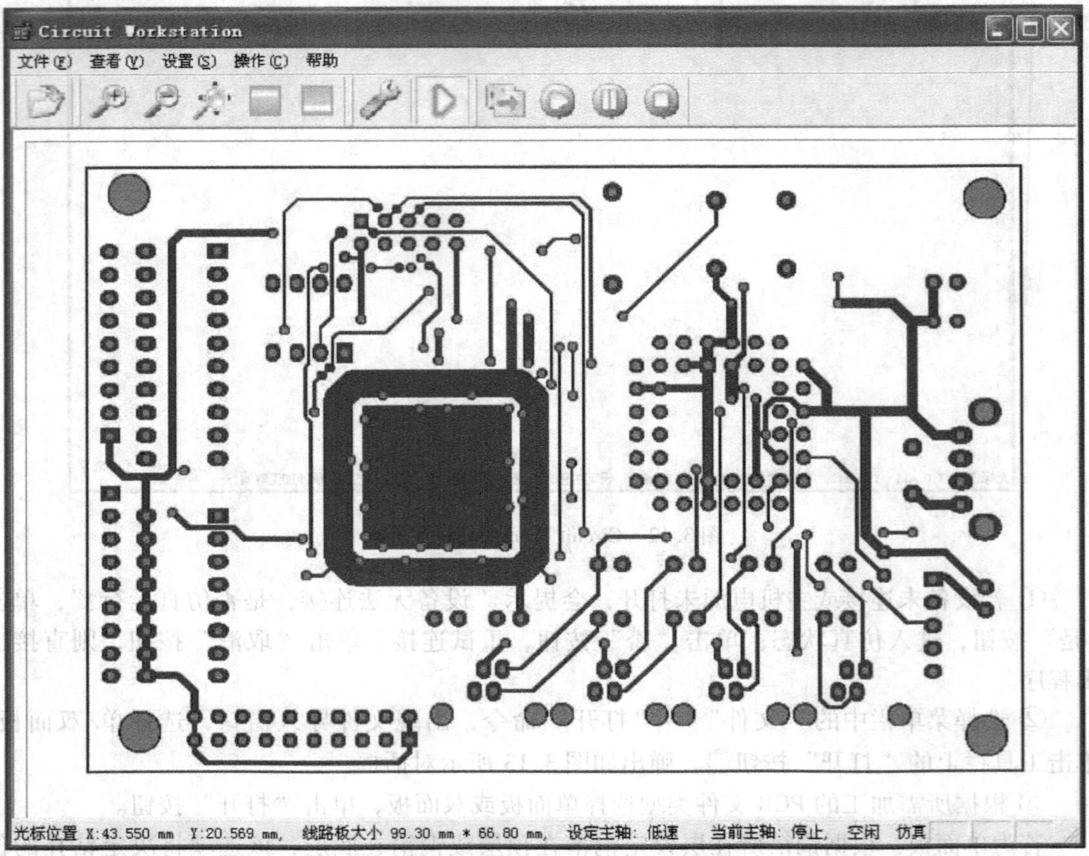

图 3.15 电路板底层

在窗口下方的状态栏中，显示当前光标的坐标位置、电路板的大小信息、主轴电动机的设定与当前状态，以及联机状态信息。

默认的单位为英制 mil，可通过选择“查看”→“坐标单位切换”命令将显示单位切换至公制 mm。

注意：若打开过程出现异常提示，请检查光绘文件转换设置是否正确。

下面介绍一下菜单栏中的一些菜单的作用：

①“查看”菜单栏：

- 放大、缩小、适中：可单击工具栏上的、、按钮来放大、缩小、适中显示电路图，也可按键盘上的【PageUp】、【PageDown】键来放大、缩小显示。在电路图上按住鼠标右键，可拖动整个板图。
- 顶层、底层：可单击工具栏上的、按钮，来切换显示顶层、底层电路。
- 孔信息：显示所有钻孔信息。
- 雕刻路线：显示雕刻走刀路径，用红色表示。
- 坐标显示：显示当前鼠标位置坐标值。

- 坐标单位切换：在米制/英制之间切换单位。

②“设置”菜单栏：

- 通信口：串口 COM1、COM2、COM3、COM4、COM5、COM6、COM7、COM8、USB 选择。
- 刀具库：也可单击快捷工具栏上的图标，如图 3.16 所示。

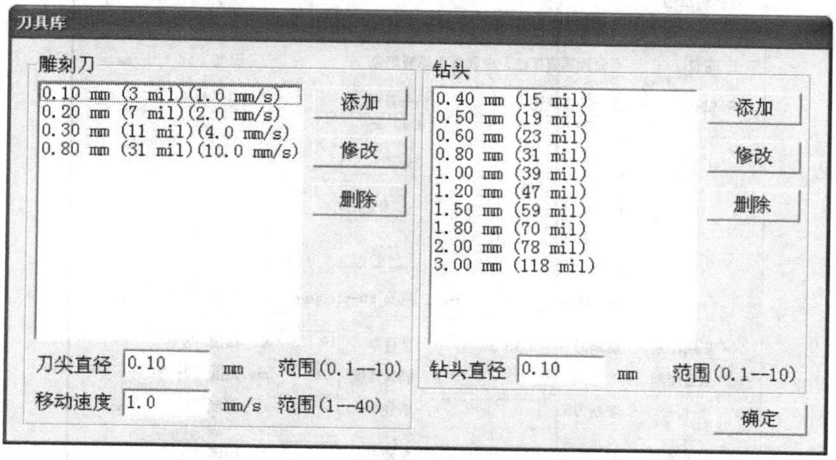

图 3.16　刀具库

- 雕刻设置：可设置割边刀直径，以及 Keep Out 层按割边刀直径显示。
- 主轴电动机速度：预置了高速（48 000 r/min）、中速（33 000 r/min）、低速（24 000 r/min）3 挡可选。建议根据加工的精度和板材的材质选择合适的转速，线径线距越小，精度要求越高，刀尖选择越小，加工速度要求越快。另外，材质较硬的 FR4 板材，选择低速即可，对材质较软的柔性板材，必须选择高速。
- 仿真运行：功能等同工具栏上的按钮，按下时处于仿真运行状态。
- 仿真运行速度：设置仿真的速度，有低速、中速、高速 3 种选择。（一般选用中速）
- 完成后关闭主轴：可设置加工完成后自动关闭主轴。主轴电动机运转时，工具栏上的指示标记为，当主轴电动机停止时，指示图标变灰。
- 完成后关闭计算机：可设置加工完成后自动关闭计算机。

③“操作”菜单栏：

向导：可单击工具栏上的按钮，或选择菜单中的“操作”→“向导”命令，进入“向导”对话框，如图 3.17所示。此时，可以看到所要选用的钻孔刀的钻头的直径。

（5）安装刀具。在电路板制作中，双面板的钻孔需要钻头，雕刻需要雕刻刀，割边需要铣刀，选取一种规格的刀具，使用双扳手将主轴电动机下方的螺钉松开，插入刀具后拧紧。主轴电动机钻夹头带有自矫正功能，可防止刀具安装的歪斜。

注意：① 安装刀具时，请勿取下钻夹头，因为钻夹头已经进行高速动平衡校正。

② 当装好相应的钻刀头后调解 X、Y、Z 轴，特别是在调解 Z 轴时当钻刀头要靠近所要刻的板子时建议先把主轴按钮启动后在去微调 Z 轴与电路板的距离。

（6）定位操作。双面板需打定位孔以保证翻面后雕刻的相对位置。打定位孔用 2.0 mm

钻头，和定位销配套。定位孔深度需使得平台板上留下 2 mm 左右深的孔，默认为 3.5 mm。钻定位孔时，钻头将以加工原点为参考，按电路板图的 X 方向最大长度，在上下沿左右两端分别向外 6 mm 和 8 mm 各钻一个孔，并在左下角的定位孔上多钻一个标志孔，用以区分正反面，如图 3.18所示。

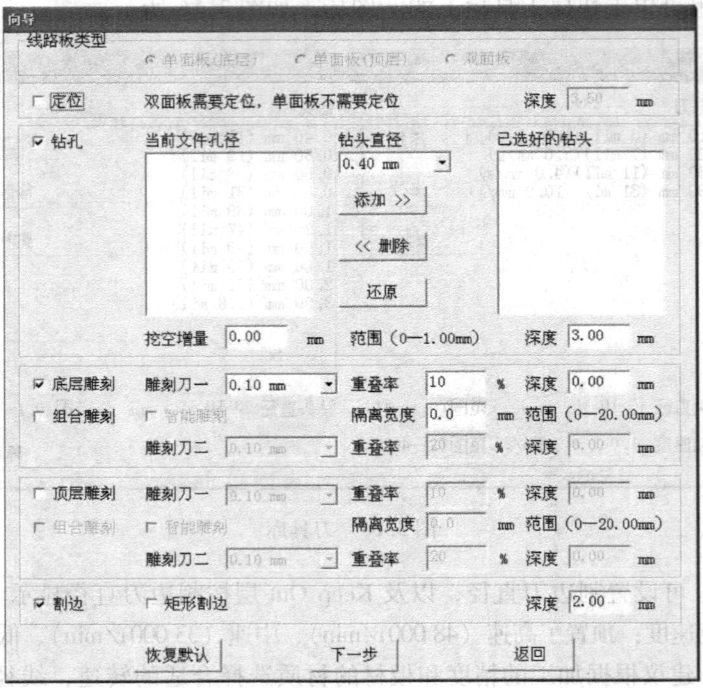

图 3.17 “向导”对话框

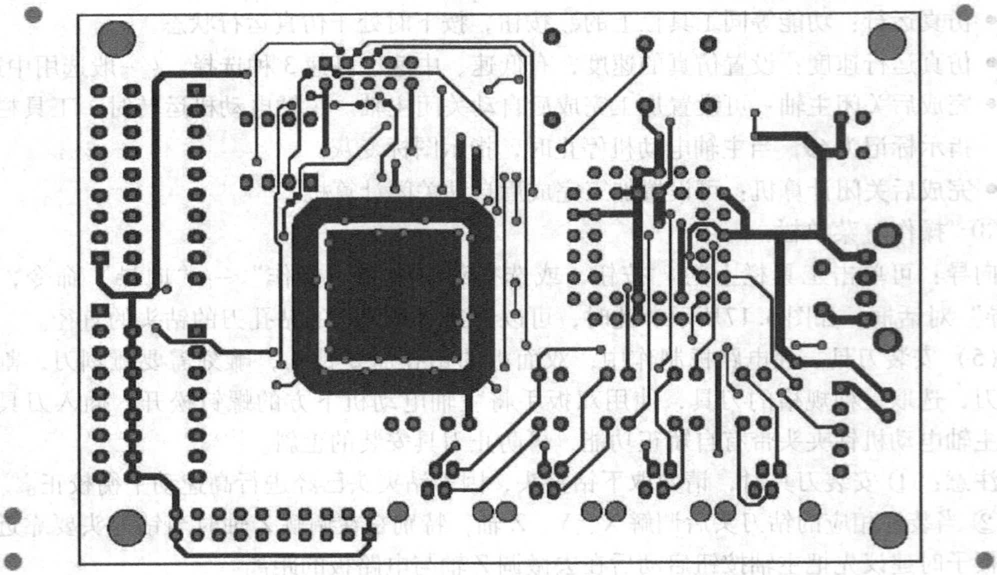

图 3.18 定位操作

一面加工完毕后，只需取下电路板，沿 X 方向翻转电路板，对准工作平台上留下的定位孔，放置电路板，并用定位销固定。

（7）钻孔。设置各种孔径的实际钻头加工直径。电路板上需要的孔径全部列在左侧栏中，实际使用的钻头直径列在右侧栏中，中间的下拉列表框中有工具库中设置的所有钻头。从左栏的第一行开始，根据需要孔径的大小，从下拉列表框中选择相近的钻头规格，然后单击“添加”按钮，右栏中就会出现对应的选择。单击“删除”按钮删除右栏中选择的选项。请确保所有需要孔径都有实际的钻头孔径与之相对应。“还原”按钮用以删除右栏中所有的选择。

① 挖空钻孔功能：用一种规格的挖空刀（0.8 mm）把大于这个规格的孔全挖出来。这样在配件上的消耗减小了很多。实际加工中小于 0.8 mm 的孔还是使用钻头，主要因为小于 0.8 mm 直径的挖空刀较易折断的缘故。使用挖空钻孔功能十分简单，只需在中间的下拉列表框中选择挖空刀，然后在钻孔时安装 0.8 mm 的 PCB 铣刀，就可完成所有孔位的钻制。

② 挖空增量：考虑到双面板金属孔化后，孔径会比实际略小一些，用户可以在钻孔时就设置一个增量。

（8）雕刻，其步骤如下：

① 底层、顶层雕刻。把板上电路部分以外的铜箔铣掉。刀尖直径可在刀具库中设置的所有雕刻刀中选择。重叠率是相邻两次走刀路径的重叠比率，考虑刀尖的误差，一般设置为 10%，雕刻深度默认为 0。雕刻的时间、效果和路径由选择的雕刻刀来决定，刀尖越大，时间越短；刀尖越小，时间越长，但效果越好。雕刻的深度和重叠率可根据刀尖直径调整。

② 组合雕刻。可以用一细一粗两把雕刻刀组合完成雕刻，先用小刀尖雕刻刀做隔离，再用大刀尖雕刻刀做大面积铣雕，在不影响雕刻精度的情况下，软件根据用户的选择自动分配雕刻区域，可以大大加快制板速度。

③ 智能雕刻。在组合雕刻的基础上，智能雕刻同样采用两把雕刻刀，先用大刀做大面积的隔离和铣雕，软件根据用户的选择自动用小刀隔离和铣雕剩下的区域，可以大大加快制板速度，同时非常方便。

④ 隔离宽度。用来在电路两侧隔离出指定的宽度。有些电路板含有大量空白区域，而用户并不要求将空白区域全部铣掉，只要隔离出一个宽度，用户就可以使用。隔离宽度可以在 0 ～ 20 mm 间任意设置，默认值为 0 mm。

注意：为延长雕刻刀的使用寿命，推荐走刀速度：0.1 mm 刀尖≤10 mm/s；0.2 mm 刀尖≤15 mm/s；0.3 mm 刀尖≤40 mm/s。

（9）割边。按照装钻头的操作步骤来装铣刀。割边是用割边铣刀沿电路板图的内外禁止布线层走刀，把电路板从整个覆铜板上切割下来，直接变成需要的形状。割边铣刀默认使用0.8 mm的铣刀。双面板默认在顶层割边，单面板默认在雕刻层割边，也可手动选择割边层。

完成上述各项设置后，单击“下一步”按钮，进入状态设置窗口，如图 3.19 所示。

设置方法如下：

① 首先调整加工头的位置，软件上可使用粗调和微调 2 种方法，粗调用来快速移动，

步间距可自行设定，移动速度分为 3 挡：5 mm/s、10 mm/s、max（40 mm/s）。微调用来做细微调整，步间距 X、Y、Z 分别为：0. 005 mm、0. 005 mm、0. 005 mm。

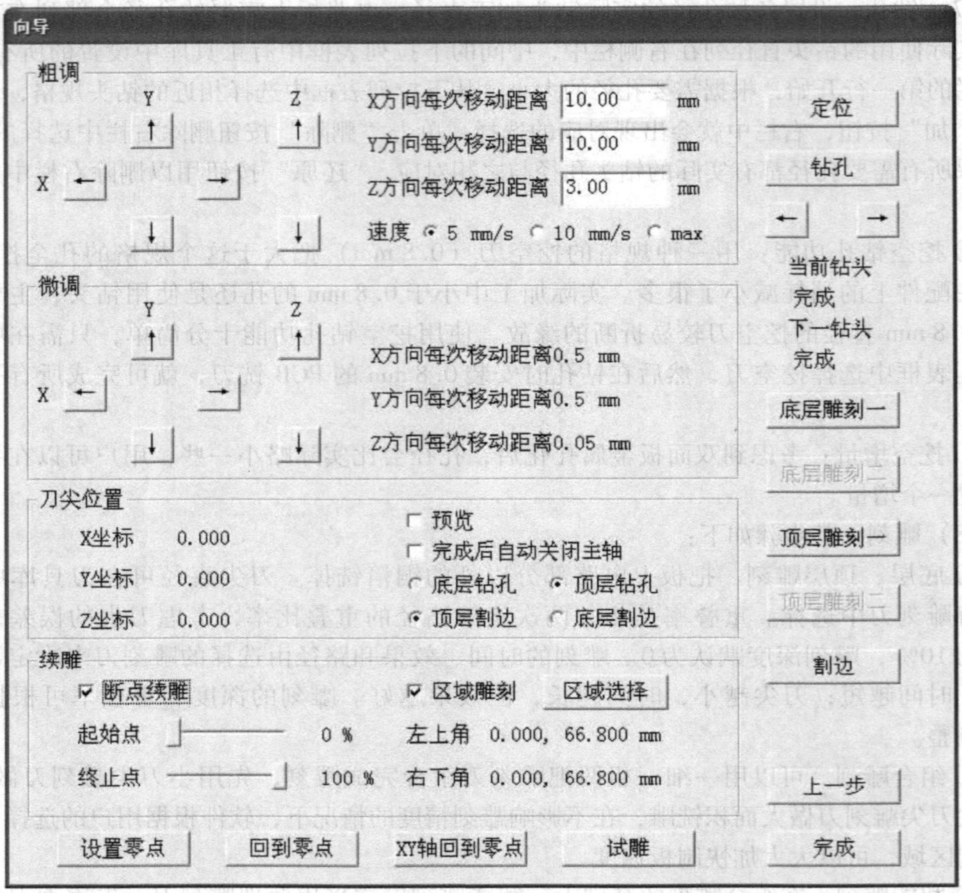

图 3.19　装铣刀向导

②“刀尖位置”区域显示当前加工点的坐标。选中预览框后，点击任何操作按钮都仅打开预览，不执行操作。选中完成后自动关闭主轴框，可在加工完成后，自动停止主轴电动机，用于无人值守状态。底层钻孔、顶层钻孔用于选择钻孔时所在的层。顶层割边、底层割边用于选择割边时所在层。

③ 钻孔按钮下方的“←”“→”按钮用于切换不同型号的钻头。

④“设置零点”用于设置加工零点，设置成功后刀尖位置的 X、Y、Z 坐标应为 0、0、0。

⑤“回到零点”用于返回已设置的加工零点。动作时，X、Y 先回零，然后 Z 再回零。

⑥“XY 轴回到零点”用于仅 X、Y 返回加工零点。

⑦“试雕”用于沿电路图的最大外框走一刀，以观察铜箔板的平整度。

⑧“续雕”区域中可以设置断点续雕和区域雕刻功能：

- 选中“断点续雕”，可任意设置加工起始点和终止点的百分比。
- 选中“区域雕刻”，再单击“区域选择”按钮（按住 Ctrl 键 + 鼠标），如图 3. 20 所示。

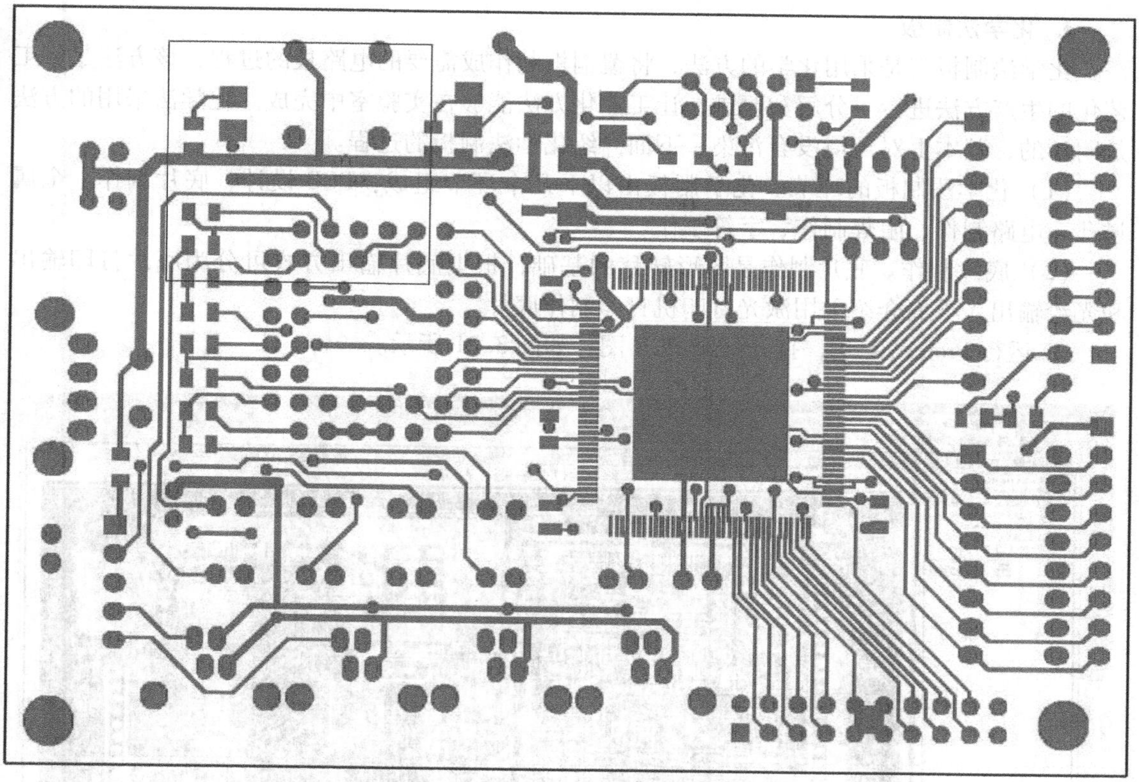

图 3.20　雕刻

• 在电路图上用鼠标左键任意框选作为雕刻区域。

⑨ 选择完雕刻区域后，再单击向导快捷按钮，回到向导对话框。雕刻区域的左上角和右下角的坐标显示在区域雕刻栏中。此时，选择的操作将仅在选择的区域进行。区域雕刻可用于补雕因深度太浅未完成的区域。

（10）总结：

① 在贴双面胶时建议贴 3 条，分别在电路板的两边和中间。

② 建议在安装铣刀、钻头、雕刀时先等主轴停下来，且在拿放铣刀、钻头、雕刀时轻拿轻放。

③ 建议先调 Y 轴，再调 X 轴，当这两轴调到相应的位置后建议启动主轴按钮后再调 Z 轴（这样可以保证相应的铣刀、钻头、雕刀的头不会因操作不当而弄坏）当 Z 轴与板面大概 1 mm 时开始用旋钮调使至相应的位置。

④ 在软件操作中的注意点：钻孔时建议将主轴设置成低速状态，而当在雕刻时建议将主轴设置成中速。雕刻时的一些相关设置：1——选择组合；2——选择刀型；3——雕刻模式选择；4——重叠率设置为 30% 。

⑤ 在雕刻时建议先试雕，看看雕刻的深度，如果产生的尘灰非常多并产生了毛边，则说明调的太深。

⑥ 在割边时建议使用 0. 8 mm 的铣刀。注意：此处的主轴速度一定要设置成低速。

3. 化学法制板

化学法制板就是采用化学的方法，将覆铜板制作成需要的电路板的过程，该方法是将工艺化的生产方法进行了分解和改进，让工业化方法能够在实验室中完成。化学法采用的方法是闭环的，基本上对环境没有污染。下面介绍化学法制板的过程。

（1）化学法制板的环节。化学制板由以下几个环节组成：PCB 设计、底片制作、金属过孔、电路制作、阻焊制作、字符制作。

（2）底片制作。底片制作是图形转移的基础，根据底片输出方式可分为底片打印输出和光绘输出，下面介绍采用激光打印机打印制作底片。

① 运行 Protel 99 SE，打开一个 PCB 图，如图 3.21 所示。

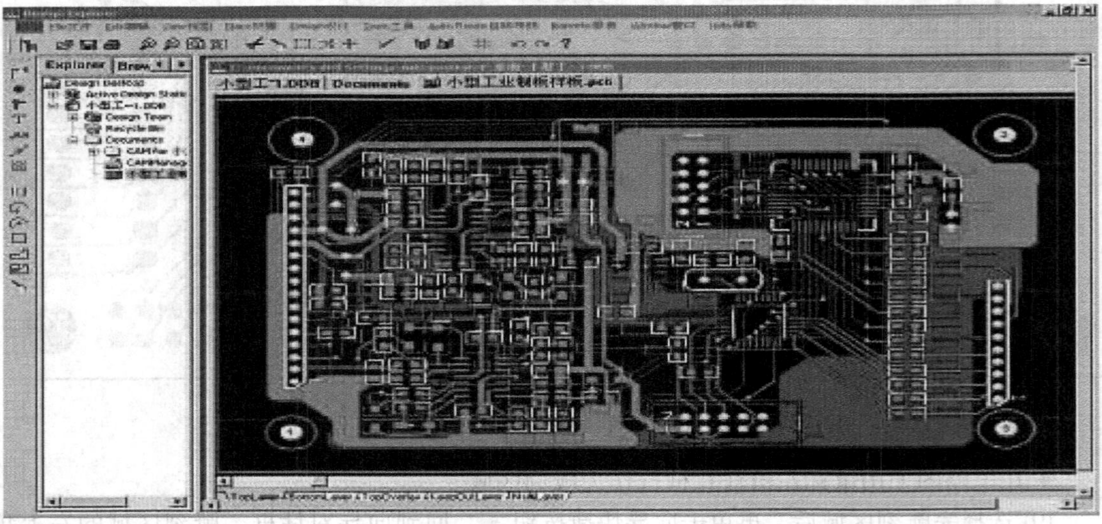

图 3.21　PCB 示例

② 选择 File 菜单中的 New 命令，并选择 PCB Printer，如图 3.22 所示。

③ 选择当前需要打印的 PCB 文件单击 OK 按钮，如图 3.23 所示。

④ 右击左边功能框 Browse PCBPrint 中的 Multilayer Composite Print 按钮，并单击 Properties，弹出如图 3.24 所示对话框，打印顶层电路操作如图 3.25、图 3.26 所示。

需打印层组合为：

- 顶层电路 = TopLayer + Keep Out Layer + Multilayer + 镜像。
- 底层电路 = Bottom Layer + Keep Out Layer + Multilayer。
- 顶层阻焊 = TopSolder + Keep Out Layer + Multilayer + 镜像。
- 底层阻焊 Bottom Solder + Keep Out Layer + Multilayer。
- 顶层丝印 = Top Overlay；
- 底层丝印 = Bottom Overlay + 镜像；

注意：打印菲林底片时所有的层都必须用黑白打印。

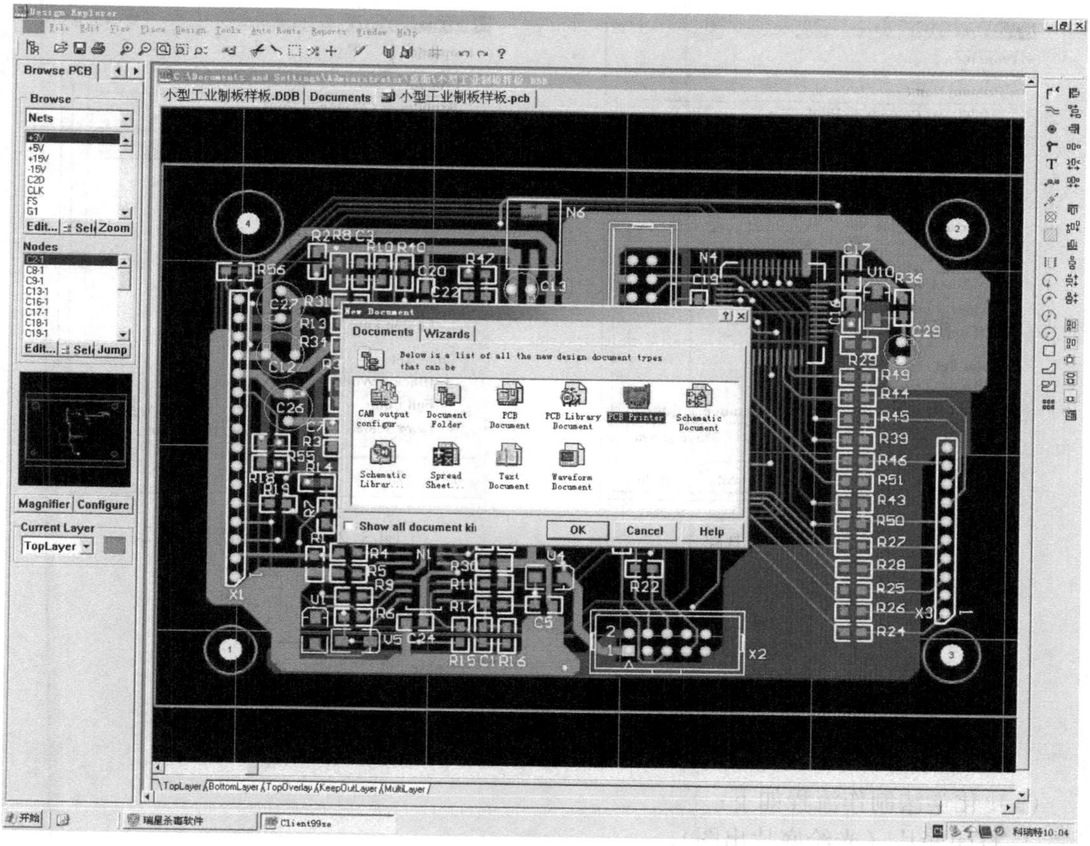

图 3.22　PCB 示例打印

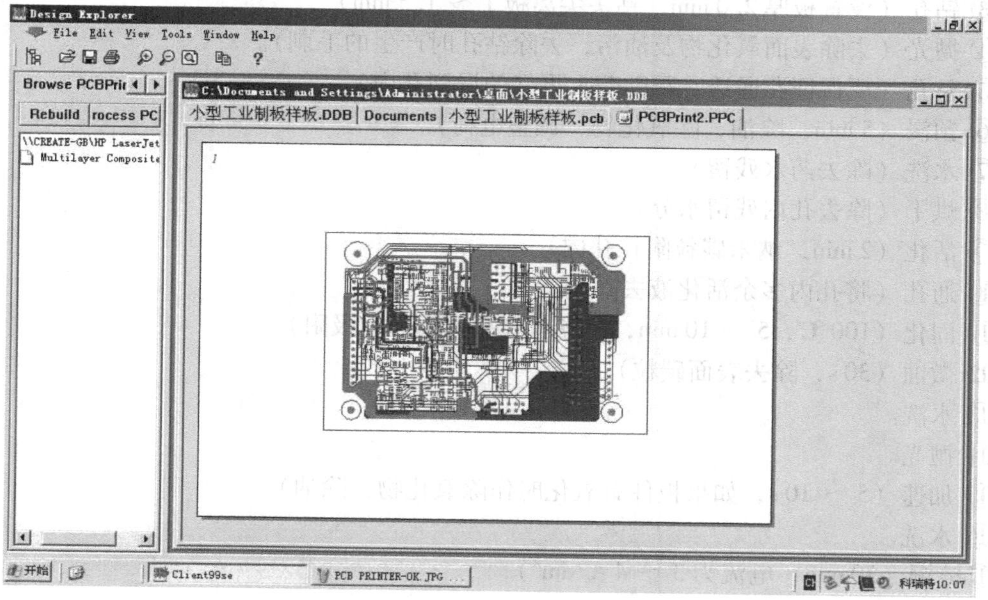

图 3.23　PCB 文件图打印

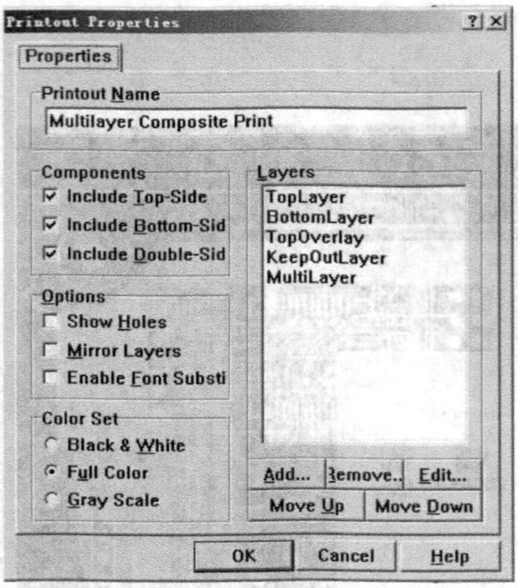

图 3.24　打印顶层电路 1

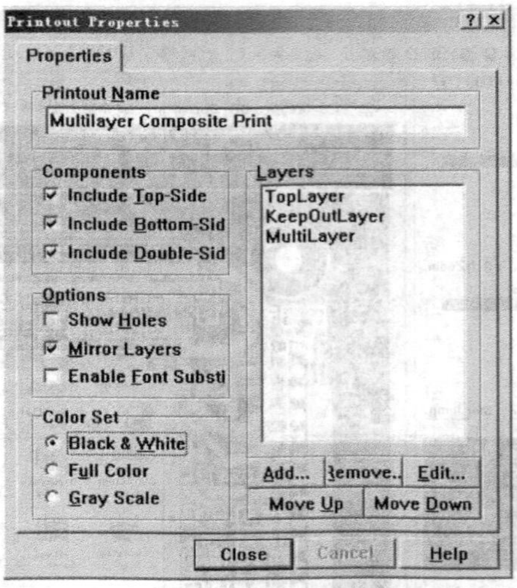

图 3.25　打印顶层电路 2

图 3.26　打印顶层电路 3

(3) 化学法制作流程如下：

① 打印底片（光绘底片出图）。

② 裁板（保留 20 mm 工艺边）。

③ 钻孔（设置板厚 2.0 mm，钻头尖离板 1 ～ 1.5 mm）。

④ 抛光（去除表面氧化物及油污，去除钻孔时产生的毛刺）。

⑤ 整孔（要保证孔通透，帮助药水更好的浸到孔内）。

⑥ 预浸（5 min，除油，除氧化物，调整电荷）。

⑦ 水洗（除去药水残留）。

⑧ 烘干（除去孔内残留水分）。

⑨ 活化（2 min，纳米碳粒附在孔内）。

⑩ 通孔（将孔内多余活化液去除）。

⑪ 固化（100 ℃，5 ～ 10 min，使碳粒在孔内更好地吸附）。

⑫ 微蚀（30 s，除去表面碳粒）。

⑬ 水洗。

⑭ 抛光。

⑮ 加速（5 ～ 10 s，如果板件有氧化时作除氧化物，除油）。

⑯ 水洗。

⑰镀铜（30 min，电流为 3 ～ 4 A/dm^2）；

⑱ 水洗。

⑲ 抛光。

⑳ 烘干（烘干表面及孔内水分）。

㉑ 刷感光电路油墨（90T 丝网框，多练习）。

㉒ 烘干（75 ℃，20 ～ 30 min）。

㉓ 曝光（曝光时间 15 ～ 40 s，先底片对位）。

㉔ 显影（45 ～ 50 ℃）；

㉕ 水洗。

㉖ 放入微蚀液中去油（5 ～ 10 s）。

㉗ 水洗。

㉘ 镀锡（20 min，电流为 1.5 ～ 2 A/dm^{2}有效面积）。

㉙ 水洗；

㉚ 脱膜（带手套，脱膜液为强碱性）。

㉛ 水洗。

㉜ 蚀刻（温度 55 ℃）。

㉝ 水洗。

㉞ 褪锡。

㉟ 水洗。

㊱ 烘干。

㊲ 刷感光阻焊油墨（90 ～ 100T 丝网框，感光阻焊油墨：固化剂 = 3:1，如果油墨比较黏，需要增加油墨稀释剂调整——稀释剂以滴加入少量）。

㊳ 静置（15 min，在阴凉不通风的环境）。

㊴ 油墨烘干（75 ℃，30 min）。

㊵ 曝光（160 s，光绘底片）。

㊶ 显影。

㊷ 水洗。

㊸ 烘干。

㊹ 刷感光文字油墨（120T 丝网框，感光字符油墨：固化剂 = 3:1，如果油墨比较黏，需要增加油墨稀释剂——稀释剂以滴加入少量，油墨一定要调整得细腻）。

㊺ 油墨烘干（75 ℃，20 min）。

㊻ 曝光（80 ～ 120 s，光绘底片）。

㊼ 显影。

㊽ 水洗。

㊾ 热固化（150 ℃，30 min）。

㊿ 切边。

4. 印制电路板的发展

（1）现行印制电路板的缺点。现在的印制电路板常规制造工艺是铜箔蚀刻法，也称减成法。它是用覆铜箔层压板为基板，经网版印刷或光致成像形成抗蚀电路图形，由化学蚀刻得到电路；若是双面或多层 PCB 还要进行孔金属化与电镀，实现层间电路互连。因此，PCB 制造过程复杂、工序多，势必耗用大量的水与电，也会耗用许多铜与化学品材料，产生大量的废水和污染物。

（2）印制电子技术的绿色革命。电子设备的发展趋势是多功能、小型化、环保型和低成本，这就相应要求为其配套的 PCB 高密度、轻薄化、环保和低成本，传统的 PCB 工艺和产品显然难以达到新一代要求。

目前，欧美、日本、韩国以及我国台湾等地正在兴起一项 PCB 技术革命——印制电子（Printed Electronic）或印制电子电路（Printed Electronic Circuit，PEC），又称加成法。此项革命性的新技术是采用功能性油墨直接在绝缘基板上印制出电子电路，如在挠性有机薄膜上印刷导电油墨得到导电电路，印刷半导体油墨得到晶体管或存储器元件等。"印制电子技术"是包含了电子连接电路和元件的组件，将替代传统的印制电路板再安装元器件的功能。印制电子（数字喷墨打印）技术将引领 PCB 工业走上"绿色生产"的新时代。

任务二　焊接工艺练习

☑ 任务描述

各项准备工序是与整机装配密切相关的，即对整机所需的各种导线、元器件、零部件等进行预先加工处理的过程。

☑ 任务目标

（1）了解铅锡焊点形成过程。

（2）掌握手工焊接通孔插装元器件和贴片元器件的步骤与要领。

（3）掌握焊点质量标准，学会分析不良焊点的形成原因。

（4）对自动焊接技术有所了解。

（5）能够根据电路板组装形式设计相应的工艺流程。

☑ 任务内容及实施步骤

1. 焊接练习

（1）按照手工焊接作业顺序，在焊接专用电路板上练习焊接贴片元器件 5 个，教师逐个检查学生的焊接步骤，手势是否正确，焊点是否合乎要求。

（2）教师点评焊接练习过程发生的问题和注意事项。

（3）按照步骤（1）继续练习，巩固提高，每个人至少练习焊接 80 个焊点。

2. 拆焊练习

将拆焊练习的结果填入表 3. 2 中。

表 3.2　拆焊练习结果

训练种类	焊接元器件的（材料）名称、规格及拆焊工具	焊点数	操作步骤	是否损伤铜箔	质量检查

3. 分析不良焊点形成的原因

分析电路板上不良焊点的形成原因，填写表 3.3。

表 3.3　不良焊点的形成原因

序　号	名　称	形成原因分析	造成结果

4. 设计 MF47 指针万用表的工艺流程方案

仔细研读基础篇 MF47 万用表项目的内容，写出其电路板组装形式，并设计出相应的工艺流程方案。

5. 设计微型贴片收音机的工艺流程方案

仔细研读实战篇 FM 微型贴片收音机项目的内容，写出其电路板组装形式，并设计出相应的工艺流程方案。

☑ 知识链接

知识链接 1　焊接种类

1. 熔焊

熔焊是一种加热被焊件（母材），使其熔化产生合金而焊接在一起的焊接技术。（电弧焊、激光焊、气焊）

2. 钎焊

钎焊是一种在已经加热的被焊件之间，熔入低于被焊件熔点的焊料，使被焊件与焊料融为一体的焊接技术，是电子产品生产中大量采用的方法。将比母材（即被焊接的金属材料）熔点低的金属焊接材料熔化，使其与母材结合在一起的焊接称为钎焊。而采用的金属焊接材料的熔点在 450 ℃以下的焊接则称为软钎焊（反之则为硬钎焊）。在焊接学科中，锡焊是属于软钎焊的范畴。

3. 接触焊

接触焊是一种不用焊料和焊剂即可获得可靠连接的焊接技术，它是电子产品生产中经常采用的焊接技术之一。常用的有压焊、绕焊等。

知识链接 2　锡焊原理

从微观角度来分析锡焊过程的物理、化学变化，锡焊是通过“润湿”“扩散”“冶金结合”3 个过程来完成的。焊接的过程是：焊料先对金属表面产生润湿，伴随着润湿现象发生，焊料逐渐向铜金属扩散，在焊料与铜金属的接触界面上生成合金层，使两者牢固地结合起来。

1. 润湿

润湿过程描述：润湿过程是指已经熔化了的焊料借助毛细管力沿着母材金属表面细微的凹凸及结晶的间隙向四周漫流，从而在被焊母材表面形成一个附着层，使焊料与母材金属的原子相互接近，达到原子引力起作用的距离，称这个过程为熔融焊料对母材表面的润湿。

要解释浸润，先从荷叶上的水珠说起：荷叶表面有一层不透水的蜡质物质，水的表面张力使它保持珠状，在荷叶上滚动而不能摊开，这种状态称为不能浸润；反之，假如液体在与固体的接触面上摊开，充分铺展接触，就称为浸润。锡焊的过程，就是通过加热，让铅锡焊料在焊接面上熔化、流动、浸润，使铅锡原子渗透到铜母材（导线、焊盘）的表面内，并在两者的接触面上形成 Cu6 - Sn5 的脆性合金层。在焊接过程中，焊料和母材接触所形成的夹角称为浸润角，如图 3.27 中的 θ。图 3.27（a）中，当 $\theta < 90°$时，焊料与母材没有浸润，不能形成良好的焊点；图 3.27（b）中，当 $\theta > 90°$时，焊料与母材浸润，能够形成良好的焊点。仔细观察焊点的浸润角，就能判断焊点的质量。

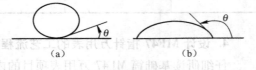

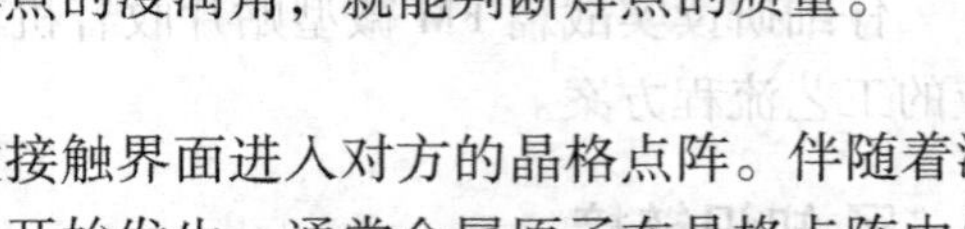

图 3.27　浸润与浸润角

2. 扩散

扩散是指熔化的焊料与母材中的原子互相越过接触界面进入对方的晶格点阵。伴随着润湿的进行，焊料与母材金属原子间的互相扩散现象开始发生，通常金属原子在晶格点阵中处于热振动状态，一旦温度升高，原子的活动加剧，原子移动的速度和数量决定加热的温度和时间。

3. 冶金结合

由于焊料与母材互相扩散，在两种金属之间形成一个中间层——金属间化合物，从而使母材与焊料之间达到牢固的冶金结合状态。产生的连续均匀的金属间化合物，可使母材与焊料之间达到牢固的冶金结合状态，是形成优良焊接的基本条件。

4. 焊接必备条件

如果焊接面上有阻隔浸润的污垢或氧化层，不能生成两种金属材料的合金层，或者温度不够高使焊料没有充分熔化，都不能使焊料浸润。进行锡焊，必须具备的条件有以下几点：

（1）焊件必须具有良好的可焊性。所谓可焊性是指在适当温度下，被焊金属材料与焊锡能形成良好结合的合金的性能。为了提高可焊性，可以采用表面镀锡、镀银等措施来防止材料表面的氧化。

（2）焊件表面必须保持清洁。为了使焊锡和焊件良好地结合，焊接表面一定要保持清洁。即使是可焊性良好的焊件，由于储存或被污染，都可能在焊件表面产生对浸润有害的氧化膜和油污。

（3）要使用合适的助焊剂。助焊剂的作用是清除焊件表面的氧化膜。不同的焊接工艺，应该选择不同的助焊剂，通常在焊接印制电路板时采用以松香为主的助焊剂。

（4）焊件要加热到适当的温度。焊接时，热能的作用是熔化焊锡和加热焊接对象，使锡、铅原子获得足够的能量渗透到被焊金属表面的晶格中而形成合金。要注意，不但焊锡要加热到熔化，而且应该同时将焊件加热到能够熔化焊锡的温度。

（5）合适的焊接时间。焊接时间是指在焊接全过程中，进行物理和化学变化所需要的时间。焊接时间过长，易损坏元器件或焊接部位；过短，则达不到焊接要求。一般每个焊点焊接一次的时间最长不超过 5 s。

5. 焊点质量分析

焊点大小与焊盘相当，焊点形状呈凹圆锥形。焊点润湿角度一般要求在 15°～30°，而且通过焊锡能看到引线的形状，焊锡表面均匀而有光泽。

（1）良好焊点具备特点：

① 焊点表面光滑，色泽柔和，没有砂眼、气孔、毛刺等缺陷。

② 焊料轮廓为印制电路板焊盘与引脚间应呈弯月面，润湿角 $15° < \theta < 45°$。

③ 焊点间无桥接、拉丝等短路现象。

④ 焊料内部的金属没有疏松现象，焊料与焊件接触界面上形成 3 ～ 10 μm 的金属间化合物。

THT 焊点的典型外观如图 3. 28 所示。SMT 焊点的理想形状如图 3. 29 所示。

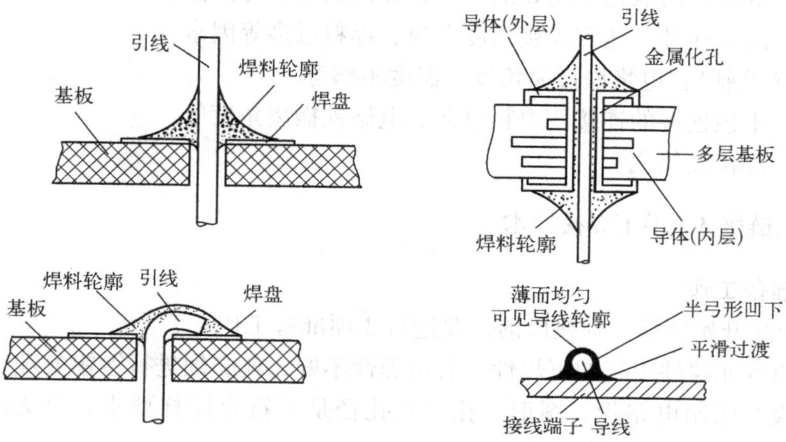

图 3. 28　THT 焊点的典型外观

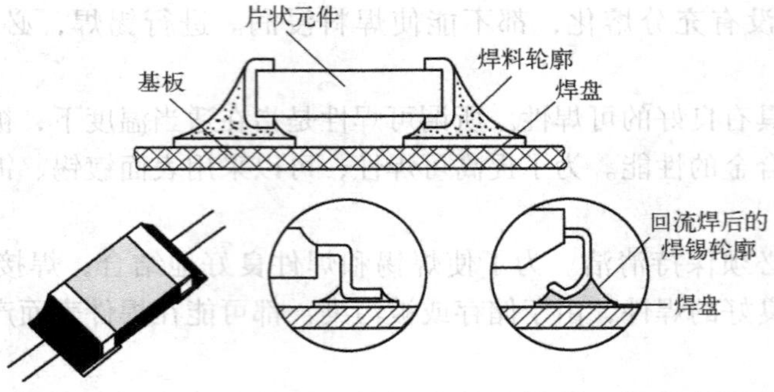

图 3.29　SMT 焊点的理想形状

(2) 焊接出现的故障及原因分析：焊接导线时出现的故障及原因示例如图 3.30 所示。

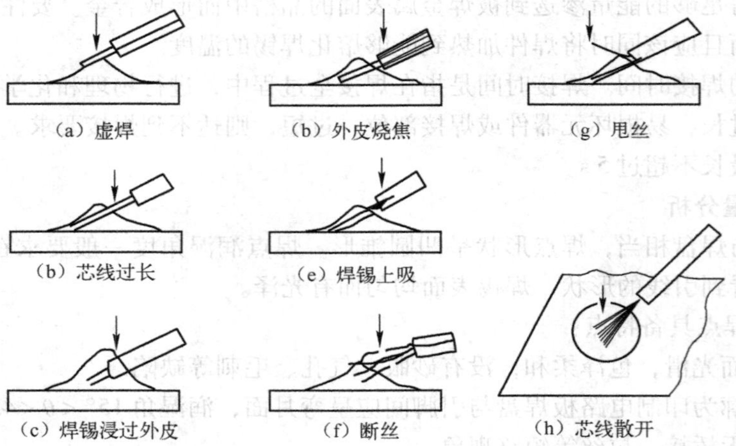

图 3.30　焊接导线时出现的故障

常见的故障分析：

① 虚焊：焊接面的氧化、助焊剂质量、焊锡质量、焊接温度不够等因素。

② 假焊：除上述外，还有焊接速度太快、焊料过多等因素。

③ 拉尖（毛刺）：电烙铁撤离角度、温度不够等。

④ 桥接：不该连接的连接。焊料过多、电烙铁撤离角度等。

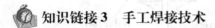

⑤ 球焊：焊接面氧化。

知识链接 3　手工焊接技术

1. 焊接准备工作

在电子产品开始装配、焊接以前，要进行 3 项准备工作：

(1) 要检查元器件引线的可焊性，若可焊性不好，就必须进行镀锡处理。

(2) 要检查印制电路板，图形、孔位及孔径是否符合图样要求，有无断线、缺孔等，表面处理是否合格，有无污染或变质。

(3) 要根据元器件在印制电路板上的安装形式，对元器件的引线进行整形，使之符合在印制电路板上的安装孔位，如图 3. 31 所示。

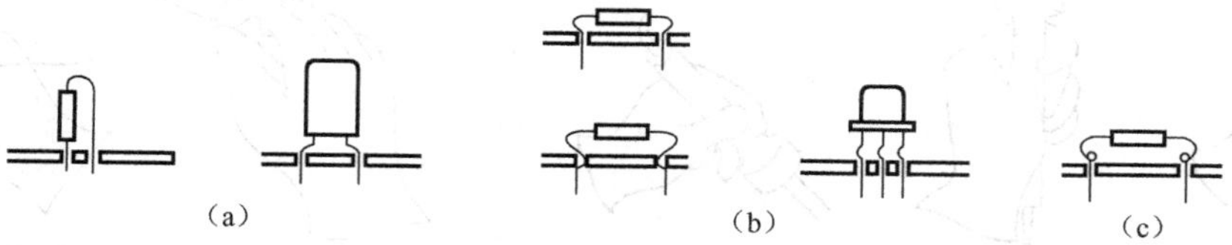

图 3. 31　元器件引脚整形

其中：图 3. 31（a）比较简单，适合于手工装配；图 3. 31（b）适合于机械整形和自动装焊，特别是可以避免元器件在机械焊接过程中从印制电路板上脱落；图 3. 31（c）虽然对某些怕热的元器件在焊接时散热有利，但因为加工比较麻烦，现在已经很少采用。传统元器件在印制电路板上的固定，可以分为卧式安装与立式安装两种方式。元器件插装到印制电路板上，无论是卧式安装还是立式安装，这两种方式都应该使元器件的引线尽可能短一些。

在 THT 电路板上插装、焊接有引脚的元器件，大批量生产的企业中通常有两种工艺过程："长脚插焊"，如图 3. 32（a）所示；"短脚插焊"，如图 3. 32（b）所示。

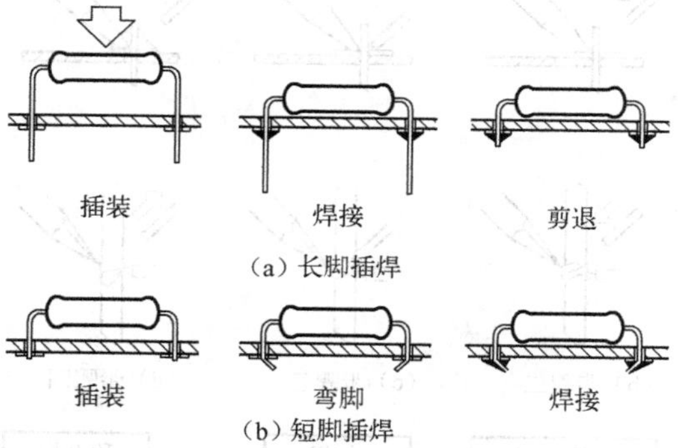

图 3. 32　两种插焊工艺

无论采用哪种方法对元器件引脚进行整形，都应该按照元器件在印制电路板上孔位的尺寸要求，使其弯曲成形的引线能够方便地插入孔内。为了避免损坏元器件，整形必须注意以下两点：

（1）引线弯曲的最小半径不得小于引线直径的 2 倍，不能"打死弯"。

（2）引线弯曲处距离元器件本体至少在 2 mm 以上，绝对不能从引线的根部开始弯折。对于那些容易崩裂的玻璃封装的元器件，引线整形时尤其要注意这一点。

2. 焊接操作的正确姿势

掌握正确的操作姿势，可以保证操作者的身心健康，减轻劳动伤害。为减少焊剂加热时挥发出的化学物质对人的危害，减少有害气体的吸入量，一般情况下，电烙铁到鼻子的距离应该不少于 20 cm，通常以 30 cm 为宜。电烙铁有 3 种握法，如图 3. 33 所示；焊锡丝的拿法如图 3. 34 所示。

（1）准备工作如下：

① 清洗海绵，至海绵表面洁净，无明显焊锡、松香残渣。

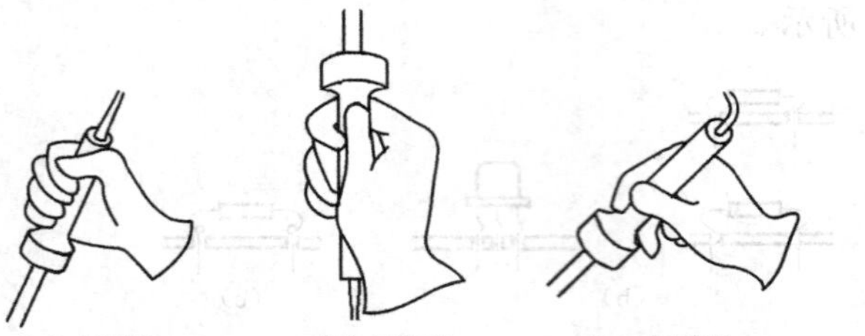

图 3.33 电烙铁的握法

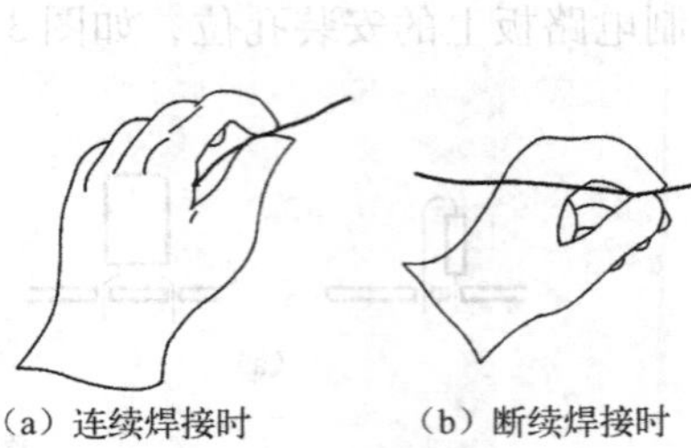

图 3.34 焊锡丝的拿法

② 清除元器件表面的氧化层，元器件引脚弯制成形（左手夹紧镊子，右手食指将引脚弯成直角）。

③ 将烙铁头多余的锡去掉。

④ 通电加热当烙铁可充分熔化锡丝时，便可开始焊接。

（2）焊接步骤如图 3.35 所示。

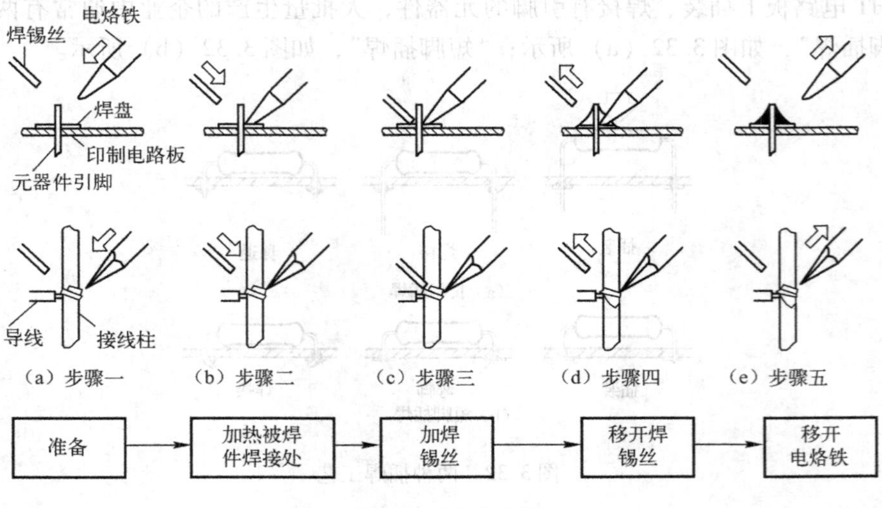

图 3.35 焊接步骤

① 准备施焊（左手拿焊锡丝，右手拿电烙铁）。

② 加热焊件（1 ～2 s），将烙铁嘴接触焊接物件（PCB 焊盘与被焊元件脚）同时进行加热。

③ 送锡丝致被焊接部位，使得焊锡丝开始熔化并经过 2 ～4 s 形成合金层，焊锡的量要适量。太多易引起搭焊短路，太少元件又不牢固。

④ 拿走锡丝（大致与电路板成 45°角）。

⑤ 移走电烙铁（大致与电路板成 45°角），待合金层冷却凝固方可触动焊接物件，否则易导致虚焊。

注意：在用电完烙铁时加锡丝保护电烙铁嘴防止氧化，关闭电烙铁电源。

3. SMT 元器件的手工焊接

（1）SMC 的焊端结构。无引线片状元件 SMC 的电极焊端一般由 3 层金属构成，如

图 3.36 所示。

焊端的内部电极通常是采用厚膜技术制作的钯银（Pd - Ag）合金电极，中间电极是镀在内部电极上的镍（Ni）阻挡层，外部电极是铅锡（Sn - Pb）合金。中间电极的作用是，避免在高温焊接时焊料中的铅和银发生置换反应而导致厚膜电极“脱帽”，造成虚焊或脱焊。镍的耐热性和稳定性好，对钯银内部电极起到了阻挡层的作用；但镍的可焊接性较差，镀铅锡合金的外部电极可以提高可焊接性。

（2）手工焊接 SMT 元器件。电子元器件的发展趋势是微型化。焊接技术的革命，一般工厂都采用波峰焊、再流焊等专门技术，但遇到试制、修理和批量生产中坏机的返修等情况，就只能用手工来焊接。这样的操作需要耐心、细心，同时焊接也需要专用的微焊工具，如放大镜、台灯等。微型烙铁头可自制，其方法是在烙铁头上加缠不同直径的铜丝，并将铜丝锉成烙铁头形状，如图 3.37 所示。

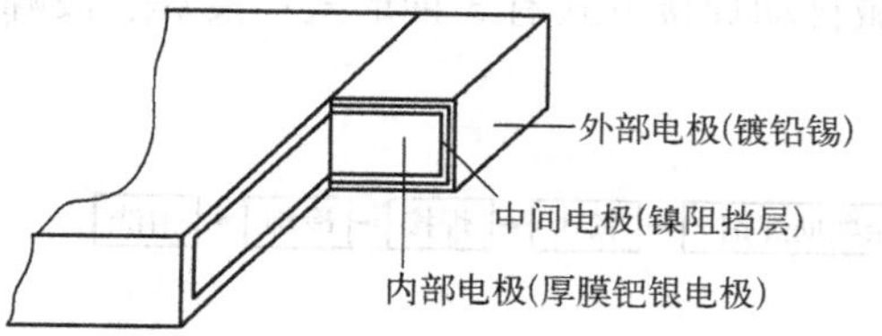

图 3.36　SMC 的焊端构成

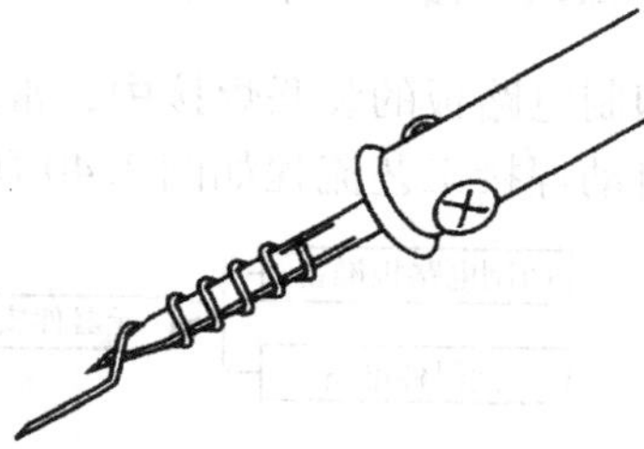

图 3.37　小型元件焊接烙铁头的处理

4. 手工焊接注意事项

（1）在焊接过程中电烙铁温度过低或与焊接点接触时间太短，热量供应不足，焊点锡面不光滑，结晶粗脆，像豆腐渣一样，那就不牢固，形成虚焊和假焊。反之焊锡易流散，使焊点锡量不足，也容易不牢，还可能出现烫坏电子元件及印制电路板。总之，焊锡量要适中，即将焊点零件脚全部浸没，其轮廓又隐约可见。

（2）焊接时应让烙铁头加热到温度高于焊锡溶点，并掌握正确的焊接时间。一般不超过 3 s。时间过长会使印制电路板铜铂跷起，损坏电路板及电子元器件。

知识链接 4　元器件拆卸

从事电子技术这一行，免不了要从印制电路板上拆卸电子元器件。若拆卸得当，元器件、印制焊盘就可反复使用；若拆卸不当，则容易损坏元器件和印制电路板，为后续工作带来麻烦。为了拆焊的顺利进行，在拆焊过程中要使用一些专用的拆焊工具，如吸锡器、捅针和钩形镊子等工具。捅针可用硬钢丝线或 6 ～9 号注射器针头改制，其作用是清理锡孔的堵塞，以便重新插入元器件，捅针外形如图 3.38 所示。

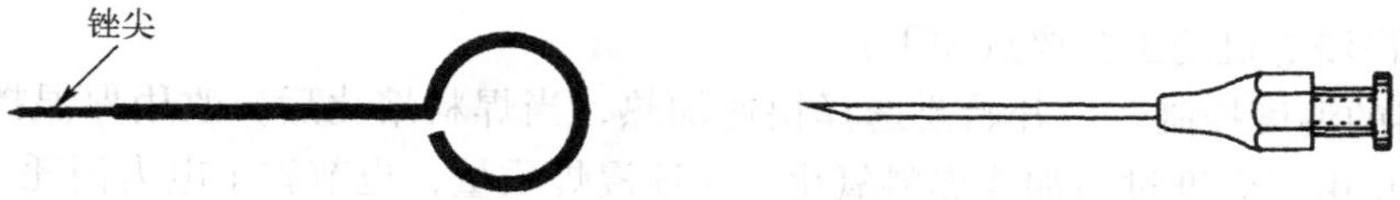

图 3.38　捅针

元器件拆卸方法如图 3. 39 所示。

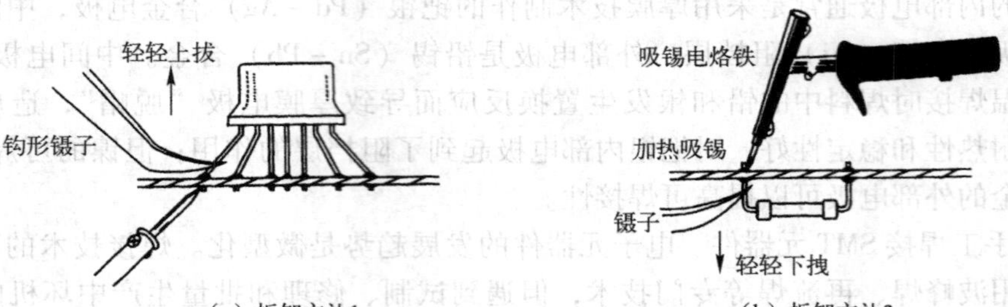

（a）拆卸方法1　（b）拆卸方法2

图 3. 39　元器件拆卸方法

知识链接 5　自动焊接技术

在印制电路板的装联焊接中，常用的机械自动焊接方式有 3 种形式：浸焊、波峰焊及再流焊。自动焊接工艺流程如图 3. 40 所示。

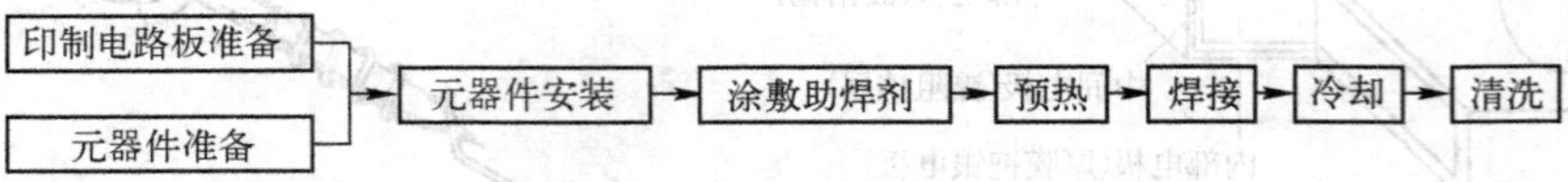

图 3. 40　自动焊接工艺流程

1. 浸焊

浸焊（Dip Soldering）是最早应用在电子产品批量生产中的焊接方法，浸焊设备的焊锡槽如图 3. 41 所示。

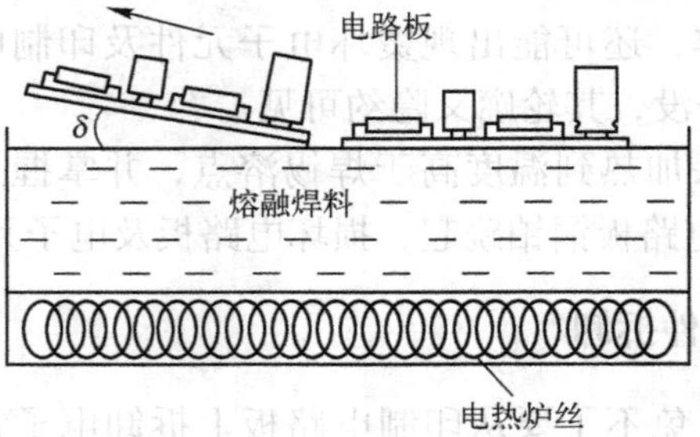

图 3. 41　浸焊设备的焊锡槽示意图

（1）浸焊机工作原理。浸焊机是一个焊锡槽，由锡锅、加热器、温度控制器、焊料组成。所谓浸焊，就是人工将已经完成插装元器件的电路板浸入焊锡槽内，一次性完成的焊接过程。常用的浸焊机有两种：一种是普通浸焊机；另一种是超声波浸焊机。

（2）操作浸焊机的工艺要点如下：

① 焊料的温度控制。一开始要选择快速加热，当焊料熔化后，改用保温挡进行小功率加热，既防止由于温度过高加速焊料氧化，保证浸焊质量，也节省了电力消耗。

② 焊接前的阻焊剂涂敷；让电路板浸蘸助焊剂，应该保证助焊剂均匀涂敷到焊接面的各处。有条件的，最好使用发泡装置，有利于助焊剂涂敷。

③ 焊接时的电路板面与锡液面控制。要特别注意电路板面与锡液完全接触，保证板上各部分同时完成焊接，焊接的时间应该控制在 3 s 左右。电路板浸入锡液的时候，应该使板面水平地接触锡液平面，让板上的全部焊点同时进行焊接；离开锡液的时候，最好让板面与锡液平面保持向上倾斜的夹角，在图 3.41 中，$\delta \approx 10° \sim 20°$，这样不仅有利于焊点内的助焊剂挥发，避免形成夹气焊点，还能让多余的焊锡流下来。

④ 焊接时锡面的氧化物清理。在浸锡过程中，为保证焊接质量，要随时清理刮除漂浮在熔融锡液表面的氧化物、杂质和焊料废渣，避免废渣进入焊点造成夹渣焊。

⑤ 焊料的及时补充。根据焊料使用消耗的情况，及时补充焊料。

（3）浸焊工艺的优缺点如下：

优点：结构简单，电路板设计、焊盘及元器件引脚可焊性较好，焊接质量优于人工焊接，效率高，一致性好。

缺点：锡槽内容易形成氧化物残渣，清除不及时会严重影响焊接质量。其次，焊料浪费较大。同时，有电路板没有预热时间，在浸入焊料时，会受到热冲击而翘曲变形。

2. 波峰焊

波峰焊是一种传统的机械自动焊接方式，它是为适应通孔插装印制电路板的焊接而产生的，但在表面安装技术普遍应用的今天，它仍不失为一种主要的焊接手段。波峰焊因具有焊点可靠、一致性好、效率高、成本低等特点，明显优于烙铁焊，在规模生产中，已普遍采用这种焊接方式。它是在浸焊机的基础上发展起来的自动焊接设备。

（1）波峰焊机结构及其工作原理。波峰焊机是一个多功能组合的系统设备，主要包括：电路板传送机构、助焊剂喷射装置、预热装置、锡槽、冷却装置、检测器、中央控制器、强排风装置等组成。

波峰焊（Wave Soldering）是利用焊锡槽内的机械式或电磁式离心泵，将熔融焊料压向喷嘴，形成一股向上平稳喷涌的焊料波峰，并源源不断地从喷嘴中溢出。装有元器件的印制电路板以直线平面运动的方式通过焊料波峰，在焊接面上形成浸润焊点而完成焊接。图 3.42 为波峰焊机的焊锡槽示意图。

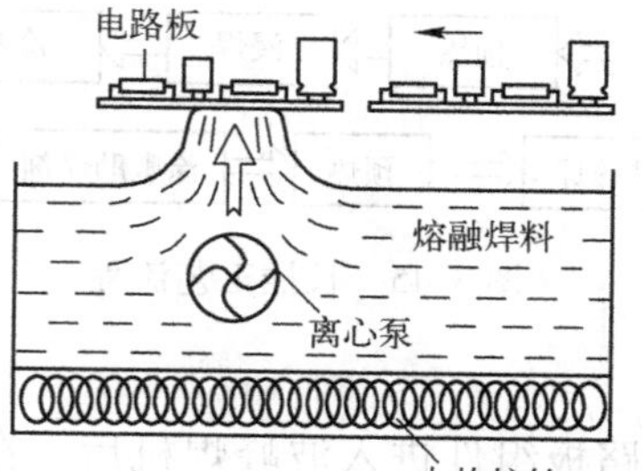

图 3.42　波峰焊机焊锡槽示意图

图 3.43 为波峰焊机的内部结构示意图，其工作原理为：装有元器件的印制电路板，以平面直线匀速运动的方式，由电路板传送机构送入波峰焊机内；当波峰焊机进入口检测器检测到电路板进入后，即自动向印制电路板焊接面喷涂助焊剂；然后，波峰焊机内的预热装置，通过红外线加热器（或热板）给喷涂后的电路板预热并烘干电路板助焊剂；电路板继续由传送机构匀速地送入锡槽焊接。

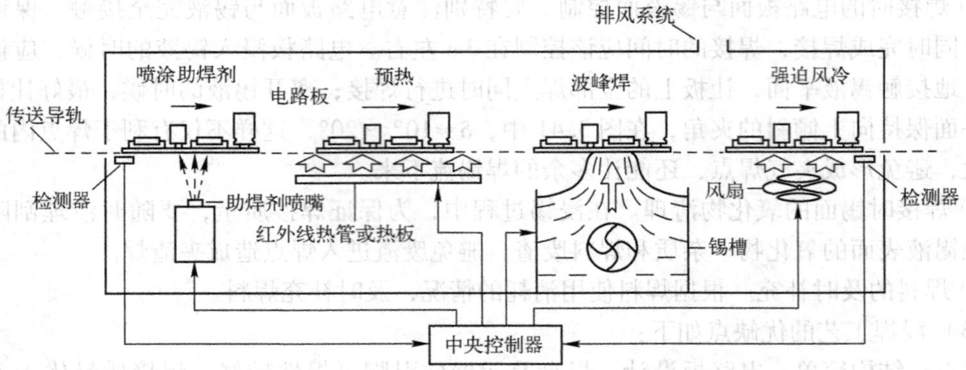

图 3.43　波峰焊机的内部结构示意图

在锡槽内，焊料的温度、波峰的高度、通过锡面的时间均由中央控制器预先设定，焊料液在锡槽内始终处于流动状态，使工作区域内的焊料表面无氧化层。由于印制电路板和波峰之间处于相对运动状态，所以助焊剂容易挥发，焊点内不会出现气泡。焊接后的印制电路板，通过波峰焊机内的冷却装置强行降温，最后由传送机构将印制电路板送出波峰焊机。

（2）波峰焊的工艺流程如下：

① 短插/一次焊接（见图 3.44）。插件前元器件引脚必须预先成形切短，焊接期间不需再切脚，所以只需一次焊接完成。

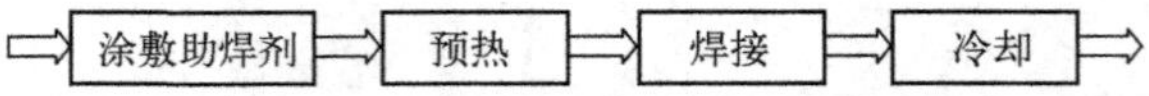

图 3.44　短插工艺流程

② 长插/二次焊接（见图 3.45）。第一次浸焊：对元器件做预焊固定，然后进入切削器，通过旋风切削的方式将多余引脚切去。第二次波峰焊：形成良好焊点。

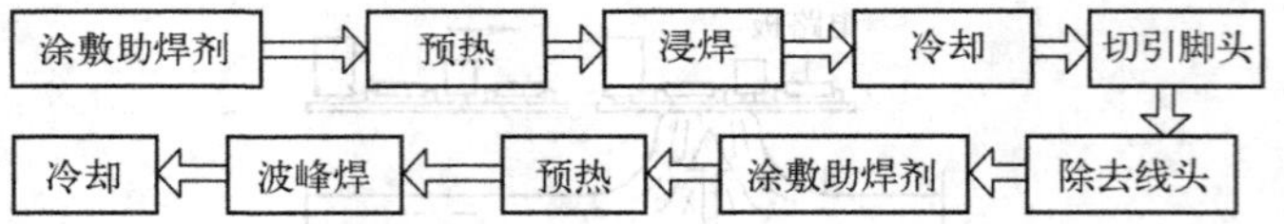

图 3.45　长插工艺流程

③ 波峰焊主要步骤如下：

a. 涂敷助焊剂。当印制电路板组件进入波峰焊机后，在传送机构的带动下，首先在盛放液态助焊剂槽的上方通过，设备将通过一定的方法在其表面及元器件的引出端均匀涂上一层薄薄的助焊剂。

b. 预热。印制电路板表面涂敷助焊剂后，紧接着按一定的速度通过预热区加热，使表面温度逐步上升至 90 ～ 110 ℃。

主要作用：

● 挥发助焊剂中的溶剂，使助焊剂呈胶黏状。

● 活化助焊剂，增加助焊能力。

- 减少焊接高温对被焊母材的热冲击。
- 减少锡槽的温度损失。

步骤三：焊接。印制电路板组件在传送机构的带动下按一定的速度缓慢地通过锡峰，使每个焊点与锡面的接触时间均为 3 ～ 5 s，在此期间，熔融焊锡对焊盘及元器件引出端充分润湿、扩散而形成冶金结合层，获得良好的焊点。

焊接工艺参数：

- 助焊剂比重：0.81 ～ 0.83 kg/m^3。
- 预热温度：(100 ± 10)℃。
- 焊接温度：(245 ±5)℃。
- 焊接时间：3 ～ 5 s。
- 锡峰高度（印制电路板厚度的 2/3）。
- 传送角度：5°～ 7°。

（3）波峰焊工艺优点。与浸焊工艺相比较具有以下优点：

① 焊料的氧化物大大减少，减少了生产成本。

② 电路板接触高温焊料时间短，可以减轻翘曲变形。

③ 锡槽熔焊料循环流动，使焊料成分均匀一致。

④ 焊点质量、焊点可靠性明显提高。

此外，许多新型或改进型的波峰焊设备，创造出空心波、组合空心波、紊乱波、旋转波等新的波峰形式。新型的波峰焊机按波峰形式分类，可以分为单峰、双峰、三峰和复合峰 4 种波峰焊机。

3. 再流焊

再流焊（Re – Flow Soldering）是表面组装技术的关键核心技术之一，再流焊又被称为："回流焊"或"重熔群焊"，它是适应 SMT 而研制的一种新型的焊接方法，它适用于焊接全表面安装组件。

（1）再流焊机结构。再流焊机是一个多功能组合的系统设备，主要包括：电路板传送机构、上下加热器、温度控制器、冷却装置、计算机控制系统、强排风装置等。

（2）再流焊工作原理。再流焊预先在印制电路板的焊接部位施放适量和适当形式的焊锡膏，然后贴放表面组装元器件，焊锡膏将元器件粘在 PCB 上，利用外部热源加热，使焊料熔化而再次流动浸润，将元器件焊接到印制电路板上。焊接时，SMA 随着传动链匀速地进入隧道式炉膛，焊接对象在炉膛内依次通过 3 个区域，先进入预热区，挥发掉焊膏中的低沸点溶剂，然后进入再流区，预先涂敷在基板焊盘上的焊膏在热空气中熔融，润湿焊接面，完成焊接，进入冷却区使焊料冷却凝固。

再流焊操作方法简单、效率高、质量好、一致性好，节省焊料（仅在元器件的引脚下有很薄的一层焊料），是一种适合自动化生产的电子产品装配技术。再流焊工艺目前已经成为 SMT 电路板安装技术的主流。

（3）再流焊工艺流程。再流焊技术的一般工艺流程如图 3.46 所示。

① 制作锡膏丝网或模板。按照 SMT 元器件在印制电路板的实际安装位置（包括：焊盘形状）制作能漏印锡膏的丝网或模板。类似于油印钢板中的"蜡纸"。其中：丝网或模板的厚度非常有讲究，不能厚，平整度要求很高，切口要求非常光滑。

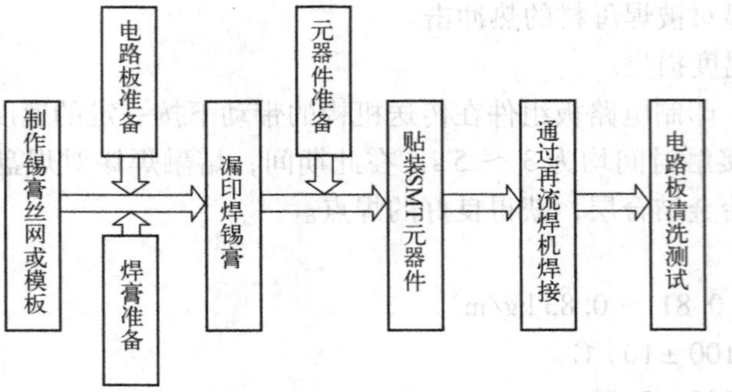

图 3.46　再流焊技术的一般工艺流程

② 漏印焊锡膏。把制作合格的丝网或模板覆盖在电路板上，焊锡膏涂抹在丝网或模板上（类似油印机的滚筒一样），将锡膏均匀地漏印在电路板安装器件的电极焊盘位置上。

③ 贴装 SMT 元器件。由贴片机自动将 SMT 元器件（SMC 器件、SMD 器件）贴装在电路板上。稍微大点的器件也可以采用人工贴装的工艺完成。关键在于所有元器件的电极位置必须准确，参数、型号不得有误。

④ 通过再流焊机进行焊接。关键是专用设备，各分区的温度控制。

⑤ 清洗与测试。这是对所有前端操作工艺的检查，主要涉及焊接质量、安装准确性、电路板电气性能等。清洗是对有特殊要求的电路板而言。

（4）再流焊工艺参数。再流焊与波峰焊不同的是焊接时的助焊剂与焊料（焊膏）已预先涂敷在焊接部位，而再流焊设备只是向 SMA 提供一个加温的通道，所以再流焊过程中需要控制的参数只有一个，就是 SMA 表面温度随时间的变化，通常用一条“温度曲线”来表示（横坐标为时间，纵坐标为 SMA 的表面温度）。

① 温度曲线的确定原则。SMA 在再流焊设备中，虽然是经过一个连续的焊接过程，但从焊点形成机理来看它是经过 3 个过程（预热、焊接、冷却），这 3 个过程有着不同的温度要求，所以可将焊接全过程分为 3 个温区：预热区、再流区和冷却区，如图 3.47 所示。

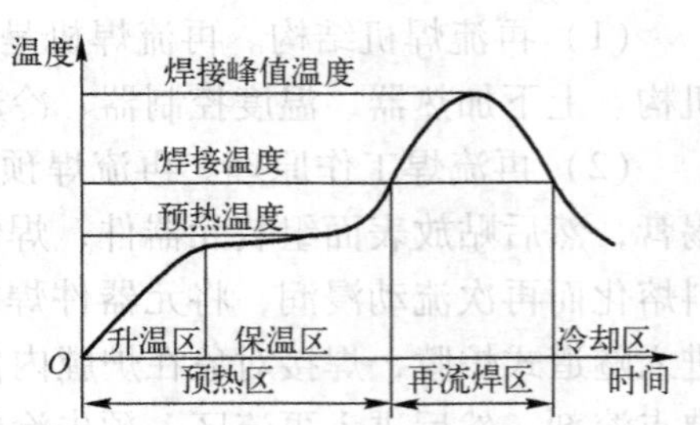

图 3.47　温度曲线

预热区温度确定的具体原则：预热结束时温度：140 ～ 160 ℃；预热时间：160 ～ 180 s；升温速率 ≤3 ℃/s；

再流区的峰值温度：一般推荐为焊膏合金熔点温度加 20 ～ 40 ℃，红外焊为 210 ～ 230 ℃；汽相焊为 205 ～ 215 ℃；焊接时间：控制在 15 ～ 60 s，最长不要超过 90 s，其中，处于 225 ℃以上的时间小于 10 s，215 ℃以上的时间小于 20 s。

冷却区的降温速率大于 10 ℃/s；冷却终止温度不大于 75 ℃。

② 温度曲线的测试方法。测试温度曲线的仪表是温度采集器，它可以直接打印出实测的温度曲线。测试方法及步骤如下：

a. 选取测试点（3 个）。通常至少应选取 3 个测试点——分别能反映 SMA 的最高、最低及中间温度的变化。

b. 固定热电偶测试头。将热电偶测量头分别可靠地固定到焊接对象的测试点部位，固定方法可采用高温胶带、贴片胶或焊接。

c. 进入炉内测试。将 SMA 连同温度采集器一同置于再流焊机传送链/网带上，随着传送链/网带的运行，温度采集器将自动完成测试全过程，并将实测的 3 个“温度曲线”显示或打印出来，它们分别代表了 SMA 表面最高、最低及中间温度的变化情况。

③ 实际温度曲线的确定过程。在实际应用中，影响焊件升温速率的因数很多，使焊件温度变化完全符合理想曲线，是不可能的。不同的体积、表面积及包封材料的元器件，不同材料、厚度及面积的印制电路板，不同的焊膏及涂敷厚度均会影响升温速度，因此，焊件上不同点的温度会有一定的差异，最终只能在诸多因素下确定一个相对最合理与折中的曲线。实际温度曲线是通过调节炉温及传动带速度两个参数来实现 。具体调节步骤如下：

a. 按照生产量初步设定传动带速，但不能超过再流焊工艺允许的最大（小）速度。

b. 凭经验及技术资料初步设定炉温。

c. 测试温度曲线：在炉内温度稳定后，进行初次焊接试验，并对 SMA 的表面温度变化进行首次测定。

d. 调整炉温及带速：分析所测得的温度曲线与所设计的温度曲线的差别，进行炉温及带速的调整。

e. 重复 c、d 过程，直到所测温度曲线与设计的理想温度曲线基本一致为止。

（5）再流焊工艺特点：

优点：预热和焊接可在同一炉膛内完成，无污染，适合于单一品种的大批量生产。

缺点：循环空气会使焊膏外表形成表皮，使内部溶剂不易挥发，再流焊期间会引起焊料飞溅而产生微小锡珠，需彻底清洗。

与波峰焊接技术相比，再流焊工艺具有以下技术特点：

① 元器件不直接浸渍在熔融的焊料中，所以元器件受到的热冲击小。

② 能在前道工序里控制焊料的施加量，减少虚焊、桥焊等焊接缺陷，所以焊接质量好，焊点的一致性好，可靠性高。

③ 假如前道工序在 PCB 施放焊料的位置正确而贴放的元器件位置存在偏差，在再流焊过程中，当元器件的全部焊端、引脚及其相应的焊盘同时浸润时，由于熔融焊料表面张力的作用，会产生自定位效应，能够自动纠正偏差，把元器件拉回到近似准确的位置（自动校正）。

④ 工艺简单，返修的工作量很小。再流焊的核心环节是将预敷的焊料熔融、再流、浸润。再流焊对焊料加热有不同的方法，就热量的传导来说，主要有辐射和对流两种方式；按照加热区域，可以分为对 PCB 整体加热和局部加热两大类：整体加热的方法主要有红外线加热法、气相加热法、热风加热法、热板加热法；局部加热的方法主要有激光加热法、红外线聚焦加热法、热气流加热法、光束加热法。

知识链接 6 焊接流程

1. 印制电路板的组装形式

表 3.4 所示为印制电路板不同的组装方式，表中把每种组装方式对应的示意图、焊接方式和主要特点做了对比。

表 3.4 印制电路板不同组装方式对比

组装方式		电路基板	焊接方式	特征
全表面安装	单面表面安装	单面 PCB 陶瓷基板	单面再流焊	工艺简单，适用于小型、薄型简单电路
	双面表面安装	双面 PCB 陶瓷基板	双面再流焊	高密度组装、薄型化
单面混装	THC 和 SMD 都在 A 面	双面 PCB	先 A 面再流焊，后 B 面波峰焊	一般采用先贴后插，工艺简单
	THC 在 A 面，SMD 在 B 面	单面 PCB	B 面波峰焊	PCB 成本低，工艺简单，先贴后插。若采用先插后贴，工艺复杂
双面混装	THC 在 A 面，AB 两面都有 SMD	双面 PCB	先 A 面再流焊，后 B 面波峰焊	适合高密度组装
	AB 两面都有 THC 和 SMD	双面 PCB		工艺复杂很少采用

2. SMT 组装工艺方案

目前，很多产品全部采用了 SMT 元器件，但还有部分产品采用的是“混装工艺”，就是说：在同一电路板上既有 THT 器件，又有 SMT 器件。这样，在应用 SMT 技术的电子产品中，电路板的组装结构就有很多种方式。

目前，SMT 组装工艺方案中，电路板组装有 3 种组装方式（焊接工艺流程）。

第一种组装方式如图 3.48 所示。全部采用 SMT 工艺方式，整体印制电路板上没有 THT 器件，各种 SMC 和 SMD 器件均被贴装在电路板的一面或两面。

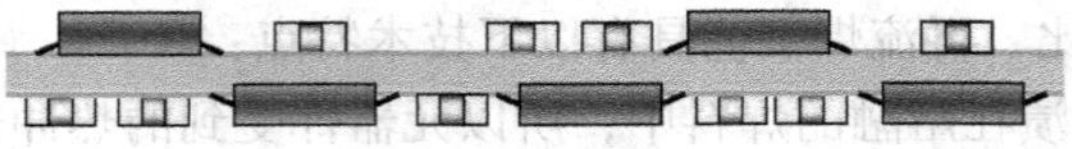

图 3.48 第一种组装方式

其优点在于：充分体现 SMT 技术的优势。电路板价格便宜、体积最小。

第二种组装方式如图 3.49 所示。印制电路板两面混合组装，即在元器件面上既有 THT 元器件又有 SMT 元器件，而在印制电路板的另一面上，只装有体积较小的 SMC 元器件和 SMD 晶体管。

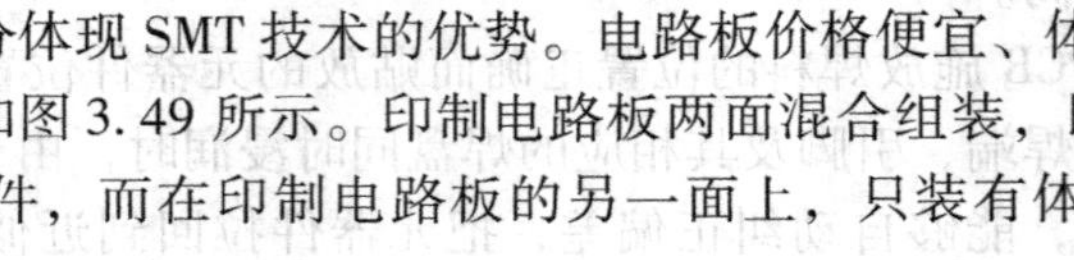

图 3.49 第二种组装方式

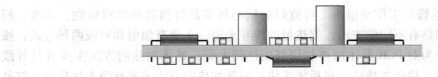

其优点在于：不仅发挥了 SMT 贴片的优点，同时又解决了目前一些元器件不能做成表面贴装形式的元器件。

第三种组装方式如图 3.50 所示。印制电路板两面分别组装，即在元器件面上只装有 THT 元器件，另一面上贴装 SMT 元器件。

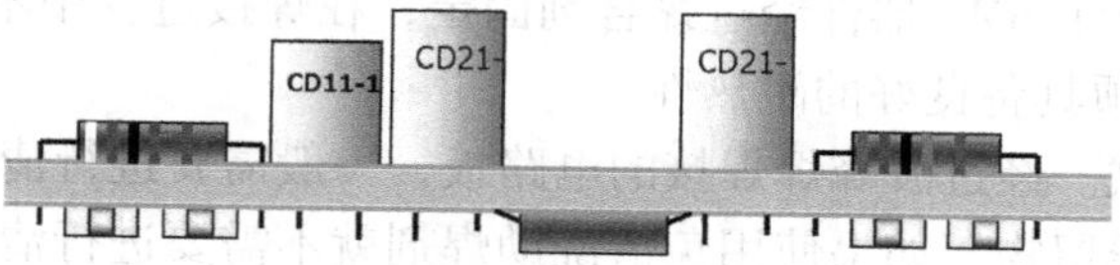

图 3.50 第三种组装方式

其优点在于：除了需要使用贴片胶固定 SMT 元器件外（相应贴片设备），其余和传统的 THT 工艺基本一致，设备普及、工艺成熟，设备投入费用较低。

3. SMT 电路板波峰焊工艺流程

（1）第二种组装方式的波峰焊工艺流程如图 3.51 所示。

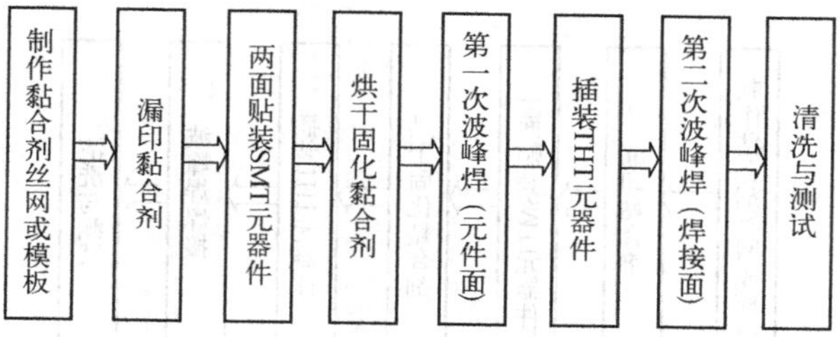

图 3.51 第二种组装方式的波峰焊工艺流程

① 制作黏合剂丝网或模板。因为电路板上两面贴装 SMT 器件，在焊接面的 SMT 器件经过波峰焊时，就会落入波峰焊锡槽内，所以需要预先使用高温黏合剂固定 SMT 器件。

丝网或模板都是印刷黏合剂的必备“道具”，如同洗照片的“底片”功能。

丝网用于 SMT 元器件安装密度不高的电路板。而模板则是用于小体积 SMT 元器件和高密度的电路板。

② 漏印黏合剂。将丝网或模板覆盖在电路板上（如同过去油印考卷一样）把黏合剂印刷在所有 SMT 元器件安装位置上。这个环节，可以是手工完成，也可以是器械完成。

要点：SMT 元器件的焊盘不能受到污染，位置要准确，否则会影响焊接质量。

如果用点胶机这个工序就会相应改变。

③ 两面贴装 SMT 元器件。因为电路板两面都需要贴装 SMT 器件，相对于一面贴装，有一定的复杂因数。除了难度上问题之外，就是在传送等环节过程中，容易造成已经漏印好的黏合剂污染。

④ 烘干固化黏合剂。通常采用加热或紫外线照射的方式，把黏合剂烘干固化，将贴装好的 SMT 器件牢牢地固定在电路板上。

这种黏合剂具有高温条件下不会溶化、不会溶解，所以，一经固化焊接后的 SMT 器件就不可能被重新拆卸、安装。

⑤ 第一次波峰焊接。为了在元器件面安装 HTH 器件，必须先将元件面上贴装的 SMT 元器件焊接完成，之后才可以进行后续加工。

⑥ 插装 THT 器件。在元器件面插装 HTH 器件，此时，处于焊接面的 SMT 元器件没有

焊接，它们将和 HTH 元器件一起进入下一道工序。

⑦ 第二次波峰焊接。与普通的电路板波峰焊焊接工艺一样，对包括 SMT 器件在内的所有焊接点进行焊接。由于 SMT 器件经过黏合剂固定，在焊接过程中不会掉入锡锅里。但是，所使用的 SMT 器件必须具备良好的耐热性。

第八，清洗与测试。经过波峰焊焊接的电路板，一般需要进行清洗，因为电路板表面会带有一定的助焊剂的残留物。如果使用免清洗助焊剂就不需要进行清洗，板面质量是能够达到安装技术要求的。

测试是对包括焊接过程在内的质量检查。因为只有焊接质量能够保证，电器性能才能够符合设计要求。

（2）第三种组装方式的波峰焊工艺流程。第三种组装方式的波峰焊工艺流程如图 3.52 所示。它比第二种组装方式简化了一道工序，即没有第一道波峰焊程序，缩短了加工时间。

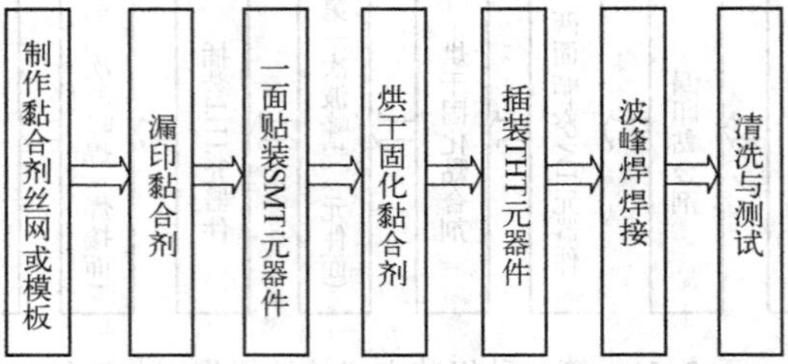

图 3.52　第三种组装方式的波峰焊工艺流程

4. 自动焊接专用设备

工业化生产的过程是整体综合设备应用的过程。它涉及多种工艺条件下，多种设备相互配合使用的一门综合性技术。自动化程度越高，涉及高技术设备的多功能组合水平越高。按照自动化程度，生产线可以分为：全自动和半自动；按照生产规模的大小，可以分为：大型、中型和小型生产线。

（1）自动焊接常用设备。THT 工艺常用的自动焊接设备有浸焊机、波峰焊机以及清洗设备、助焊剂自动涂敷设备等其他辅助装置，SMT 工艺采用的典型焊接设备是再流焊设备以及锡膏印刷机、贴片机等组成的焊接流水线。

在自动生产线上的整个生产过程，都是通过传送装置连续进行的。预热，是在电路板进入焊锡槽前的加热工序，可以使助焊剂达到活化点。可以是热风加热，也可以用红外线加热；涂助焊剂一般采用喷涂法或发泡法，即用气泵将助焊剂溶液雾化或泡沫化后均匀地喷涂或蘸敷在印制电路板上；冷却一般采用风扇强迫降温。清洗设备，有机械式及超声波式的两类。超声波清洗机由超声波发生器、换能器及清洗槽三部分组成，主要适合于使用一般方法难于清洗干净或形状复杂、清洗不便的元器件清除油类等污物。

点胶机是 SMT 组装技术中采用波峰焊焊接工艺的重要设备。在双面混合装配、双面分别装配的电路板工艺模式中，有部分 SMT 元器件将被安装在电路板的焊接面上。焊接时，当电路板翻转 180°（向下）时，SMT 元器件将通过波峰焊的锡锅。所以，需要使用点胶机“点胶”，固定 SMT 器件，使得 SMT 元器件不会掉落。在试制和科研中常常采用人工点胶的方式完成。其他辅助型设备还有返修设备干燥设备、通风设备和物料存储设备等。

生产线设备的服务性功能，完全取决于采纳工艺技术的方式。无论从事何种设备的操作与管理，都必须较为细致地了解和掌握设备的性能、功能及其基本参数。

（2）SMT 电路板生产线的组合设备。SMT 生产线上的组合设备通常是由包括：锡膏印刷机、点胶机、贴片机、再流焊机、波峰焊机及自动装载设备、在线检测设备、返修设备、清洗设备、干燥设备、通风设备和物料存储设备等组合而成。其示意图如图 3.53 所示。

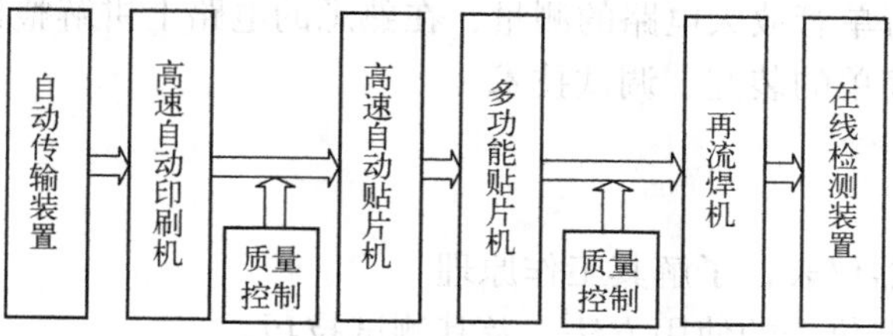

图 3.53 SMT 生产线的组合设备

① 自动传输装置。它是生产线的链接与输送系统，它把各种设备有机地、自动地联系在一起。主要工作对象是电路板，它把电路板送进、送出、转向（上、下）、翻板（180°）等。需要强调的是：传输设备在传送电路板的过程中，平稳度是系统的重要参数。（器件掉落，相互碰撞使得器件移位或丢失）

② 高速自动印刷机。它是用来印刷锡膏或贴片胶的专用设备。其功能是将焊锡膏或贴片胶正确地印制到电路板相应的焊盘位置上。当然，对于不同规模的生产线，印刷机的档次和印刷方式各有不同。手动、半自动、全自动都是广泛使用的工艺手段。

③ 高速自动贴片机。它是用来贴装各种类型的 SMC 元件或较小型的 SMD 器件，准确地贴放到 PCB 表面相应的位置上，这种过程称之为（贴装）工序。在工业化大批量生产中主要采用自动贴片机进行。当然，在小量或维修以及试制过程中，常常采用手工贴片方式进行的。

④ 多功能贴片机。它是通用贴片机功能的补充和扩展。主要用来贴装大型 SMD 器件和异型元器件。对于贴片机来说，要保证贴片质量，有 3 个要素：贴装元器件的准确性，贴装位置的准确性和贴装压力的适度性（贴片高度）（它还与器件有关）。

⑤ 再流焊机。第六，在线测试装置。它是利用各种电子仪器设备检查和测量电路板安装质量和电气性能的主观评价手段。在线测试的主要目的：第一，检查判断组装器件是否正确或参数是否正确，这是质量控制的要点之一。第二，它对电路板电气性能参数的符合性检测。符合性是指：是否满足原设计要求。电气性能检测包括：静态检测和动态检测。

任务三 掌握整机装配与调试技术

☑ 任务描述

电子整机的装配是严格按照装配技术文件的要求，将各种零部件、元器件、结构件和材料装接到印制电路板、机壳、面板等规定的位置，组成具有一定功能的完整电子产品的过程。目的就是以合理的结构安排和最简单化的工艺实现技术指标，快速有效地制造出稳定，可靠的产品。仪器仪表的使用是电子产品设计或工艺人员在电子产品装配准备、调试、检测及维修过程中必不可少的一个环节。学习如何使用各种仪器仪表则是本环节的主要任务。

本任务主要是进行单管放大电路的测量，在熟悉的电路上讲解整机装配和调试技术的要点，让学生能够掌握简单的装配、调试技术。

☑ 任务目标

（1）认识各种仪器仪表，了解其工作原理。

（2）掌握各种仪器仪表的使用方法，及其测试技巧。

（3）掌握整机组装和调试技术的要点。

☑ 任务内容及实施步骤

本任务的主要内容就是学会使用仪器仪表，独立完成单管放大电路的组装，并进行调试与检测。

1. 用示波器测试信号源产生的信号

（1）用低频信号发生器产生一个幅度为 1 V，频率为 1 kHz 的正弦波。面板设置如表 3.5 所示。

表 3.5 面板设置

面板开关	工作状态
电源开关	处于打开的状态
幅度调节	调节旋钮，使得左上角显示器显示为 1.00
波形选择	按下正弦波的按键
衰减按钮	把标有 0Db 的按钮按下
频率倍乘	把标有 *1 k 的按钮按下
频率调节	调节频率粗、微调节旋钮，使面板右上角的显示器显示为 1.0000 左右即可
信号输出端	标有电压输出 50 Ω 的 BNC 插头，用专用电缆线接出

注意：波形选择、衰减按钮、频率倍乘这 3 种按钮都有一个按下才能有信号输出。

（2）用示波器观察低频信号发生器输出的波形，将低频信号发生器的输出用专用电缆线与示波器的输入通道对接（红夹接红夹，黑夹接黑夹），示波器面板设置如表 3.6 所示。

表 3.6 示波器面板设置

面板开关	工作状态
电源开关	处于打开的状态
亮度调节（INTEN）	调节扫描线的亮度，从左到右越来越亮
聚焦调节（FOCUS）	调节扫描线的粗细，一般越细越好，精确度越高

续表

面板开关	工作状态
扫描线水平（垂直）调节旋钮	调节扫描线的水平（垂直）位置，一般让扫描线处于中间位置
幅度调节旋钮	调节信号的幅度，在示波器上能显示出完整的峰峰值，方便读数，比如幅度旋钮设置在0.5 V/DIV 位置，校准旋钮处于校准位置
周期调节旋钮	调节显示的周期，在示波器上显示两三个完整波形，方便读数，比如可以把旋钮设置在0.5 ms/DIV 位置，校准旋钮处于校准位置
LEVEL 旋钮	如果示波器上的波形在滚动，可调节该旋钮使其稳定
FERTICAL MODE 按键	CH1 显示通道 1 的波形，ALT 显示通道 1 和通道 2 的波形，CH2 显示通道 2 的波形
MODE 和 TRIGGER	模式和触发形式调节，一般在默认的位置
信号输入端	通道 1 用 CH1(X)，通道 2 用 CH2(Y)，用专用电缆线接出

（3）将低频信号发生器的输出用专用电缆线与毫伏表的输入通道对接（红夹接红夹，黑夹接黑夹），示波器面板设置如表 3.7 所示。

表 3.7　示波器面板设置

面板开关	工作状态
电源开关	处于打开状态
档位调节旋钮	调节读数的挡位，如果调节到 1、10、100，则读数读表盘上的第一道黑线。如果调节到 3、30、300，则读数读表盘上的第二道黑线
信号输入端	信号从 INPUT 口的 BNC 插头输入，用专用电缆线接入
读数	在表的刻度盘上读出所输入的信号值，该值为有效

注意：挡位调节旋钮是360°可转的，信号大时不可以从最大挡到最小挡切换。

（4）测试示波器内的校准信号。用机器内部的校准信号对示波器进行自检。

① 调出“校准信号”波形。将示波器校准信号输出端通过专用电缆线与 X 或 Y 的输入插口接通，调节示波器的各有关旋钮，在显示器上显示一个或几个周期的稳定的方波。

② 校准信号的幅度和频率。将 Y 轴灵敏度微调旋钮调整到“校准”位置，调节刻度旋钮使得在示波器上完整显示整个幅度；微调旋钮调整到“校准”位置，调整周期调节旋钮，能在示波器上显示一个或几个周期完整的波形，填写表 3.8。

表 3.8　信号测量值

被测量	校准信号的标准值	实际测量值
校准信号的幅度（p－p）	0.2 V	
校准信号的频率	1 kHz	

（5）用低频信号发生器和示波器、毫伏表进行测试。令低频信号发生器输出 100 Hz、1 kHz、10 kHz、100 kHz 的正弦波信号，信号幅度为1V。将低频信号发生器输出的信号分别

接入示波器和毫伏表，测量信号的频率和幅度并比较之间的关系，填写表 3.9。

表 3.9　信号的测量值

被测量信号	示波器的测量值		毫伏表读数	示波器的测量值	
	周期/ms	频率/Hz		峰峰值/V	有效值/V
100 Hz					
1 kHz					
10 kHz					
100 kHz					

比较毫伏表读数和示波器读数的异同，说明峰峰值和有效值的关系。

2. 对单管放大电路进行静态调试和动态调试

根据单管放大电路原理图在面板上搭接好相应电路，并对各自完成的单管放大电路进行静态调试和动态调试，填写相应表格。

（1）完成共射极单管放大电路的焊接和组装工作，图 3.54 所示为其原理图。

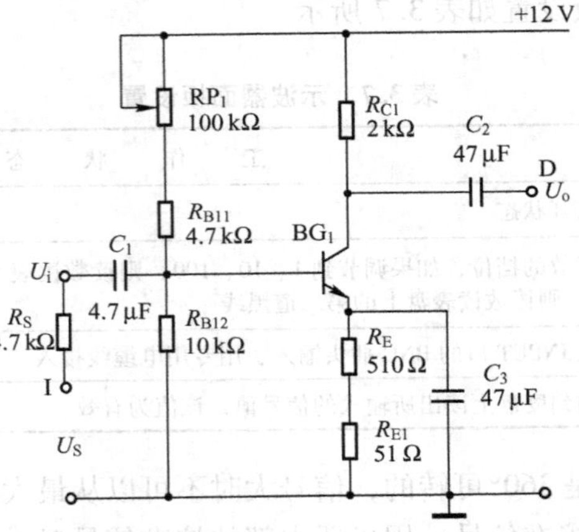

图 3.54　共射极单管放大电路原理图

（2）静态调试（测量静态工作点）。首先仔细检查已连接好的电路，确认无误后接通直流电源。然后，调节 RP_1 使 $RP_1 + R_{B11} = 30\,k\Omega$。按表 3.10 测量各静态电压值，并将结果记入表 3.10 中。

表 3.10　静态工作点实验数据

测量值							理论计算值				
U_B/V	U_C/V	U_E/V	U_{CE}/V	I_C/mA	I_B/mA	β	U_B/V	U_C/V	U_E/V	U_{CE}/V	I_C/mA
							3	4	2.244	1.756	4

（3）动态调试（测量电压放大倍数）。将低频信号发生器和万用表接入放大器的输入端 U_i，放大电路输出端接入示波器，如图 3.55 所示，信号发生器和示波器接入直流电源，调整信号发生器的频率为 1 kHz，输入信号幅度为 20 mV 左右的正弦波，从示波器上观察放大电路的输出电压 U_0 的波形，分别测 U_i 和 U_0 的值，求出放大电路电压放大倍数 A_U。

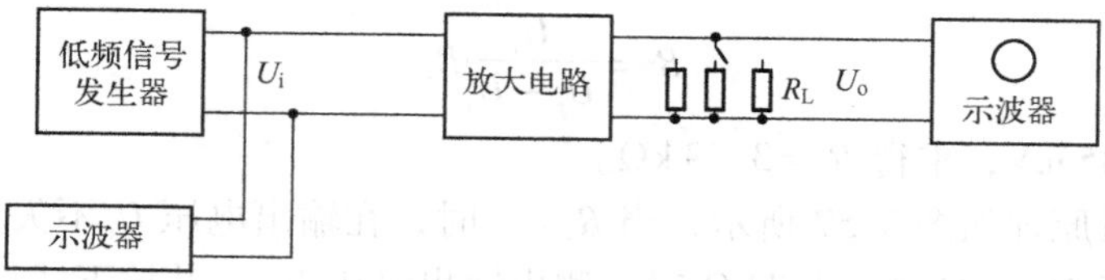

图 3.55　实验电路与所用仪器连接图

保持输入信号大小不变，改变 R_L，观察负载电阻的改变对电压放大倍数的影响，并将测量结果记入表 3.11 中。

表 3.11　电压放大倍数实测数据（保持 U_i 不变）

R_L	U_O/V	A_U 测量值	A_U 理论值
∞			−∞
1 kΩ			−1.18
5.1 kΩ			−2.56

（4）观察工作点变化对输出波形的影响。实验电路为共射极放大电路。调整信号发生器的输出电压幅值（增大放大器的输入电压 U_i），观察放大电路的输出电压的波形，使放大电路处于最大不失真状态时（同时调节 RP_1 与输入电压使输出电压达到最大又不失真），记录此时的 RP_1+R_{B11} 值，测量此时的静态工作点，保持输入信号不变。改变 RP_1 使 RP_1+R_{B11} 分别为 25 kΩ 和 100 kΩ，将所测量的结果记入表 3.12 中。

注意：观察记录波形时需加上输入电压，而测量静态工作点时需撤去输入电压。

表 3.12　R_b 对静态、动态影响的实验结果

结果 / $R_L=\infty$	（万用表）静态测量与计算值				输出波形（保持 U_i 不变）	若出现失真波形，判断失真性质
	I_c/mA	U_E/V	U_B/V	U_{CE}/V		
输出最大时 RP_1+R_{B11}	4.35	2.45	3.10	0.85		
$RP_1+R_{B11}=25$ kΩ	4.29	3.44	3.06	1.02		
$RP_1+R_{B11}=100$ kΩ	0.84	0.47	1.08	9.84		

（5）测量放大电路输入电阻 R_i 及输出电阻 R_o。输入电阻 R_i 的测量有两种方法：

方法一的测量原理如图 3.56 所示，在放大电路与信号源之间串入一个固定电阻 $R_s=4.7$ kΩ，在输出电压 U_o 不失真的条件下，用示波器测量 U_i 及相应的 U_s 的值，并按下式计算 R_i：

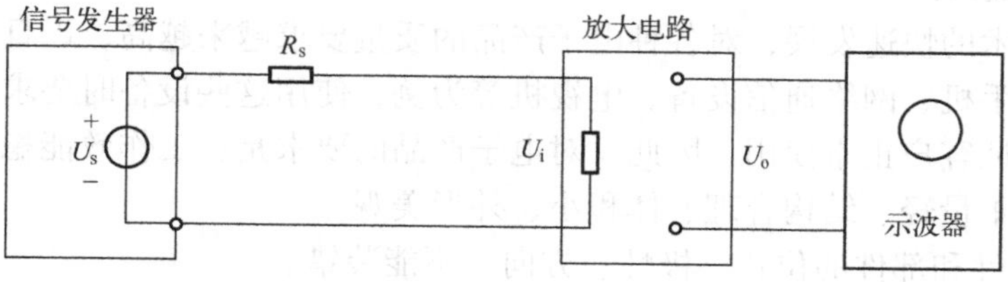

图 3.56　R_i 测量原理一

$$R_i = \frac{U_i}{U_s - U_i} R_s$$

$U_i = 19\ mV$，$U_s = 45\ mV$，求得 $R_i = 3.43\ k\Omega$。

方法二的测量原理如图 3.57 所示，当 $R_s = 0$ 时，在输出电压 U_o 不失真的条件下，用示波器测出输出电压 U_{o1}；当 $R_s = 4.7\ k\Omega$ 时，测出输出电压 U_{o2}，并按下式计算 R_i。

$$R_i = \frac{U_{o2}}{U_{o1} - U_{o2}} R_s$$

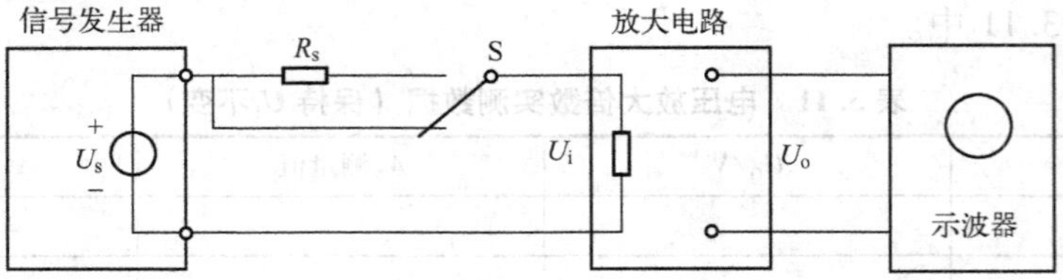

图 3.57 R_i 测量原理二

测量输出电阻 R_o。输出电阻 R_o 的测量原理如图 3.58 所示，在输出电压 U_o 波形保持不失真的条件下，用示波器测出空载时的输出电压 U_{o1} 和带负载时的输出电压 U_o，按下式计算 R_o。

$$R_o = \left(\frac{U_{o1}}{U_o} - 1\right) R_L$$

$U_{o1} = 14.8\ V$，$U_o = 10.6\ V$，求得 $R_o = 2.02\ k\Omega$。

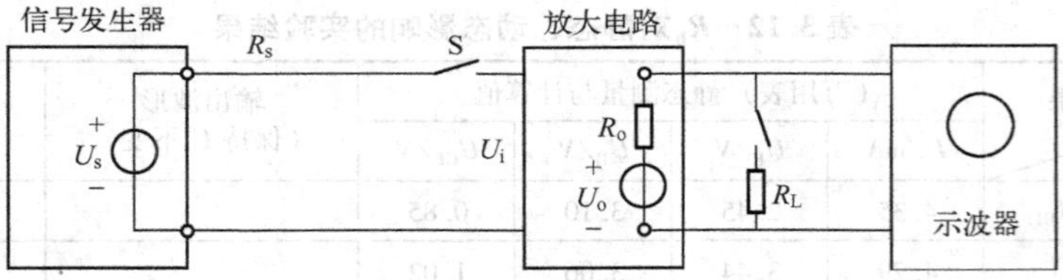

图 3.58 R_o 的测量原理图

☑ 知识链接

知识链接 1 整机装配技术

1. 整机装配原则

随着电子技术的快速发展，对各种电子产品的质量要求越来越高，以日常工作生活中最常用的计算机、手机、网络通信设备、电视机等为例，使用这些设备时要求它出现故障的概率为零，才能保证客户正常使用。因此，对电子产品的要求是：工作效能稳定可靠、操作方便、便于维护、重量轻、结构合理、体积小、外形美观。

（1）确定零件和部件的位置、极性、方向，不能装错。

（2）安装的元器件、零件、部件应牢固。

（3）电源线和高压线连接可靠，不得受力。

（4）操作时工具码放整齐有序，不得将螺钉、线头及异物落在整机中。

（5）将导线及线扎放置整齐固定好。

2. 电子产品装配工艺流程

电子产品的质量好坏与其生产管理、装配工艺有直接的关系。整机装配是依据产品所设计的装配工艺程序及要求进行的，并针对大批量生产的电子产品的生产组织过程，科学、合理、有序地安排工艺流程。将电子产品生产工艺基本分为 4 个阶段：装配准备、印制电路板装配、整机装配、产品加工生产流水线。

（1）装配准备。装配准备又分为工艺文件准备、工具仪器准备和材料零部件准备。

① 工艺文件准备。指技术图样、材料定额、调试技术文件、设备清单等技术资料的准备。

② 工具仪器准备。指整个生产过程中各个岗位应使用的工具、工装和测试仪器的准备，并用专门人员调试配送到工位。

③ 材料零部件准备。指对所生产的产品使用的材料、元器件、外协部件、线扎进行预加工、预处理、清点。

（2）印制电路板装配：

① 印制电路板装配应属于部件准备，但是由于比较复杂，技术水平要求高，所有电子产品生产中印制电路板装配是产品质量的核心，因此采用单独管理或外加工的方式。

② 检验与电路调试是必要的过程，无论是自己装配的电路板还是由外面加工来的印制电路板，在整机装配前需要对各项技术参数进行测试，以保证整机质量。

（3）整机装配。整机装配的目标是利用合理、先进的安装工艺，实现预定的目标。整机装配的一般顺序是：先轻后重、先里后外、先铆后装、易碎后装，上道工序不得影响下道工序。整机装配需注意的事项如下：

① 未经检验合格的装配件（零、部、整件），不得安装。

② 注意安装零部件的安全要求。

③ 选用合适的紧固工具，掌握正确的紧固方法和合适的紧固力矩。

④ 总装过程中不要损伤元器件。

⑤ 严格遵守总装的一般顺序，防止前后顺序颠倒，注意前后工序的衔接。

⑥ 应熟练掌握操作技能，保证质量，严格执行三检（自检、互检、专职检验）规定。

为了保护好产品的外观，需注意以下事项：

① 工位操作人员要戴手套操作，防止塑件沾染油污、汗渍。

② 面板、外壳等注塑件要轻拿轻放，工作台上设有软垫以防塑件擦毛。

③ 操作人员在使用电烙铁时要小心，不能损坏面板、外壳和塑件。

④ 使用胶黏剂时，要防止污染和损坏机壳。

装配工艺过程是确保达到整机技术标准的重要手段。熟练地运用学过的有关常用元器件和材料知识、电子设备和装配工艺知识，提高装配工艺过程中的操作技能。

整机装配的工序因使用设备的种类、规格大小不同，其构成也有所不同，但基本工序并没有什么变化。

① 按“配套明细表”配套领料，并借用工装夹具及工艺文件规定的全部装配辅料，做好装配场地工位的准备工作和导线及线束加工等。

② 通过装联工艺手段，将装配完成的部件、印制电路板、面板、传动机构、其他部件及总装时用的零件及元器件，按工艺规定顺序逐级装入机架，组成装机结构。

③ 电气连接，组成整机工作电路。

④ 通电调试，即对整机内可调部分（如可调元器件及机械传动部分）进行调整，并对整机的电性能进行测试。

⑤ 外壳装配。

（4）产品加工生产流水线。

① 生产线与流水节拍。产品加工生产流水线就是把一部整机的装联、调试与检验等划分成简单的工序，每一个工序指配工人完成指定操作。

② 流水线的工作方式。电子产品装配的流水线有两种工作方式：自由节拍式和强制节拍式。

3. 电子产品装配基本要求

电子产品的电气连接，是通过对元器件、零部件的装配与焊接来实现的。安装与连接，是按照设计要求制造电子产品的主要生产环节。产品的装配过程是否合理，焊接质量是否可靠，对整机性能指标的影响是很大的。装配焊接操作，是考核电子装配技术工人的主要项目之一；对于电子工程技术人员来说，观察其能否正确地进行装配、焊接操作，也可以作为评价他的工作经验及其基本动手能力的依据。

制造电子产品，可靠与安全是两个重要因素，而零件的安装对于保证产品的安全可靠是至关紧要的。任何疏忽都可能造成整机工作失常，甚至导致更为严重的后果。安装的基本要求如下：

（1）保证导通与绝缘的电气性能。电气连接的通与断是安装的核心，这里所说的通与断，不仅是在安装以后简单地使用万用表测试的结果，而且要考虑在振动、长期工作、温度、湿度等自然条件变化的环境中，都能保证通者恒通、断者恒断。

（2）保证机械强度。电子产品在使用过程中，不可避免地需要运输和搬动，会发生各种有意或无意的振动、冲击。如果机械安装不够牢固，电气连接不够可靠，都有可能因为加速运动的瞬间受力使安装受到损害。

（3）保证传热的要求。在安装中，必须考虑某些零部件在传热、电磁方面的要求。因此，需要采取相应的措施。不论采用哪一款散热器，其目的都是为了使元器件在工作中产生的热量能够更好地传送出去。

（4）接地与屏蔽要充分利用。接地与屏蔽的目的：一是消除外界对产品的电磁干扰；二是消除产品对外界的电磁干扰；三是减少产品内部的相互电磁干扰。接地与屏蔽在设计中要认真考虑，在实际安装中更要高度重视。一台电子设备可能在实验室工作很正常，但到工业现场工作时，各种干扰可能就会出现，有时甚至不能正常工作，这绝大多数是由于接地、屏蔽设计安装不合理所致。

知识链接 2　调试技术综述

电子产品为了达到设计文件所要的功能和技术指标，在整机装配完成后，一般要进行调试。

1. 调试工作的要求

（1）调试人员的要求。

（2）环境的要求。

（3）仪器仪表的放置和使用。

（4）技术文件和工装准备。

（5）被测件的准备。

（6）通电调试要求。

2. 调试工作的一般程序

电子产品种类繁多、功能各异、电路复杂，各产品单元电路的数量及类型也不相同，其调试工作一般都有通电前的检查工作和通电调试。

（1）通电前的检查工作如下：

① 用“万用表”检查电源“正、负”极性的正常与否（电阻值的区分），判断电路是否存在短路、断路等不良现象。

② 元器件的型号（参数）是否有误，极性、方向是否正确。

③ 连接线安装是否有误，错焊、漏焊、短线等现象。

④ 电路板焊接是否正确，短路、断路、桥接等严重问题等。

（2）通电调试工作如下：

主要由“通电观察，静态调试，动态调试”等 3 步组成。

① 通电观察。观察有无异常现象（冒烟、异常响声、异常味道、异常发热），一旦存在这些问题，应立即断电，排除故障。

② 静态调试。前提是在通电无异常现象之后进行。静态调试是指：在不施加输入信号时，进行的电路工作状态的检查与测量。要求：所有的设置应符合预先的设计要求（电流的大小、电压的高低）。静态工作状态是一切电路的工作基础，如果静态工作点不正常，电路就无法实现其特定电气功能。如果存在器件的损坏，电路参数一定不正常，需要及时更换器件。

③ 动态调试。在静态调整完成之后（合格），给电路的输入端施加电信号（输入信号，一定的频率，一定的幅度），观察（检查）电路最终的工作性能（放大量、波形特征、响应），是否符合原设计要求。如果存在不正常，应先排除问题（故障），再进行性能综合测试。

3. 产品基本检修方法

借助于万用表能方便地检测电阻器、电容器、晶体管、开关等常用电子元器件。

（1）观察法。此方法不需要任何仪器仪表，通过人的眼睛、手、耳、鼻等来发现电子产品所产生的故障所在。这是一种最简单、最安全的方法，也是对故障机的一种初步检测。

① 看。通过人的视觉观察以下几方面是否正常，从而发现故障。

- 熔断器、熔断电阻器是否烧断。
- 电阻器是否烧焦变色，电解电容是否有漏液现象。

- 焊接点有无虚焊、脱焊和搭焊现象。
- 印制电路板的铜箔有无翘起和断裂。
- 机内各种连接导线有无脱落、断线等。
- 机内的传动零件是否有移位、断裂等现象，如收录机机芯、传动带脱落。
- 插头与插座接触是否良好，开关簧片有无变形。
- 对于显示器件，可观察其字符有无缺少笔画等。

② 听。通过听觉发现电子产品机内是否有异常声音出现。

- 听到扬声器发出的声音很轻、失真现象时，便要去检测其功放电路是否有故障。
- 当听到机内有异常声音出现时，应配合视觉进一步查找故障的所在位置。

③ 闻。通过嗅觉去发现通电电子产品是否有不正常的气味散发出来，一旦出现立即关闭电源进行检测，从而判断故障的部位。

(2) 电压检测法。电压检测法就是用万用表的电压挡测量电路电压、元器件的工作电压，并与正常值进行比较，判断排除故障点。

① 直流电压检测。测量晶体管 3 个极的静态电压，是判断晶体管放大电路是否正常的主要手段。例如，处于放大状态下的晶体管，NPN 管应 $U_c > U_b > U_e$；PNP 管应 $U_e > U_b > U_c$，其中硅管的 U_{be} 为 0.6 V 左右，锗管为 0.2 V 左右，若偏离上述正常值，晶体管则失去放大作用。

通过对电源输出直流电压的测量，可确定整流电源部分是否工作正常。

通过对集成电路各引脚直流电压的测量，可以判断集成电路本身及其外围电路是否工作正常。

通过测量电路关键点的直流电压，可大致判断故障所在的范围。关键点电压是指对判断故障具有决定作用的那些点的直流电压值。

② 交流电压检测。交流电压测量一般是对输入到整机的交流电压的测量，以及经过变压器输出的交流电压的测量。结合直流电源输出测量，可以确定整机电源的故障所在。

(3) 信号注入法。信号注入法就是利用信号发生器来检查故障的方法。其基本方法是把一定的信号从后级到前级逐级输入到被测电路的输入端，然后再通过电路的终端的发音设备或显示设备（扬声器、显示器），以及示波器、电压表等反应的情况，做出逻辑判断的检测方法。在检测中哪一级没有通过信号，故障基本就在该级单元电路中。

除了以上几种检测方法之外，常见的还有电阻分析法、替代法、验证法、对比法、分割法等。具体故障要具体分析，维修方法灵活运用，不可死搬硬套，方能取得事半功倍的效果。

知识链接 3　常用仪器仪表的使用

1. 万用表

万用表是一种多功能、多量程的测量仪表，是电工必备的也是最基础的检测测量工具。如图 3.59 和图 3.60 所示，万用表按其测量原理和测量结果显示方式的不同分为模拟式（指针式）和数字式两类。万用表是比较精密的仪器，如果使用不当，不仅造成测量不准确且极易损坏。

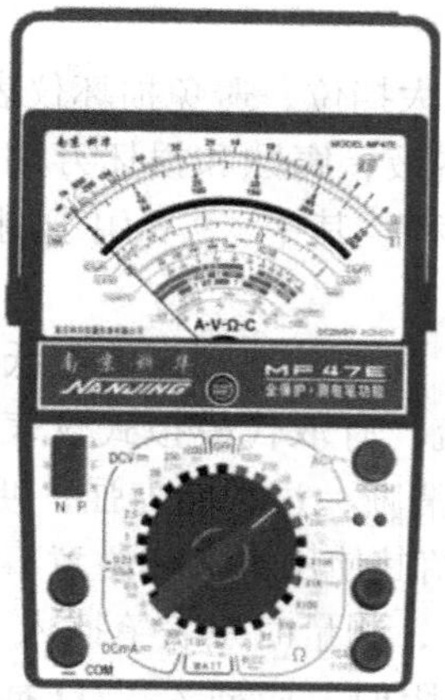

图 3.59　指针式万用表

图 3.60　数字式万用表

（1）模拟式万用表。模拟式万用表的使用方法如下：

① 机械零位调整。使用前应首先检查指针是否在零位，若不在零位，调整零位调整器，使指针调至零位。

② 正确连接表笔。红表笔应插入标有“+”的插孔，黑表笔插入“-”的插孔。测直流电流和直流电压时，红表笔连接被测电压、电流的正极，黑表笔接负极。用欧姆挡 Ω 判断二极管的极性时，注意“+”插孔是接表内电池的负极，“-”插孔是接表内电池的正极。

③ 测量电压时，万用表应与被测电路并联；测量电流时，要把被测电路断开，将万用表串联接在被测电路中。并且测量电流时应估计被测电流的大小，选择正确的量程。

④ 进行量程转换时，应先断电，绝对不允许带电换量程；根据被测量放在正确的位置，切不可使用电流挡或欧姆挡测电压，否则会损坏万用表。

⑤ 合理选择量程挡：

- 测量电压、电流时，应使表针偏转至满刻度的 1/2 或 2/3 以上；测量电阻时，应使表针偏转至中心刻度附近（电阻挡的设计是以中心刻度为标准的）。
- 测交流电压、电流时，注意被测量必须是正弦交流电压、电流，而被测信号的频率也不能超过说明书上的规定。
- 测 10 V 以下的交流电压时，应该用 10 V 专用刻度标识读数，它的刻度是不等距的。

⑥ 测电阻时，应先进行电表调零。方法是将两表笔短路，调节“调零”旋钮使指针指在零点（注意欧姆的零刻度在表盘的右侧）。若调不到零点，说明万用表内电池电压不足，需要更换新电池。测量大电阻时，两手不能同时接触电阻，防止人体电阻与被测电阻并联造成测量误差。每变换一次量程，都要重新调零。如果以上方法不能调零，有可能万用表的绕线电阻（阻值约为几欧的电阻）烧断，需拆开进行维修并校正。

在表盘上有多条刻度线，对应不同的被测量，读数时要在相应的刻度线上读取数值。为提高测量精度尽量使指针处于中间位置。

测量值的读取：将测量时指针所标识的读数乘以量程倍率，才是所测之值。测量电阻时注意手不要接触两表笔或被测电阻的金属端，以免引入人体感应电阻，使读数减小，尤其是

对于 $R\times10\,\mathrm{k}$ 档测试影响较大。

⑦ 万用表使用完毕，将转换开关放在交流电压最大挡位，避免损坏仪表。

⑧ 万用表长期不用时，应取出电池，防止电池漏液，腐蚀和损坏万用表内零件，万用表的电池有普通 5 号（1.5 V）和层叠电池（9 V）两种。其中，9 V 用于测量 10 kΩ 以上的电阻和判别小电容的漏电情况。

⑨ 由于万用表的电阻挡 $R\times10\,\mathrm{k}\Omega$ 采用 9 V 电池，不可检测耐压值很低的元件。

（2）数字式万用表。数字式仪表已成为当前主流，有取代模拟式仪表的趋势。与模拟式仪表相比，数字式仪表灵敏度高，准确度高，显示清晰，过载能力强，便于携带，使用更简单。下面以 VC9802 型数字式万用表为例，简单介绍其使用方法和注意事项。

① 插孔的选择。数字万用表一般有 4 个表笔插孔，测量时黑表笔插入 COM 插孔，红表笔则根据测量需要，插入相应的插孔。测量电压和电阻时，应插入 V/Ω 插孔；测量电流时注意有两个电流插孔，一个是测量小电流的，一个是测量大电流的，应根据被测电流的大小选择合适的插孔。

② 测量量程的选择。根据被测量选择合适的量程范围，测直流电压置于 DCV 量程、交流电压置于 ACV 量程、直流电流置于 DCA 量程、交流电流置于 ACA 量程、电阻置于 Ω 量程。

- 满量程时，仪表仅在最高位显示数字“1”或“-1”，其他位均消失，这时应选择更高的量程。
- 测量电压时，应将数字与被测电路并联。测电流时应与被测电路串联，测直流量时不必考虑正、负极性。
- 测量未知电压、电流时，应将功能转换开关先置于高量程挡，然后再逐步调低，直到合适的挡位。
- 当误用交流电压挡去测量直流电压，或者误用直流电压挡去测量交流电压时，显示屏将显示“000”，或低位上的数字出现跳动。
- 禁止在测量高电压（220 V 以上）或大电流（0.5 A 以上）时换量程，以防止产生电弧，烧毁开关触点。
- 测量 10 Ω 以下的小电阻时，必须先短接两表笔测出表笔及连线的电阻，然后在测量中减去这一数值，否则误差较大。

③ 与模拟表不同，数字万用表红表笔接内电池的正极，黑表笔接内电池的负极。测量二极管时，将功能开关置于二极管测试挡“—▷|—”，这时的显示值为二极管的正向压降，单位为 V。若二极管接反，则显示为“1.”。

④ 测量晶体管的 h_{FE} 时，由于工作电压仅为 2.8 V，测量的只是一个近似值。

⑤ 当显示电池符号、BATT 或 LOW BAT 时，表示电池电压低于工作电压。

⑥ 测量完毕，应将量程开关拨到最高交流电压挡，并关闭电源；若长期不用，则应取出电池，以免漏电。

2. 直流稳压电源

实验室所用 DF1731SC2A 型直流稳压源为 3 路直流稳压电源，其中两路可调电压输出，输出连续可调的 0 ～ 30 V 电压，输出电流最大值为 2 A；一路固定电压输出（5 V FIXED 3 A），具体实物图如图 3.61 所示。

（1）DF1731SC2A 型直流稳压源如图 3.61 所示。面板大体可分为左右两部分：右半部分为主路输出调节区，左半部分为从路输出调节区。指针式表头从右至左依次显示主路输出电压值、电流值、从路输出电压值、电流值。

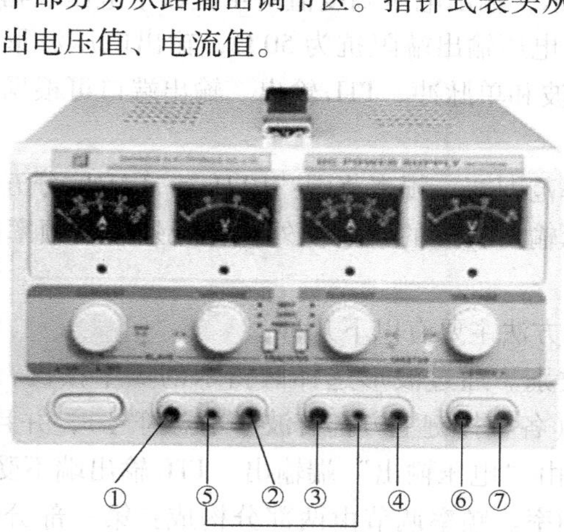

图 3.61 DF1731SC2A 型直流稳压源

①——从路输出直流负接线柱，输出从路电压的负极，接负载负端。

②——从路输出直流正接线柱，输出从路电压的正极，接负载正端。

③——主路输出直流负接线柱，输出主路电压的负极，接负载负端。

④——主路输出直流正接线柱，输出主路电压的正极，接负载正端。

⑤——机壳接地端。

⑥——固定 5 V 直流电源输出负接线柱，输出电压负极，接负载负端。

⑦——固定 5 V 直流电源输出正接线柱，输出电压正极，接负载正端。

（2）DF1731SC2A 型直流稳压源的使用方法。基于两个不同值的电压源不能并联，两个不同值的电流源不能串联的原则，在电路设计上将两路 0 ～ 30 V 直流稳压电源在独立工作时电压、电流独立可调，并分别由两个电压表和两个电流表指示。在用作串联或并联时，两路电源分为主路电源（MASTER）和从路电源（SLAVE）。具体使用方法如下：

① 两路可调电源用作稳压源。将稳流调节旋钮顺时针调节到最大，然后打开电源开关，并调节电压调节旋钮，使从路和主路输出直流电压至所需要的电压值，此时稳压状态指示灯（C. V）发光。

② 两路可调电源用作稳流源。在打开电源开关后，先将稳压调节旋钮顺时针调节到最大，同时，将稳流调节旋钮逆时针调节到最小，然后接上所需负载，再顺时针调节稳流调节旋钮，使输出电流至所需要的稳定电流值。此时，稳压状态指示灯（C. V）熄灭，稳流状态指示灯（C. C）发光。

3. 低频信号发生器

（1）低频信号发生器概述。实验室所用 DF1027A 型信号发生器，为低失真信号发生器，相对于高频信号发生器而言，又被称为低频信号发生器。DF1027A 型信号发生器输出电压最大可达 $20U_{p-p}$，通过输出衰减开关和输出调节旋钮，可使输出电压在毫伏级到伏级范围内连续调节。该仪器的输出信号频率可以通过频率分档开关进行调节。

（2）DF1027A 型低频信号发生器的主要特点如下：

① 由信号发生和数字频率计两部分组成，可同时显示输出信号的有效值和频率大小。

频率值由6位数字频计指示，输出电压幅度值由4位数字电压表指示。

② 只具有电压输出，电压输出端阻抗为50 Ω，输出电压波形具有80 dB衰减器，除正弦波外，还有脉冲波、方波和单脉冲、TTL输出。输出端口可根据模拟电路和数字电路的实验要求选择相应端口。

③ 信号发生器的频率范围宽，频率范围：10 Hz ～ 1 MHz分五挡。

④ 数字频率计除指示输出波形的频率值外，还能外接测频率使用，频率计测频范围为1 Hz ～ 10 MHz。

（3）信号发生器使用方法主要有以下几种：

① 选择输出波形的类别。通过波形选择区指示的3个按键，可分别用来选择正弦波、方波和脉冲波输出波形。（各个按键上方都有波形示意符号），并且“按下”才有效。

注意：输出波形必须由“电压输出”端输出。TTL输出端不受波形选择的影响。

② 改变输出波形的频率。频率调节由两部分构成：第一部分是频率倍乘按钮，第二部分是频率调节和频率微调旋钮。首先根据所选频率大小在频率倍乘区确定相应的按钮，按下所在范围按钮后，分别调节频率显示屏下方的频率调节和频率微调旋钮，使显示屏显示所需要的频率。

注意：一般先调节频率调节旋钮进行频率的粗调，等显示值接近所要频率时，再调节频率微调旋钮进行细调。

③ 改变输出波形的幅度。打开电源开关后，调节波形选择按钮下方的幅度调节旋钮，根据需要使幅度显示值为1 ～ 10 V，按下波形选择按钮中的正弦波按钮，再根据所需信号的大小选择衰减倍数。衰减倍数是按照分贝值（dB）来表示的，有0、20、40、60、80共五个衰减挡位。一般直接由显示值除以衰减的倍数就可得到输出端的输出电压大小，也可用毫伏表进行校准。

④ 改变输出波形的直流偏移量。波形选择区下方的垂直偏置按钮具有两个功能：在不拉出的状态下，输出波形的直流电位为零；拉出此旋钮，同时调节旋钮可设定任何波形的直流工作点，顺时针方向为正，逆时针方向为负，输出波形的直流偏移量0 ～ ±10 V。

⑤ 输出TTL波形。TTL输出端口专门为晶体管逻辑电路（TTL）设置，输出脉宽可调。

⑥ 测量外部输入信号频率。将外部测试信号接入“计数”区的输入端口，同时使“外侧”键有效，即将内部信号断开，用于测量外部信号频率。如果让“－20 dB”键有效，则使信号衰减10倍。最大输入电压为150 V（AC）（带衰减器）。

注意：在被用作信号发生器时，应该使“计数”区的“内侧”键有效。

4. XJ4328型双踪示波器简介

XJ4328型双踪示波器是一种便携式的通用宽频带脉冲示波器，该示波器的频带宽度为DC：0 ～ 15 MHz；AC：10 Hz ～ 15 MHz。图3.62所示为XJ4328型双踪示波器面板。

该仪器能观察和测量两种不同的电信号的瞬间过程，不仅能在屏幕上显示两种不同的电信号，以便于进行对比、分析、研究，而且还能够显示信号迭加后的波形。该示波器可以任意选择某通道进行独立工作，进行单踪显示。

（1）荧光屏。荧光屏的水平方向表示时间，垂直方向表示电压，垂直方向标有0%、

10%、90% 和 100% 的标志，根据被测信号在屏幕上占的格数再乘以比例常数，就可以算出具体电压值与时间值。

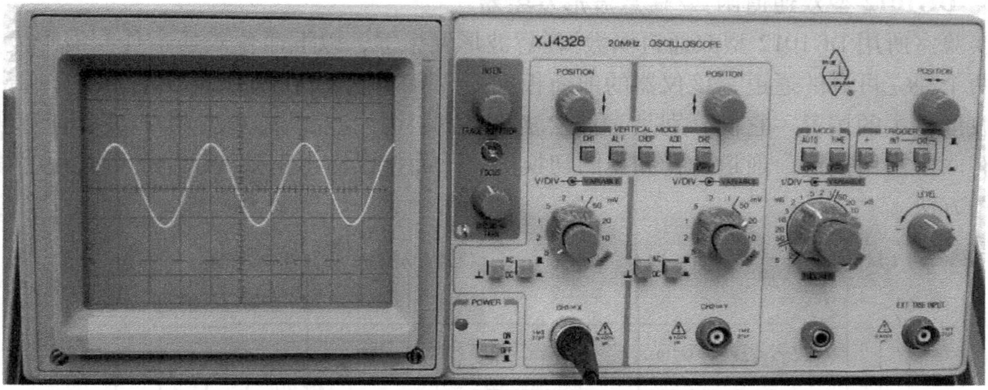

图 3.62　XJ4328 型双踪示波器面板

（2）荧光屏控制旋钮。灰度旋钮（INTEN）：旋转此旋钮可改变光点和扫描线的亮度，观察低频信号时可将亮度调暗些；观察高频信号时可将亮度调亮些，以能够清晰观察为度，一般不宜太亮以免减短荧光屏的寿命。

（3）垂直控制输入通道选择开关。输入通道选择开关有 CH1、ALT、CHOP、CH2、ADD 五种方式。

（4）垂直控制旋钮：

垂直偏转旋钮和微调旋钮（V/DIV）各有 3 种方式选择，当选择"⊥"时，放大器输入接地，屏幕上只显示水平扫描线。在对示波器进行校准时，要将水平扫描线调到与水平线重合，以确定零电平位置。AC 为交流耦合方式，输入信号去除直流分量，显示的波形在垂直方向上下对称，用于观测交流和含有直流成分的交流信号。DC 为直流耦合方式，输入信号含所有直流成分，显示的波形在垂直方向有偏移量，用于测定信号直流绝对值和观测极低频率的信号。在数字电路中一般选择 DC，以便观测信号的绝对电压值。

（5）水平控制旋钮。时基选择和微调旋钮（t/DIV），用来选择扫描速度；中间旋钮为可变不校准微调，用于调节连续可变不校准时基速率，顺时针到底为校准位置（CAL）。中间拉出（PULL ×10）：扩大扫速 10 倍，最快速度可扩展到每度 20 ns。

（6）触发控制模式开关（MODE、TRIGGER）。触发控制模式开关有 AUTO 和 NORM、TIME 和 X－Y、＋和－、INT 和 EXT 五个开关按键，触发源选择开关的作用是选择触发源，确定触发信号由何处供给，通常有 3 种触发源：内触发（INT）、电源触发（LINE）和外触发（EXT）。

正确选择触发信号，对波形显示的稳定性和清晰度有很大的关系。在数字电路的测量中，对于一个简单的周期信号来说，选择内触发较好。而对一个具有复杂周期的信号，且存在一个与它有周期关系的信号时，选用外触发会更好。

（7）其他。触发电平调节旋钮 LEVEL：触发电平调节又称同步调节，它使得扫描与被测信号同步，顺时针旋足为锁定（LOCK）位置。拉出为 TV 耦合方式（PULL TV），用于电视维修的电视信号同步触发。EXT TRIG INPUT 为外部触发源输入端，提供连接外信号到触发电路。“⊥”为示波器接地端，提供仪器底板接地与外界的连接。

5. DG1012 型双通道函数/任意波形发生器

实验室所用 DG1012 型双通道函数/任意波形发生器，以下简称双通道任意波形发生器，具有两个独立可调的通道，该仪器的前面板如图 3.63 所示。在操作面板左侧下方有一系列带有波形显示的按键，它们分别是：正弦波、方波、锯齿波、脉冲波、噪声波、任意波，此外还有两个常用按键，通道选择和视图切换键。下面仅以输出正弦波示例的形式说明该仪器的使用方法。

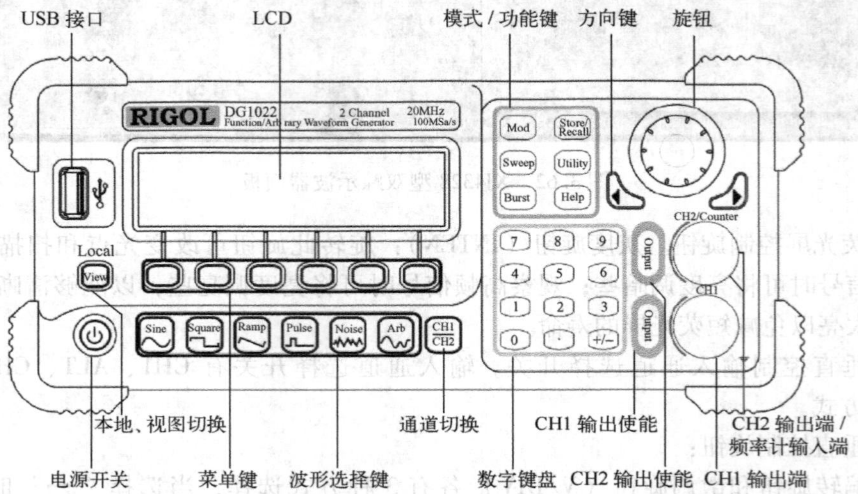

图 3.63 DG1012 型双通道函数/任意波形发生器前面板

输出一个频率为 20 kHz，幅值为 2.5VPP，偏移量为 500 mV DC，初始相位为 10°的正弦波形。首先进行设置，设置过程分为以下 4 个步骤：

（1）设置频率值：

① 按 Sine→按“频率/周期”软键切换，软键菜单“频率”反色显示。

② 使用数字键盘输入 20，选择单位 kHz，设置频率为 20 kHz。

（2）设置幅度值：

① 按液晶屏显示对应“幅值/高电平”软键切换，软键菜单“幅值”反色显示。

② 使用数字键盘输入 2.5，选择单位 VPP，设置幅值为 2.5 VPP。

（3）设置偏移量：

① 按液晶屏显示对应“偏移/低电平”软键切换，软键菜单“偏移”反色显示。

② 使用数字键盘输入 500，选择单位 mV DC，设置偏移量为 500 mV DC。

（4）设置相位：

① 按液晶屏显示对应“相位”软键使其反色显示。

② 使用数字键盘输入“10”，选择单位“°”，设置初始相位为 10°。

上述设置完成后，按 View 键切换为图形显示模式，信号发生器输出如图 3.64 所示正弦波。

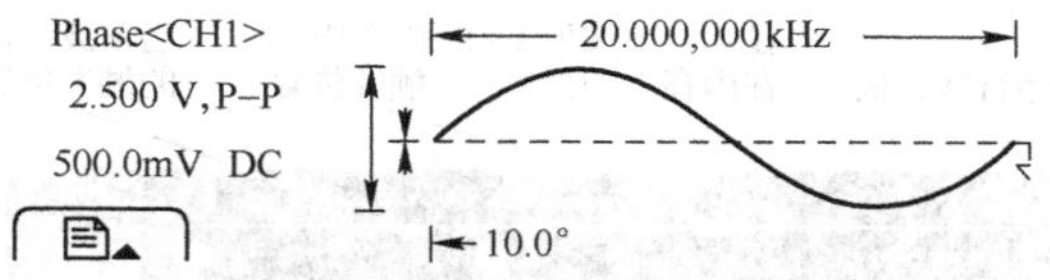

图 3. 64　输出正弦波形

注意：操作菜单中的“同相位”专用于使能双通道输出时相位同步，单通道波形无须配置此项。波形输出幅度设置中的 dBm 单位选项只有在输出阻抗设置为 50 W 时才会出现。

设置输出频率/周期时，应注意以下两点：

① 当使用数字键盘输入数值时，使用方向键的左键退位，删除前一位的输入，修改输入的数值。

② 当使用旋钮输入数值时，使用方向键选择需要修改的位数，使其反色显示，然后转动旋钮，修改此位数字，获得所需要的数值。

6. DS1102C 型数字示波器

（1）数字示波器简介。相比模拟式示波器，数字示波器一般支持多级菜单，能提供给用户多种选择，具有记忆存储、显示、测量、波形触发、波形数据分析处理等优点，在电子测量领域使用得日益广泛。

数字示波器根据采样方式不同，又可分为实时采样、随机采样和顺序采样 3 种类型。数字示波器与模拟示波器之间存在着较大的性能差异，前者操作较复杂，如果使用不当，会产生较大的测量误差，从而影响测试任务。

（2）DS1102C 型数字示波器简介：

① 操作面板。DS1102C 型数字示波器的操作面板如图 3. 65 所示。图 3. 66 和图 3. 67 分别为模拟通道打开时、模拟通道和数字通道同时打开时的显示界面。

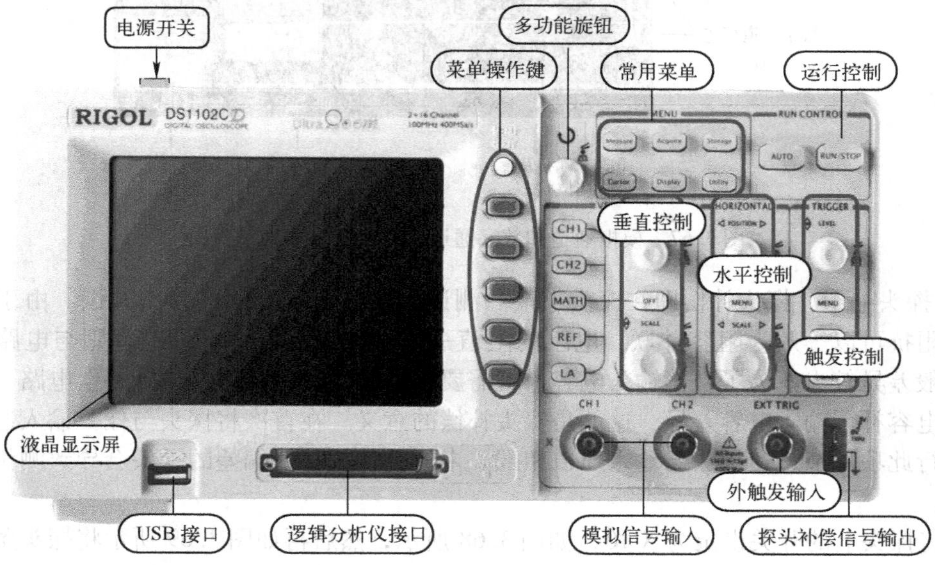

图 3. 65　DS1102C 型数字示波器的操作面板

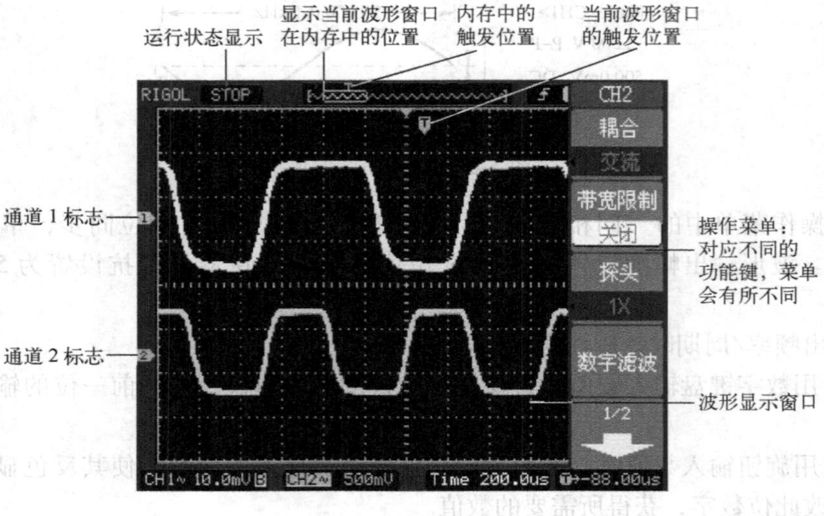

图 3.66　仅模拟通道打开时的显示界面

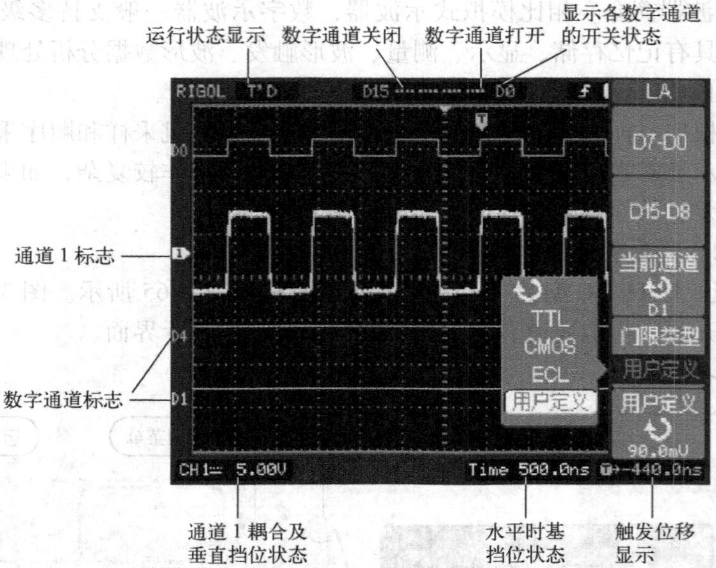

图 3.67　模拟通道和数字通道同时打开时的显示界面

② 探头补偿。探头补偿即在探头末端和测试仪器输入端之间的频率补偿。由于示波器的输入阻抗可以等效为阻容并联，电阻的阻值一般偏差不大，而寄生电容则与电路设计有关，一般差异较大。为了补偿输入电容，就需要在探头的衰减挡位上设计补偿电路，通过调节可调电容补偿输入电容差异，这就是探头补偿的意义。在首次将探头与任一输入通道连接时，进行此项调节，使探头与输入通道相配。未经补偿或补偿偏差的探头会导致测量误差或错误。

- 将探头上的开关设定为 X 10，如图 3.68 所示，然后再如图 3.69 所示将探头菜单衰减系数设定为 10X，并将示波器探头与通道 1 连接。若使用探头钩形头，应确保与探头接触紧密。将探头端部与探头补偿器的信号输出连接器相连，基准导线夹与探头补偿器的地线连接器相连，打开通道 1，然后按 AUTO。

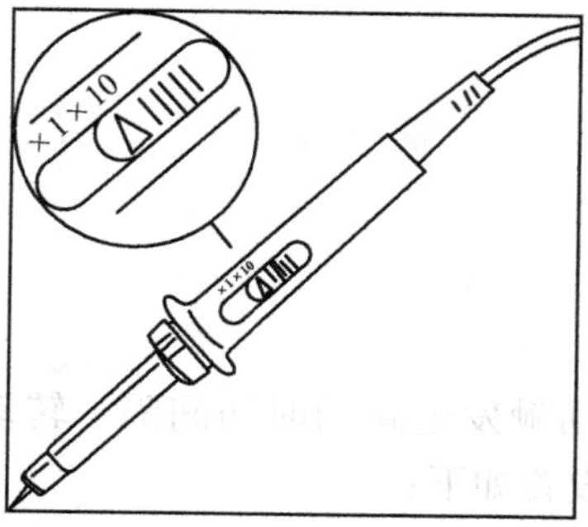

图 3.68 探头开关设定

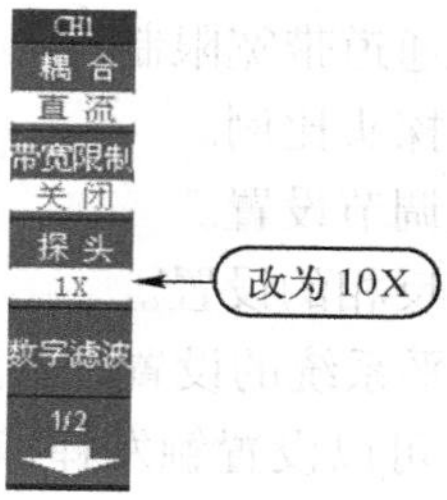

图 3.69 探头菜单设置

● 参照图 3.70，检查所显示的波形形状。

注意：如果有必要，用非金属质地的螺丝刀调整探头上的可调电容器，直到屏幕显示的波形如图 3.70（b）“补偿正确”。

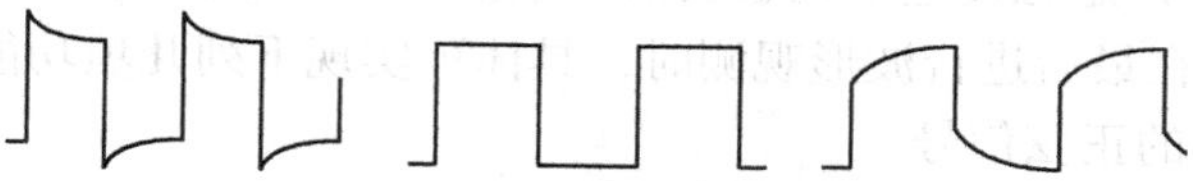

（a）补偿过度　（b）补偿正确　（c）补偿不足

图 3.70 探头补偿波形情形

（3）功能检查。数字示波器在接入输入信号前，需要做一次快速功能检查，以核实本仪器运行是否正常。操作步骤如下：

① 接通电源，仪器执行所有自检项目，并确认通过自检。

② 按 STORAGE 按钮，用菜单操作键从顶部菜单框中选择存储类型，然后调出出厂设置菜单框。

③ 接入信号到通道 1（CH1），将输入探头和接地夹接到探头补偿器的连接器上，按 AUTO（自动设置）按钮，几秒钟内，可见到方波显示（1 kHz，约 3 V 的峰峰值）。

④ 示波器设置探头衰减系数，此衰减系数改变仪器的垂直挡位比例，从而使得测量结果正确反映被测信号的电平（默认的探头菜单系数设定值为 10X）。设置方法如下：

按 CH1 功能键显示通道 1 的操作菜单，应用与“探头”项目平行的 3 号菜单操作键，选择与使用的探头同比例的衰减系数。

⑤ 以同样的方法检查通道 2（CH2）。按 OFF 功能按钮以关闭 CH1，按 CH2 功能按钮以打开通道 2，重复步骤③和④。

（4）波形显示的自动设置。DS1102C 型数字示波器具有自动设置的功能。根据输入的信号，可自动调整电压倍率、时基，以及触发方式至最好形态显示。应用自动设置要求被测信号的频率大于或等于 50 Hz，占空比大于 1%。操作步骤如下：

① 将被测信号（自身校正信号）连接到信号输入通道。

② 按下 AUTO 按钮，示波器将自动设置垂直、水平和触发控制。若需要，可手工调整这些控制使波形显示达到最佳。

（5）垂直系统的设置。该部分的旋钮操作与模拟式示波器相似，具体步骤如下：

① 初步了解垂直系统。

② CH1、CH2 通道设置。

③ 设置通道带宽限制。

④ 调节探头比例。

⑤ 挡位调节设置。

⑥ 波形反相的设置。

（6）水平系统的设置。触发释抑是指重新启动触发电路的时间间隔。转动水平 POSITION 旋钮，可以设置触发释抑时间。触发系统的设置如下：

① 在 CH1 接入校正信号。

② 使用 LEVEL 旋钮改变触发电平设置。

③ 使用 MENU 跳出触发操作菜单，改变触发的设置。

④ 按 FORCE 按钮，强制产生一触发信号，主要应用于触发方式中的“普通”和“单次模式”。

⑤ 按 50% 按钮，设定触发电平在触发信号幅值的垂直中点。

（7）波形观测。在最后进行波形观测时，具体可实现下列几项功能：

① 观察幅度较小的正弦信号。

② 自动测量信号的电压参数。

③ 自动测量信号的时间参数。

④ 参数的全部测量。

⑤ 观察两个不同频率的信号。

⑥ 用光标手动测量信号的电压参数。

⑦ 用光标手动测量信号的时间参数。

⑧ 用光标追踪测量信号的参数。

7. 失真度仪

DF4121A 型失真度仪面板如图 3.71 所示。面板功能如下：

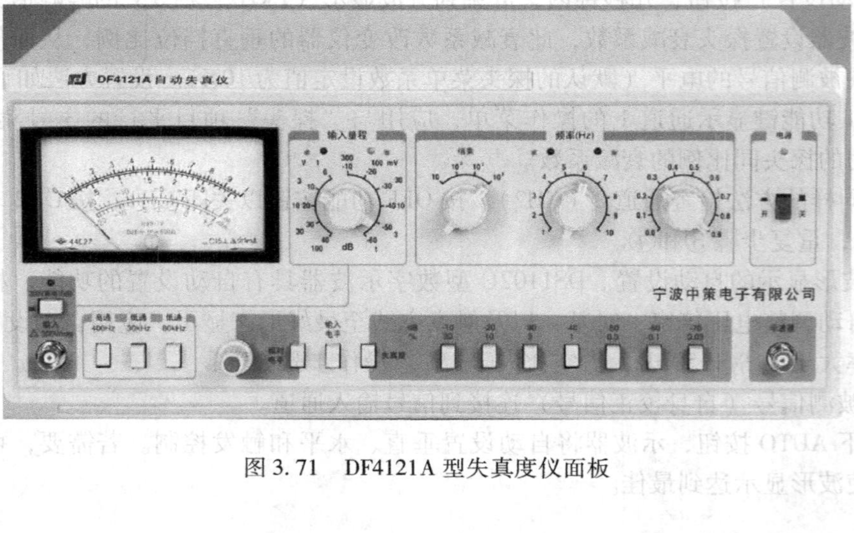

图 3.71　DF4121A 型失真度仪面板

实验室所用 DF4121A 型失真度仪是一款自动失真仪，除了测量波形失真度外，它还可以被用作普通电压表测量电压或电平。该仪器由输入电路、自动电平调整系统、桥 T 型基波抑制器、频率自动调谐系统、放大器、滤波器、表头电路、电平判别电路、稳压电源等九个部分组成。该仪器主要技术指标如下：

（1）失真度测量：

① 测量范围：0.01% ～ 30% 。

② 测量频率：10 Hz ～ 109 kHz。

③ 测量误差：7% （满刻度）。

④ 失真度最小可测电压：100 mV。

（2）电平测量：

① 测量范围：300 mV ～ 300 V。

② 测量频率：5 Hz ～ 300 kHz。

③ 测量误差：5% （满刻度）。

（3）S/N 测量：大于 120 dB。

（4）滤波器频率：400 Hz、30 kHz、80 kHz。

8. 扫频仪

国产的扫频仪，按照频率范围的不同可以分为超低频扫频仪（如 BT6A，10 ～ 479.7 hz）；低频扫频仪（如 BT4A，20 hz ～ 2 MHz）；高频扫频仪（如 BT5，0.2 ～ 30 MHz）；超高频扫频仪（如 BT3，1 ～ 300 MHz；BT20，300 ～ 1 000 MHz；BT32，450 ～ 910 MHz）和微波扫频仪（如 XS2 型，3.7 ～ 11.4 GHz）等。实验室所用扫频仪为 BT3C－B 型。BT3C－B 型扫频仪前面板如图 3.72 所示。

面板中各旋钮功能如下：

① 电源、辉度旋钮：该控制装置是一只带开关的电位器，兼电源开关的辉度旋钮两种作用。顺时针旋动此旋钮，即可接通电源，继续顺时针旋动，荧光屏上显示的光点或图形亮度增加。使用时亮度宜适中。

② 聚焦旋钮：调节屏幕上光点细小圆亮或亮线清晰明亮，以保证显示波形的清晰度。

③ 坐标亮度旋钮：在屏幕的 4 个角上，装有 4 个带颜色的指示灯泡，使屏幕的坐标尺度线显示明了。旋钮从中间位置向顺时针方向旋动时，荧光屏上两个对角位置的黄灯亮，屏幕上出现黄色的坐标线；从中间位置逆时针方向旋动时，另两个对角位置的红灯亮，显示出红色的坐标线。黄色坐标线便于观察，红色坐标利于摄影。

④ y 轴位置旋钮：调节荧光屏上光点或图形在垂直方向上的位置。

⑤ y 轴衰减开关：有 1、10、100 三个衰减挡级。根据输入电压的大小选择适当的衰减挡级。

⑥ y 轴增益旋钮：调节显示在荧光屏上图形垂直方向幅度的大小。

⑦ 影像极性开关：用来改变屏幕上所显示的曲线波形正负极性。当开关在“＋”位置时，波形曲线向上方向变化（正极性波形）；当开关在“－”位置时，波形曲线向下方向变化（负极性波形）。当曲线波形需要正负方向同时显示时，只能将开关在“＋”和“－”

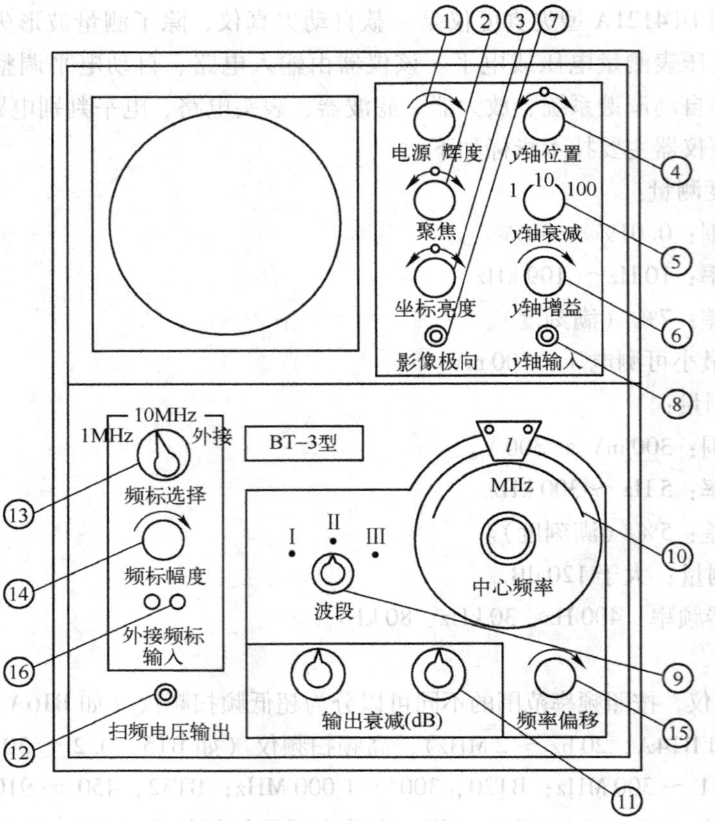

图 3.72　BT3C－B 型扫频仪前面板

位置往复变动，才能观察曲线波形的全貌。

⑧ y 轴输入插座：由被测电路的输出端用电缆探头引接此插座，使输入信号经垂直放大器，便可显示出该信号的曲线波形。

⑨ 波段开关：输出的扫频信号按中心频率划分为 3 个波段（第 I 波段 1 ～ 75 MHz、第 II 波段 75 ～ 150 MHz、第 III 波段 150 ～ 300 MHz）可以根据测试需要来选择波段。

⑩ 中心频率度盘：能连续地改变中心频率。度盘上所标定的中心频率不是十分准确的，一般是采用边调节度盘，边看频标移动的数值来确定中心频率位置。

⑪ 输出衰减（dB）开关：根据测试的需要，选择扫频信号的输出幅度大小。按开关的衰减量来划分，可分粗调、细调两种。粗调：0 dB、10 dB、20 dB、30 dB、40 dB、50 dB、60 dB，细调：0 dB、2 dB、3 dB、4 dB、6 dB、8 dB、10 dB。粗调和细调衰减的总衰减量为 70dB。

⑫ 扫频电压输出插座：扫频信号由此插座输出，可用 75Ω 匹配电缆探头或开路电缆来连接，引送到被测电路的输入端，以便进行测试。

⑬ 频标选择开关：有 1 MHz、10 MHz 和外接 3 挡。当开关置于 1 MHz 档时，扫描线上显示 1 MHz 的菱形频标；置于 10 MHz 档时，扫描线上显示 10 MHz 的菱形频标；置于外接时，扫描线上显示外接信号频率的频标。

⑭ 频标幅度旋钮：调节频标幅度大小。一般幅度不宜太大，以观察清楚为准。

⑮ 频率偏移旋钮：调节扫频信号的频率偏移宽度。在测试时可以调整适合被测电路的通频带宽度所需的频偏，顺时针方向旋动时，频偏增宽，最大可达 ±7.5 MHz 以上，反之则频偏变窄，最小在 ±0.5 MHz 以下。

⑯ 外接频标输入接线柱：当频标选择开关置于外接频标挡时，外来的标准信号发生器的信号由此接线柱引入，这时在扫描线上显示外频标信号的标记。

实 战 篇

现在可以进行一些电子产品整机的装配和调试，根据所学内容进行操作，一台台功能各异的电子产品将会产生。

☑ 知识目标

（1）理解5.5英寸黑白电视机的框图原理。

（2）理解微型贴片收音机的框图原理。

（3）了解电子产品的装配工艺流程。

（4）熟练掌握手工焊接THT、SMT元器件的技能。

（5）熟练掌握整机组装、调试、检测与维修的技巧。

☑ 技能目标

（1）正确完成5.5英寸黑白电视机的组装、调试与故障检修。

（2）正确完成微型贴片收音机的组装、调试与故障检修。

项目四 FM 微型贴片收音机

☑ 项目描述

本项目之所以选择 FM 微型贴片收音机作为训练载体，不仅仅因为它是一个完整成熟的电子产品，更因为它是全部采用贴片元器件的一款电子产品。在电子工艺实训室内，不仅可以进行手工装配，还可以对其进行自动焊接——再流焊。通过 FM 微型收音机的安装与调试实训，了解 FM 微型收音机的特点，熟悉装配 FM 微型收音机的基本工艺过程，掌握基本的装配技艺，学习整机的装配工艺，培养动手能力及严谨的工作作风。

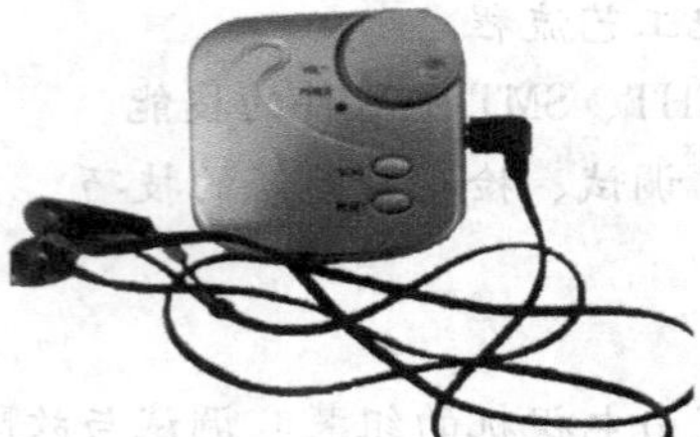

☑ 项目目标

(1) 了解 FM 微型收音机的工作原理。
(2) 熟悉 FM 微型收音机装配技术的基本工艺过程。

☑ 项目训练器材

常用电子焊接工具等，FM 微型贴片收音机套件（散件）1 套，万用表 1 只。

☑ 项目内容及实施步骤

按照收音机的电原理图、元器件装配套、元器件明细表等工艺文件装配焊接一个完整的超外差收音机。

按照简单检验要求将焊接、装配完毕的万用表进行简单的检验，如有问题即检查改正。

(1) 技术准备。
(2) 安装前检查。
(3) 贴片及焊接。
(4) 安装 THT 元器件。
(5) 调试，对应表 4.1。

表 4.1　电压电流对应值

工作电压/V	1.8	2	2.5	3	3.2
工作电流/mA	8	11	17	24	28

（6）总装。

（7）检查。

总装完毕，装入电池，插入耳机进行检查。要求：电源开关手感良好；音量正常可调；收听正常；表面无损伤。

最后，根据产品组装调试过程，编制 FM 微型收音机的工艺文件。

☑ 知识链接

知识链接 1　FM 微型贴片收音机工作原理

图 4.1 所示为微型贴片收音机电路原理图，电路的核心是单片收音机集成电路 SC1088。SC1088 采用 SOT16 脚封装，管脚功能如表 4.2 所示。

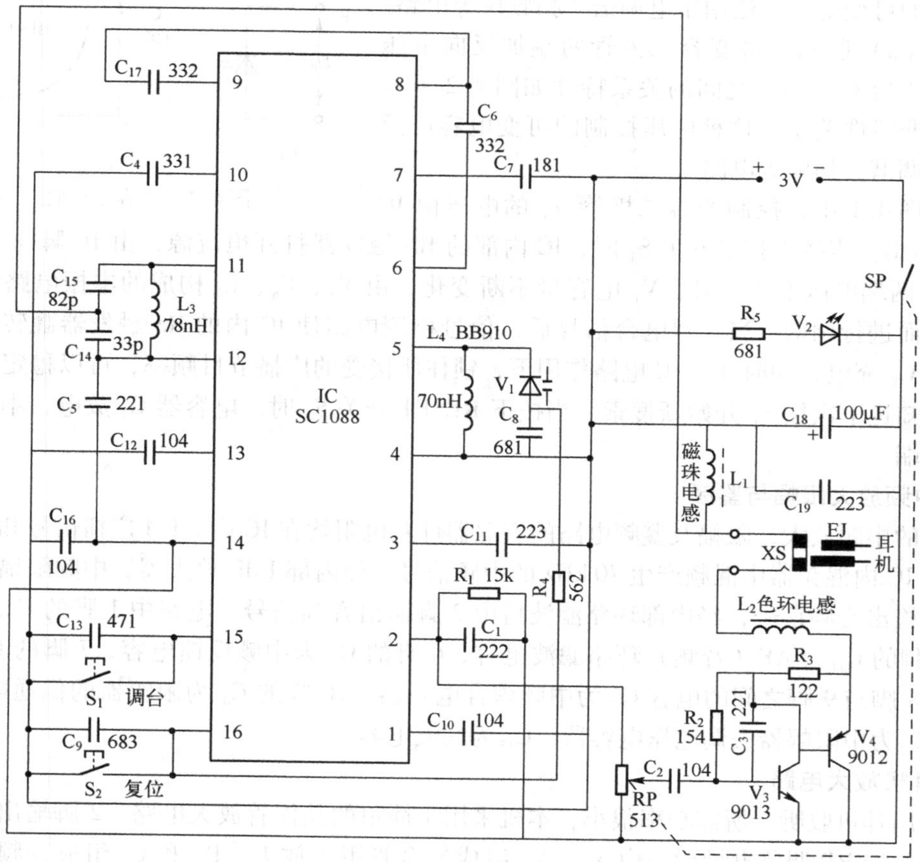

图 4.1　贴片收音机电路原理图

表 4.2 SC1088 引脚功能

引　脚	功　　能	引　脚	功　　能
1	静噪输出	9	IF 输入
2	音频输出	10	IF 限幅放大器的低电容器
3	AF 环路滤波	11	射频信号输入
4	VCC	12	射频信号输入
5	本振调谐电路	13	限幅器失调电压电容
6	IF 反馈	14	接地
7	1 dBF 放大的通低电容器	15	全通滤波电容搜索调谐输入
8	IF 输出	16	电调谐 AFC 输出

FM 信号输入调频信号由耳机线馈入经 C_{14}、C_{15}和 L_3 的输入电路进入 IC 的 11、12 脚混频电路。此处的 FM 信号没有调谐的调频信号，即所有的调频电台信号均可进入。

1. 本振调谐电路

本振调谐电路变容二极管反向电压 U_d，其结电容 C_d 与 U_d 的特性是非线性关系。这种电压控制的可变电容广泛用于电调谐、扫频仪等电路。如图 4.2（a）所示，将变容二极管两端加反向电压 U_d，其结电容 C_d 与 U_d 之间的关系特性如图 4.2（b）所示，是非线性关系。这种电压控制的可变电容广泛应用于电调谐、扫频等电路。

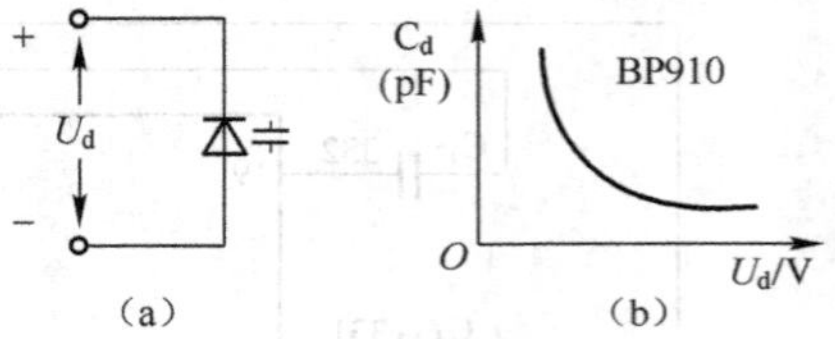

图 4.2　变容二极管

电路图 4.1 中，控制变容二极管 V_1 的电压由 IC 第 16 脚给出。当按下扫描开关 S_1 时，IC 内部的 RS 触发器打开恒流源，由 16 脚向电容 C_9 充电，C_9 两端电压不断上升，V_1 电容量不断变化，由 V_1、C_8、L_4 构成的本振电路的频率不断变化而进行调谐。当收到电台信号后，信号检测电路使 IC 内的 RS 触发器翻转，恒流源停止对 C_9 充电，同时在 AFC 电路作用下，锁住所接受的广播节目频率，可以稳定接受电台广播，知道下次按 S_1 开始新搜索。当按下 RESET 开关 S_2 时，电容器 C_9 放电，本振频率回到最低端。

2. 中频放大限幅与鉴频

电路的中频放大，限幅及鉴频电路的有源器件及电阻均在 IC 内。FM 广播信号和本振电路信号在 IC 内混频器中混频产生 70 kHz 的中频信号，经内部 1 dB 放大器，中频限幅器，送到鉴频器检出音频信号，经内部环路滤波后由 2 脚输出音频信号。电路中 1 脚的 C_{10} 为静噪电容，3 脚的 C_{11} 为 AF（音频）环路滤波电容，6 脚的 C_6 为中频反馈电容，7 脚的 C_7 为低通电容，8 脚与 9 脚之间的电容 C_{17} 为中频耦合电容器，10 脚的 C_4 为限幅器的低通电容器，13 脚的 C_{12} 为中限幅器失调电压电容器，C_{13} 为滤波电容。

3. 耳机放大电路

由于用耳机收听，所需功率很小，本机采用了简单的晶体管放大电路，2 脚输出的音频信号经电位器 RP 调节电量后，由 V_3、V_4 组成复合管甲类放大。R_1 和 C_1 组成音频输出负载，线圈 L_1 和 L_2 为射频与音频隔离线圈。这种电路耗电大小与有无广播信号以及音量大小关系不大，不收听时要关断电源。

知识链接 2　组装工艺要求

1. 印制电路板组装工艺的基本要求

（1）各个工艺环节必须严格实施工艺文件的规定，认真按照工艺指导卡操作。

（2）印制电路板应使用阻燃性材料，以满足安全使用性能要求。

（3）组装流水线各工序的设置要均匀，防止某些工序组装件积压，确保均衡生产。

（4）印制电路板元器件的插装（或贴装）要正确，不能有错装、漏装现象。

（5）焊点应光滑无拉尖、无虚焊、漏焊、连焊等不良现象，使组装的印制电路板的各种功能符合电路的性能指标要求，为整机总装打下良好的基础。

（6）做好印制电路板组装元器件的准备工作。其准备工作如下：

① 元器件引线成形。

② 印制电路板铆孔。

③ 装散热片。

④ 印制电路板贴胶带纸。

2. 印制电路板的手工流水线插装

（1）生产时为了提高装配效率和质量，都采用流水线进行印制电路板组装。

（2）插件流水线作业是把印制电路板组装分解为若干简单工序。

（3）印制电路板的插件流水线分为自由节拍和强制节拍两种形式。

（4）每道工序插装 10 ～ 15 个元器件。

（5）印制电路板上插装元器件有两种方法：按元器件的类型、规格插装元器件和按电路流向分区块插装各种规格的元器件。

3. 元器件插装的技术要求

（1）每个工位的操作人员将已检验合格的元器件按不同品种、规格装入元件盒或纸盒内，并整齐有序放置在工位插件板的前方位置，然后严格按照工位的前上方悬挂的工艺卡片操作。

（2）按电路流向分区块插装各种规格的元器件。

（3）元器件的插装应遵循先小后大、先轻后重、先低后高、先里后外、先一般元器件后特殊元器件的基本原则。

（4）电容器、半导体晶体管、晶振等立式插装组件，应保留适当长的引线。

（5）安装水平插装的元器件时，标记号应向上、方向一致，便于观察。功率小于 1 W 的元器件可贴近印制电路板平面插装，功率较大的元器件应距离印制电路板 2 mm，以利于元器件散热。

（6）为了保证整机用电安全，插件时须注意保持元器件间的最小放电距离，插装的元器件不能有严重歪斜，以防止元器件之间因接触而引起的各种短路和高压放电现象。

（7）插装玻璃壳体的二极管时，最好先将引线绕 1 ～ 2 圈，形成螺旋形以增加留线长度，不宜紧靠根部弯折，以免受力破裂损坏。

（8）插装元器件要戴手套，尤其对易氧化、易生锈的金属元器件，以防止汗渍对元器件的腐蚀作用。

（9）印制电路板插装元器件后，元器件的引线穿过焊盘应保留一定长度，一般应大于 2 mm。为使元器件在焊接过程中不浮起和脱落，同时又便于拆焊，引线弯的角度最好是在

45°～60°之间。

4. 特殊元器件的插装方法及要求

(1) 大功率晶体管、电源变压器、彩色电视机高压包等大型元器件，其插装孔一般要用铜铆钉加固；体积、质量都较大的电解电容器，因其引线强度不够，在插装时，除用铜铆钉加固外，还应用黄色硅树脂胶黏剂将其底部粘在印制电路板上。

(2) 中频变压器、输入输出变压器带有固有插脚，在插装时，将引脚压倒并锡焊固定。较大的电源变压器则采用螺钉固定，并加弹簧垫圈防止螺母、螺钉松动。

(3) 一些开关、电位器等元器件，为了防止助焊剂中的松香浸入元器件内部的触点而影响使用性能，因而在波峰焊前不插装，在插装部位的焊盘上贴胶带纸。波峰焊接后，再撕下胶带纸，插装元器件，进行手工焊接。目前，采用先进的免焊工艺槽，可改变贴胶带纸的烦琐方法。

(4) 插装CMOS集成电路、场效应晶体管时，操作人员须戴防静电腕套。已经插装好这类元器件的印制电路板，应在接地良好的流水线上传递，以防止元器件被静电击穿。

(5) 插装集成块时应弄清引脚排列顺序，并与插孔位置对准，用力要均匀，不要倾斜，以防止引脚折断或偏斜。

(6) 电源变压器、伴音中放集成块、高频头、遥控红外接收器等需要屏蔽的元器件，屏蔽装置应良好接地。

5. SMT 安装方式

(1) 单面混合安装。这种安装方式采用印制电路板和双波峰焊接工艺。

(2) 双面混合安装。这种安装方式采用双面印制电路板、双波峰焊接或再流焊工艺。

(3) 完全表面安装。它分为单面表面安装和双面表面安装2种安装方式。

6. 再流焊（与波峰焊相比）具有的特点

(1) 再流焊元器件受到的热冲击小。

(2) 再流焊仅在需要部位施放焊料。

(3) 再流焊能控制焊料的施放量，避免了桥接等缺陷。

(4) 焊料中一般不会混入不纯物，能正确地保持焊料的组成。

(5) 当SMD的贴放位置有一定偏离时，只要焊料的施放位置正确，就能自动校正偏离，使元器件固定在正在正常位置。

7. 再流焊的加热方法

(1) 红外线加热：目前应用最普遍的再流焊加热方式，采用吸收红外线热辐射加热，升温速度可控，具有较有较好的焊接可靠性；缺点是材料不同，热吸收量不同，因而要求元器件外形不可太大，热敏元件要屏蔽起来。

(2) 热风循环加热：利用普通的热板隧道炉的热板传导加热。其特点是结构简单，投资少，温度曲线可变，但传热不均匀，不适合双面装配及大型基板、大元器件的装配。

(3) 激光加热：这是辐射加热的一种特殊方法，利用激光的热能加热，焊接可局部进行，集光性良好，适用于高精度焊接，但设备昂贵。

(4) 加热工具（热棒）：通过各种形状加热工具的接触，利用热传导进行加热。其特点是加热工具的形状自由变化，可持续加热，对其他元器件的热影响小，热集中性良好，但工具的加压易引起元器件位置偏离，且温度均匀性差。

8. 印制电路板的清洗

（1）为了消除焊接面的各种残留物，必须对印制电路板进行清洗。

（2）正确地选择和使用清洗溶剂，并采用相应的清洗工艺。

（3）由于 SMT 电路板组件与底板之间的间隙小，目前一般采用强力超声和共沸点溶液清洗。

（4）电子清洗及其他清洗行业取得了可喜的成果，尤其是免清洗焊接技术的逐步实施越来越受到人们的重视，成为表面安装技术的重要发展方向，以保证产品符合 ISO 9000 质量体系的要求。免清洗焊接技术有 2 种：一种采用低固体成分的免洗焊剂（或焊膏）；另一种是采用惰性气体保护的免洗焊接设备。

9. 印制电路板的检测

（1）通用安装性能检测。根据通用安装性能的标准规定，安装性能包括可焊性、耐热性、抗挠强度、端子黏合度和可清洗性。

（2）焊点检测。印制电路板焊点检测是非接触式检测，能检测接触式测试探针探测不到的部位。激光红外检测、超声检测、自动视觉检测等技术在 SMT 印制电路板焊点质量检测中得到应用。

（3）在线测试。在线测试是在没有其他元器件的影响下对元器件逐点提供测试（输入）信号，在该元器件的输出端检测其输出信号。

（4）功能测试。功能测试是在模拟操作环境下，将电路板组件上的被测单元作为一个功能体，对其提供输入信号，按照功能体的设计要求检测输出信号。在线测试和功能测试都属于接触式检测技术。

知识链接 3　识读印制电路板装配图

微型贴片收音机印制电路板装配图如图 4. 3 所示，它属于两面分别组装的电路板安装形

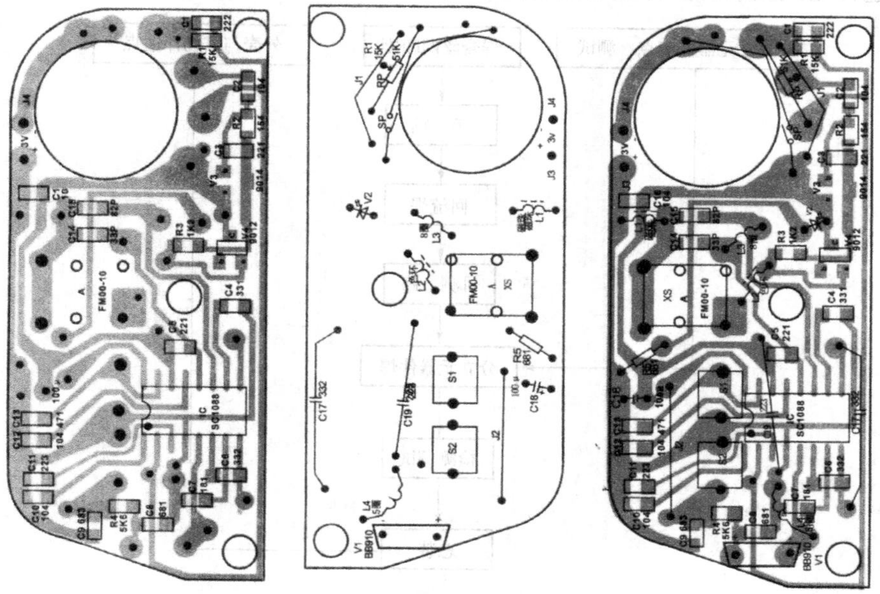

（a）SMT贴片安装图　　（b）THT插件安装图　　（c）SMT、THT综合安装图

图 4. 3　贴片收音机印制电路板图

式，即在元器件面上只装有THT器件，另一面（焊接面）上只贴装SMT元器件。这种组装方式在自动焊接时，除了需要使用贴片胶固定SMT元器件外，其余和传统的THT工艺基本一致，设备普及、工艺成熟，设备投入费用较低。

图4.3（a）为SMT贴片安装图，图（b）为THT插件安装图，图（c）为SMT、THT综合安装图。由于印制电路板的焊接面（即安装SMT元器件面）没有标注元器件的位号，因此在电路板的手工焊接过程中，能够对照印制电路板安装图正确安装各个元器件是非常重要的。手工焊接微型贴片收音机的过程是：（1）对照图4.3（a）焊接贴片元器件。（2）对照图4.3（b）焊接通孔插装元器件；（3）调试；（4）整机组装。

☑ 操作分析

操作分析1　收音机电路板组装

1. 技术准备

（1）了解SMT基本知识：SMC、SMD特点及安装要求；SMB设计及检验；SMT工艺过程；再流焊工艺及设备。（2）了解微型贴片收音机的工作原理。（3）了解微型贴片收音机的结构及安装要求。

2. 安装前的检查

在安装前需进行相应检查工作，具体如下：（1）SMB检查。首先应对照图进行检查，看图形是否完整，有无短，断缺陷；然后检查孔位及尺寸的正确性，最后则是表面涂覆（阻焊层）的检查。（2）外壳及结构件的检查。首先按材料表清查零件品种规格及数量（表贴元器件除外）；然后检查外壳有无缺陷及外观损伤；最后检查耳机是否正常。检查无误后，就可进行正式安装，具体安装流程图如图4.4所示。

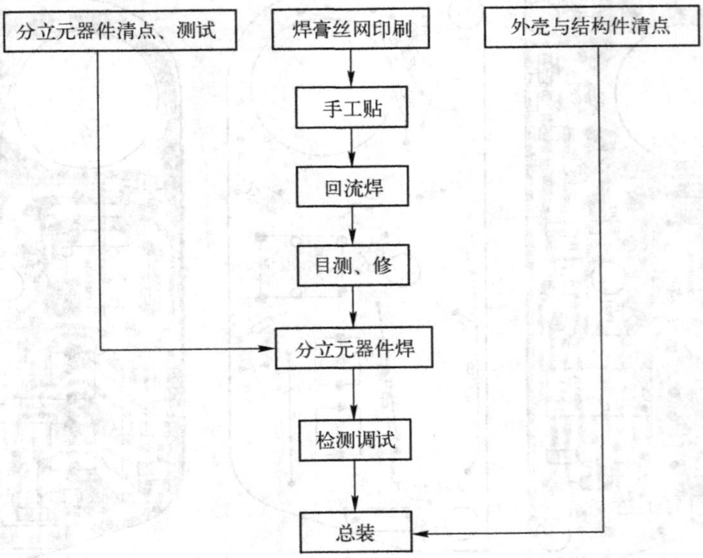

图4.4　FM微型收音机产品装配工艺流程图

操作分析 2 表面组装元件的识别与检测

贴片元器件的优点：体积小，占用 PCB 面积少，元器件之间布线距离短，高频性能好，缩小设备体积，尤其便于便携式手持设备

1. 贴片电阻器

（1）外形：可分为矩形、圆柱形、异形 3 种，常见的是矩形贴片电阻器。

（2）型号：贴片电阻器的型号是以该元件的长、宽命名的，如 0402、0603、0805、1206 等。

（3）极性：贴片电阻器无极性。

（4）特性：体积小，质量小；适应再流焊与波峰焊；电性能稳定，可靠性高；装配成本低，并与自动装贴设备匹配；机械强度高、高频特性优越。

2. 贴片电容器

贴片电容器与插件电容器最大的差别在于，插件电容器可以直接在元件实体的标识知道该元器件的参数，而贴片电容器除了从盘上的标识可以知道它的参数，还需要用万用表或电桥做进一步的测量验证。

（1）特性：通交流、隔直流，通低频、阻高频。

（2）作用：

① 耦合电容器：用在耦合电路中的电容器称为耦合电容器，在阻容耦合放大器和其他电容耦合电路中大量使用这种电容电路，起隔直流、通交流的作用。

② 滤波电容器：用在滤波电路中的电容器称为滤波电容器，在电源滤波和各种滤波器电路中使用这种电容电路，滤波电容器将一定频段内的信号从总信号中去除。

③ 退耦电容器：用在退耦电路中的电容器称为退耦电容器，在多级放大器的直流电压供给电路中使用这种电容电路，退耦电容器可消除每级放大器之间的有害低频交连。

④ 旁路电容器：用在旁路电路中的电容器称为旁路电容器，电路中如果需要从信号中去掉某一频段的信号，可以使用旁路电容电路，根据所去掉信号频率不同，有全频域（所有交流信号）旁路电容电路和高频旁路电容电路。

⑤ 负载电容器：指与石英晶体谐振器一起决定负载谐振频率有效外界电容器。负载电容器常用的标准值有 16 pF、20 pF、30 pF、50 pF 和 100 pF。负载电容器可以根据具体情况做适当的调整，通过调整一般可以将谐振器的工作频率调到标称值。

⑥ 加速电容器：利用电容可使电流超前电压 90°的原理，常应用于采样电路中。

（3）单位：电容的单位为法［拉］（F），常用的电容单位有：毫法（mF）、微法（μF）、纳法（nF）和皮法（pF）（皮法又称微微法）等，换算关系如下：

$$1\ \text{F} = 1\,000\ \text{mF} = 1\,000\,000\ \mu\text{F}$$

$$1\ \mu\text{F} = 1\,000\ \text{nF} = 1\,000\,000\ \text{pF}$$

（4）贴片电容器容值：常用 3 位表示阻值的大小；3 位数字中 2 位是有效数值，第 3 位是有效数值后面 0 的个数。例如：

① 101 表示 10×10 pF（即 100 pF）。

② 102 表示 10×100 pF（即 1 nF）。

③ 103 表示 $10 \times 1\,000$ pF（即 10 nF）。

④ 104 表示 10×10 000 pF（即 100 nF）。

⑤ 105 表示 10×100 000 pF（即 1 μF）。

3. 贴片二极管

（1）特点：体积小、耗电量低、使用寿命长、高亮度、环保、坚固耐用 牢靠、适合量产、反应快，防震、节能、高解析度、耐震、可设计等优点。

（2）二极管的检测。极性的判别：将万用表置于 $R\times100$ 挡或 $R\times1\text{k}$ 挡，两表笔分别接二极管的两个电极，测出一个结果后，对调两表笔，再测出一个结果。第二次测量的结果阻值较大（为反向电阻），第一次测量出的阻值较小（为正向电阻，比第一次测量出的低）。在阻值较小的一次测量中，红表笔（数字万用表）接的是二极管的正极，黑表笔接的是二极管的负极。

（3）贴片发光二极管极性判断。LED 的封装是透明的，透过外壳可以看到里面的接触电极的形状是不一样的，正极是大方块，负极是小圆点。数字万用表有测电路通断的那一项，图标是一个二极管和小喇叭。当万用表红表笔接在 LED 正极，黑表笔接在 LED 负极上时，LED 会被点亮。

4. 贴片电感器

（1）特性：与贴片电容器相反。

（2）作用：电感器在电子电路中起谐振、耦合、延迟、滤波、陷波、扼流、抗干扰等作用。

5. 磁珠

（1）作用：磁珠专用于抑制信号线、电源线上的高频噪声和尖峰干扰，还具有吸收静电脉冲的能力（数字电路中，由于脉冲信号含有频率很高的高次谐波）。磁珠有很高的电阻率和磁导率，等效于电阻器和电感器串联，但电阻值和电感值都随频率变化。

（2）单位：磁珠对高频信号才有较大阻碍作用，一般规格有 100 Ω/100 MHz，它在低频时电阻比电感小得多。以常用于电源滤波的 HH－1H3216－500 为例，其型号各字段含义依次为：

① HH 是其一个系列，主要用于电源滤波，用于信号线是 HB 系列。

② 1 表示一个组件封装了一个磁珠，若为 4 则是并排封装 4 个的。

③ H 表示组成物质，H、C、M 为中频应用（50～200 MHz），T 低频应用（50 MHz），S 高频应用（200 MHz）。

④ 3216 封装尺寸：长 3.2 mm，宽 1.6 mm，即 1206 封装。

⑤ 500 表示阻抗（一般为 100 MHz 时），50 Ω。

注意：磁珠的单位是欧［姆］，而不是亨［利］，这一点要特别注意。因为磁珠的单位是按照它在某一频率产生的阻抗来标称的，阻抗的单位也是欧［姆］。

电感与磁珠的区别：电感储存能量，而磁珠消耗能量。

操作分析 3　贴片元件焊接

1. SMT 焊接质量

（1）SMT 典型焊点。SMT 焊接质量要求同 THT 基本相同，要求焊点的焊料的连接面呈半弓凹面，焊料与焊接交界处平滑，接触面尽可能小，无裂纹、针孔、表面有光泽且光滑。

由于 SMT 元器件尺寸小，安装精度和密度高，焊接要求更高。另外，还有一些特有缺陷，如立片（曼哈顿现象）。

（2）常见 SMT 焊接缺陷。几种常见 SMT 焊接缺陷，采用再流焊工艺时，焊盘设计和焊膏印制对控制焊接质量起关键作用，立片主要是两个焊盘上焊膏不一样多，一边焊膏太少甚至漏印而造成的。

2. 点胶

元件放平，否则脚少元件（比如贴片电阻器）热胀冷缩，会把电阻器的一头拉断，很难发现。要点：

（1）使用贴片红胶固定元件。

（2）把松香调稀固定元件，成本低。

3. 引脚少的元件点焊

需要用比较尖的烙铁头对着每个引脚焊接。先焊一个引脚。

4. 引脚多的元件（比如芯片）**拖焊**

（1）目视将芯片的引脚和焊盘精确对准，目视难分辨时还可以放到放大镜下观察有没有对准。电烙铁上少量焊锡并定位芯片（不用考虑引脚粘连问题），定为两个点即可（注意：不是相邻的两个引脚）。

（2）将脱脂棉团成若干小团，大小比 IC 的体积略小。如果比芯片大，焊接时棉团会碍事。

（3）用毛刷将适量的松香水涂于引脚或电路板上，并将一个酒精棉球放于芯片上，使棉球与芯片的表面充分接触以利于芯片散热。

（4）适当倾斜电路板。在芯片引脚未固定的那边，用电烙铁拉动焊锡球沿芯片的引脚从上到下慢慢滚下，同时用镊子轻轻按酒精棉球，让芯片的核心保持散热；滚到头时将电烙铁提起，不让焊锡球粘到周围的焊盘上。

（5）把电路板清理干净。

（6）放到放大镜下观察有没有虚焊和粘焊的，可以用镊子拨动引脚看有没有松动的。其实熟练此方法后，焊接效果不亚于机器。

拆焊要点：

（1）严格控制加热的温度和时间。

（2）拆焊时不要用力过猛。

（3）吸去拆焊点上的焊料。

5. 使用再流焊机的焊接过程

贴片收音机的再流焊接过程作为演示过程，向学生展示再流焊的过程。再流焊其实就是通过控制再流焊机内温度的变化完成焊接的过程。图 4.5（a）所示为贴片收音机套件，图 4.5（b）、图 4.5（c）是再流焊过程中使用到的手动模版印刷机和再流焊机的图片。首先通过模版印刷的方法使焊锡膏漏印到对应的焊盘上，然后将元器件贴放到对应的焊盘上，进入再流焊机进行焊接。本回流焊机工件盘为抽屉式结构，将已贴装好的电路板置入工件盘，按“焊接”键，工件即自动进入加热炉内，按设定的工艺条件依次完成预热、焊接和冷却后自动从加热炉内退出。整个过程约 3 min。图 4.5（d）为典型的工艺曲线。

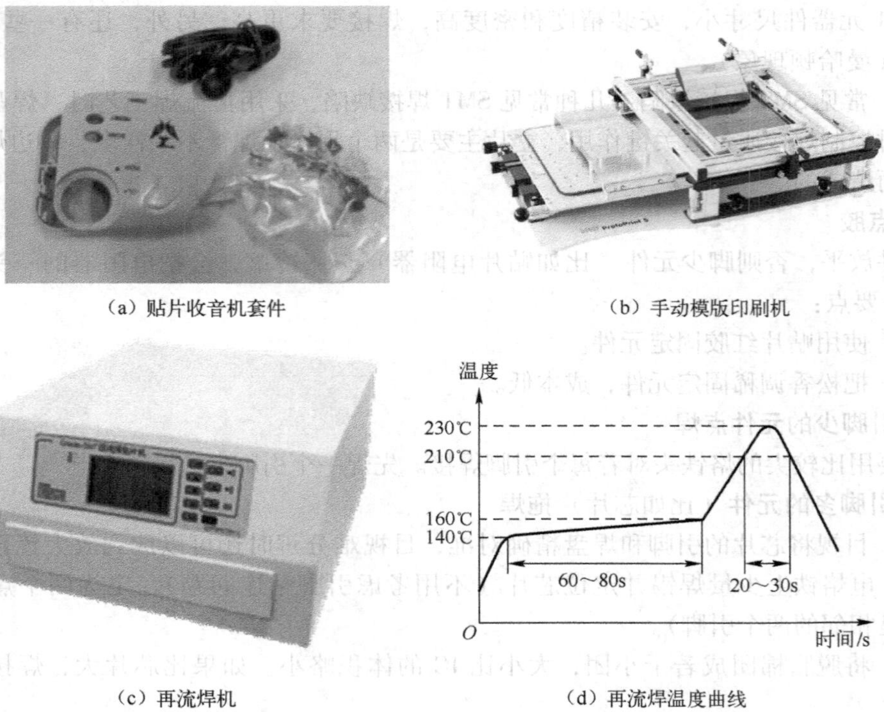

（a）贴片收音机套件　（b）手动模版印刷机

（c）再流焊机　（d）再流焊温度曲线

图 4.5　再流焊机的焊接过程

操作分析 4　贴片元件拆焊

1. 小元件的拆卸

（1）将电路固定，仔细观察欲拆卸的小元件的位置。

（2）将小元件周围的杂质清理干净，加注少许松香水。

（3）调节热风枪温度 270 ℃，风速在 1 ～ 2 挡。

（4）距离小元件 2 ～ 3 cm，对小元件均匀加热。

（5）待小元件周围焊锡熔化后用手指钳将小元件取下。

2. 贴片集成电路的拆卸

（1）将电路板固定，仔细观察欲拆卸集成电路的位置和方位，并做好记录，以便焊接时恢复。

（2）用小刷子将贴片集成电路周围的杂质清理干净，往贴片集成电路周围加注少许松香水。

（3）调好热风枪的温度和风速，温度开关一般至 300 ～ 350 ℃，风速开关调节 2 ～ 3 挡。

（4）使喷头和所拆集成电路保持垂直，并沿集成电路周围引脚慢速旋转，均匀加热，待集成电路的引脚焊锡全部熔化后，用医用针头或手指钳将集成电路掀起或镊走，且不可用力，否则，极易损坏集成电路的锡箔。

安全注意事项：

（1）温度不能超过 300℃。

（2）操作过程中不要拿着电烙铁打闹。

（3）不要甩电烙铁头上的锡，防止伤及他人。

操作分析 5　安装步骤及要求

1. 安装前检查

（1）SMB 检查：图形完整，有无短，断缺陷孔位尺寸，表面涂覆（阻焊层）。

（2）外壳及结构件：按材料单清查零件品种规格及数量（表贴元器件除外）检查外壳有无缺陷及外观划伤。

（3）THT 元件检测：电位器阻值调节特性；LED、线圈、电解电容器、插座、开关的好坏；判断变容二极管的好坏及极性。

2. 贴片及焊接

（1）丝印焊膏，并检查印刷情况。

（2）按工序流程贴片。

顺序：C_1/R_1、C_2/R_2、C_3/V_3、C_4/V_4、C_5/R_3、C_6/SC1088、C_7、C_8/R_4、C_9、C_{10}、C_{11}、C_{12}、C_{13}、C_{14}、C_{15}、C_{16}。

注意：① SMC 和 SMD 不得用手拿；② 用镊子夹持不可夹到引线上；③ IC1088 标记方向；④ 贴片电容表面没有标签，一定要保证准确及时贴到指定位置。

3. 安装 THT 元器件

（1）安装并焊接电位器 RP，注意电位器与印制电路板平齐。

（2）耳机插座 XS。

（3）轻触开关 S_1、S_2，跨接线 J_1、J_2。

（4）变容二极管 V_1（注意，极性方向）。

（5）电感线圈 L_1 ～ L_4，L_1 用磁环电感器，L_2 用色环电感器，L_3 用 8 匝空心线圈，L_4 用 5 匝空心线圈。

（6）电解电容器 C_{18}（100 μF）。

（7）发光二极管 V_2，注意高度。

（8）焊接电源线 J_3、J_4，注意正负极连接线颜色。

操作分析 6　系统调试及总装

1. 系统调试

（1）所有元器件焊接完成后目视检查。

元器件：型号、规格、数量、及安装位置，方向是否与图纸符合。

焊接检查，有无虚、漏、桥接、飞溅等缺陷。

（2）检查无误后将电源线焊到电池上。

（3）插入耳机。

（4）用万用表 200 mA 或 50 mA 挡（指针表）跨接在开关两端，测试值如表 4. 3 所示，电流用指针表注意表笔极性。正常电流应为 7 ～ 30 mA（与电源电压有关）并且 LED 正常点亮。

表 4.3 电压、电流测试值

工作电压/V	1.8	2	2.5	3	3.2
工作电流/mA	8	11	17	24	28

(5) 搜索电台广播。如果电流在正常范围，可按 S_1 搜索电台广播。只要元器件质量好，安装正确，焊接可靠，不用调任何部分即可收到电台广播。

如果收不到广播应仔细检查电路，特别不要检查有无错装、虚焊、漏焊等缺陷。

(6) 调试收频段。我国调频广播的频率范围为 87 ～ 108 MHz，调试时间可找一个当地频率最低的 FM 电台适当改变 L_4 的匝间距，使按过 RESET（S_1）键后第一次按 SCAN（S_2）键可收到这个电台。由于 SC1088 集成度高，如果元器件一致性较好，一般收到低段电台后均可覆盖 FM 频段，故可不用调高端而仅做检查。

(7) 调灵敏度。本机灵敏度由电路及元器件决定，一般不用调整，调好覆盖后可正常收听。

无线电爱好者可在收听频段中间电台时适当调整 L_4 匝距，使灵敏度最高，不过实际效果不明显。

2. 系统总装

(1) 蜡封线圈。调试完成后将适量泡沫塑料填入线圈 L_4（注意不要改变线圈形状及匝距），滴入适量腊使线圈固定。

(2) 固定 SMB、装外壳。

① 将外壳面板平放到桌面上（注意不要划伤面板）。

② 将 2 个按键帽是放入孔内。

注意：SCAN（S2）键帽上有缺口，放键帽时要对准机壳上的凸起，REST 键帽上无缺口。

③ 将 SMB 对准位置放入壳内。

注意：对准 LED 位置，若有偏差可轻轻摆动，偏差过大必须重焊；电源线的焊接以不妨碍装配为准。

④ 装上中间螺钉，注意螺钉入手法。

⑤ 装上后盖，上两遍螺钉。

⑥ 装卡子。

3. 检查

总装完毕，装入电池，插入耳机进行检查，要求电源开关手感良好、音量正常可调、收听正常及表面无损伤。

操作分析 7　故障检测

1. 故障一

故障现象：无电台信号。

故障分析：当收音机收不到电台信号时，首先根据收音机的信号流程，进行分段检查故障点。可以检测 6 ～10 脚有无中频信号。如果检测到 6、7 引脚没有中频信号，那么问题应该是混频与接收电路有故障。

检修流程：收不到电台信号可以采用波形测试法，检修流程如图 4.6 所示。

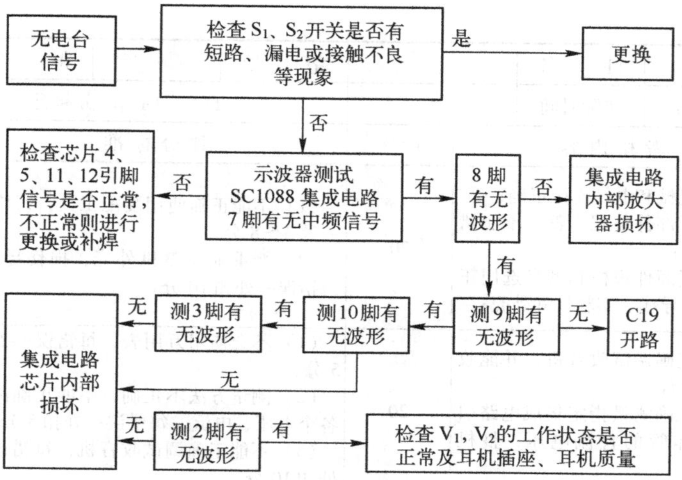

图 4.6　检修流程

2. 故障二

故障现象：收不到低端与高端频段电台。

故障分析：收音机收不到低端与高端频段电台，实际是收音机的频率覆盖不完整，即不能覆盖整个调频广播频率段（87 ～ 108 MHz），与此有关的元器件是变容二极管、L_4与 集成电路。

检修过程：首先应该细心调整匝间距离，一般整个电路如果能覆盖低频段后也能覆盖高频段，然后应该检查变容二极管 V_1 质量与 SC 1088 集成电路的 4 引脚、5 引脚电压是否正常，即可排除故障。

☑ 项目评价

微型贴片收音机组装评价如表 4. 4 所示。

表 4. 4　微型贴片收音机组装评价表

<table>
<tr><td>班　级</td><td></td><td>姓　名</td><td colspan="2"></td><td>学　号</td><td></td><td>得　分</td><td></td></tr>
<tr><td>考核时间</td><td>300 min</td><td>实际时间</td><td colspan="2"></td><td colspan="4">自　时　分起至　时　分</td></tr>
<tr><td>项　目</td><td colspan="3">考 核 内 容</td><td>配分</td><td colspan="3">评 分 标 准</td><td>扣　分</td></tr>
<tr><td>贴片元器件的识别与检测</td><td colspan="3">（1）正确使用常用电子装配工具；
（2）对照清单识别各元器件种类；
（3）插装元器件引脚预成形及导线加工符合要求</td><td>20</td><td colspan="3">（1）常用电子装配工具使用不正确，每错误一处扣 5 分；
（2）元器件引线、导线加工不符合工艺要求，每错误一处扣 1～3 分</td><td></td></tr>
<tr><td>印制电路板的焊接</td><td colspan="3">（1）元器件插装高度尺寸，标志方向符合工艺要求；
（2）贴片元器件无错焊，无漏焊，焊接质量符合要求；
（3）SMD 集成电路无反装、错位，引脚焊点无漏焊、连焊现象；
（4）焊点大小均匀、有光泽、无毛刺、无虚焊、搭焊现象；
（5）印制导线不能断裂，焊盘不能翘起</td><td>30</td><td colspan="3">（1）元器件插装不符合工艺要求，每错误一处扣 1～3 分；
（2）焊点不符合要求，每错误一处扣 2～4 分；
（3）印制导线断裂、焊盘有翘起，每错误一处扣 5 分</td><td></td></tr>
</table>

续表

班　级		姓　名		学　号		得　分	
考核时间	300 min	实际时间		自　时　分起至　时　分			
项　目	考核内容		配分	评分标准		扣　分	
装配	（1）机械和电气连接正确； （2）零部件装配完整，不能错装和缺装； （3）紧固件规格和型号选用正确不损伤导线、塑料件和外壳；		20	（1）不能正确使用装配工具，每错误一处3～8分； （2）严重损伤整机外壳，损伤导线，每错误一处扣10分			
调试	（1）正确调试收音机，并能收听多个电台； （2）正确测量指定集成电路引脚及晶体管的直流电压，整机电流		20	（1）不会使用万用表，每错误一处扣5分； （2）测量方法不正确，不能正确测量各个电压、电流，每错误一处扣5分； （3）不能正确调试收音机，每错误一处扣10分			
安全文明操作	（1）工作台上工具摆放整齐； （2）严格遵守安全文明操作规程		10	违反安全文明操作规程，酌情扣5～10分			
合计			100				
教师签名：							

项目五　5.5 英寸黑白小电视机

☑ 项目描述

本机为5.5英寸黑白小电视机，这类机型体积虽小，但电路组成与大屏幕黑白电视机类似，其具体结构有所差别。本套件就是采用大规模单片黑白电视机集成专用电路（AN5151、KA2915）为主，另配上一些辅助元器件组装而成。由于该芯片把所有小信号处理电路都集成在一起，所以电路具有代表性，外围元件少，调试比较简单。独立动手装配完本套件，可使理论水平和动手能力有所提高。

本机的主要参数：电源变压器输入为交流220 V，输出为交流12 V，外接直流输入电压为12 V，整机电流为0.8～1.2 A，显像管灯丝电压为6.3 V（有效值），阳极高压为6～7 V。天线输入阻抗为75 Ω，视频输入阻抗为75 Ω，图像清晰度大于380线，伴音输出功率大于0.5 W，整机消耗功率为10 W。

☑ 项目目标

（1）掌握黑白电视机的基本原理，分析基本的电路原理图。

（2）掌握电视机电路板焊接，以及组件的组装过程。

（3）学会基本电子元器件的识别，熟悉一些常用电子器件的功能、作用与检测方法。

（4）学会利用电路原理图检查、处理电路故障、调试，当各部分电路正常工作时，将电路板与显像管进行连接，能够接受到清晰的电视节目。

（5）了解工艺文件的编制过程，学会编写实训工艺文件。

☑ 项目训练器材

常用电子焊接工具，5.5英寸黑白小电视机套件（散件）1套，万用表1只。

☑ 项目内容与实施步骤

根据装配图和操作分析进行黑白小电视机的组装；电路板焊接完成，进行整机组装。

整机组装完成后，通电观察无异常则可进行系统调试，调试过程参照下文操作分析。

（1）电源电路的调试：

① 整流电路电压测量。

② 稳压管的稳压值。

③ 电源电压各部分晶体管引脚电压。

（2）信号通道部分的调试：

① 高频调谐器各脚电压。

② 预中放管教电压。

③ KA2915 集成芯片各引脚电压。

（3）伴音通道的调试。

（4）扫描电路的调试：

① 关键点电压。

② 行、场扫描电路部分各引脚电压。

③ 行输出变压器各引脚电压。

（5）显像管及附属电路调试：

① 显像管管座电压。

② 视放管引脚电压。

（6）将在调试过程中产生的故障填入表格 5.1。

表 5.1　故障现象记录表

序　号	故障现象	产生原因	排除方法
1			
2			
3			

最后，根据组装调试过程，编制 5.5 英寸黑白小电视机的工艺文件。

☑ 知识链接

电视接收机简称电视机，是广播电视系统的中端设备，它的主要作用是把电视台发出的高频信号进行放大、解调，并将放大的图像信号加至显像管栅极与阴极之间，使图像在屏幕上重现，将伴音信号放大，推动扬声器放出声音。另外，在同步信号作用下产生与发送端同步的行、场扫描电流，供给显像管偏转线圈，使屏幕重现图像。

知识链接1 黑白电视接收机的组成

1. 黑白电视机信号在电路中的传输

5.5 英尺黑的电视机的电路图参照附录 A，电视信号被天线接收后送到高频调谐头 TDQ4 - D/K 的 1 脚，超高频信号(48 MHz 以上）在这里经过高放、混频后，变成 38 MHz 的中频信号，然后从 9 脚输出送到 VT_1 进行预中放。VT_1 的输出端送到 SF38M。SF38M 成为“声表面波滤波器”，它具有电视机所要求的特殊的频率特性，它只让 38 MHz 的图像中频信号和 31.5 MHz 的伴音中频信号按规矩通过，其他信号则被滤掉或被吸收。经过预中放后，信号进入 AN5151（KA2915）的 1 和 28 脚。AN5151（KA2915）是一块黑白电视机专用的大规模集成电路，黑白电视机中所有的小信号处理电路都集成在这一片电路中，用这种集成电路组成的黑白机通常成为单片机。AN5151（KA2915）芯片外形见图 5.1 所示，其内部框图如图 5.2 所示。

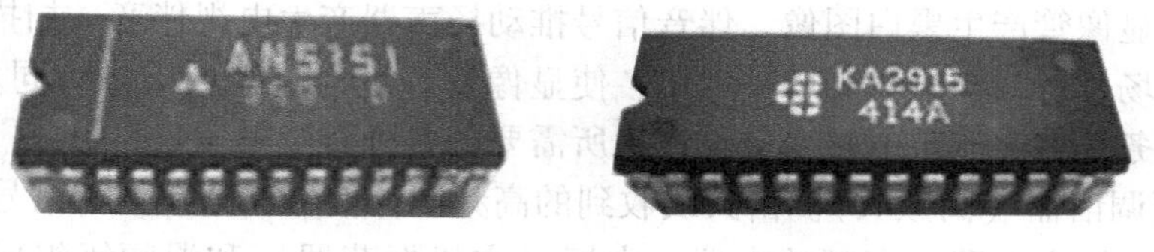

图 5.1 AN5151 芯片外形

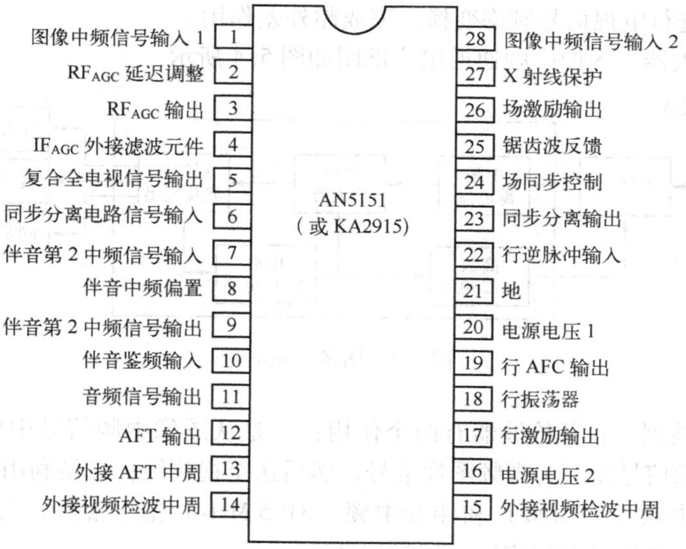

图 5.2 AN5151 芯片内部框图

2. 黑白电视机的组成及各部分的作用

黑白电视接收机主要由信号通道（包括高频头，中放，视放和伴音通道），扫描电路（包括同步分离，场、行扫描电路）和电源三部分组成。图 5.3 所示为黑白电视机的整机框图。

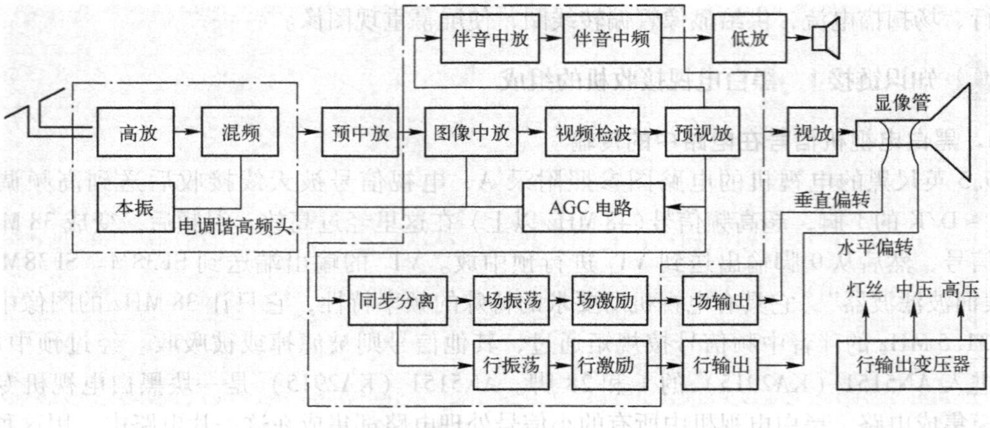

图 5.3 整机框图

信号通道的任务是将天线接收到的高频电视信号变换成视频亮度信号和音频伴音信号。亮度信号激励显像管产生黑白图像，伴音信号推动扬声器产生电视伴音。扫描电路的任务是为显像管提供场、行扫描电流和各种电压，使显像管产生与电视台摄像管同步扫描的光栅。电源部分的任务是将交流市电转变成电视机所需要的各种直流电压。

（1）高频调谐器（高频头）。由天线收到的高频图像信号与高频伴音信号经馈线进入高频头。高频头由输入电路、高频放大器、本振（本机振荡器）和混频级组成。其主要作用是：选择并放大所接收频道的微弱电信号；抑制干扰信号；与天线实现阻抗匹配，保证信号能最有效传输；进行电视信号频率变换，完成超外差作用。

（2）中频放大器。图像中频通道组成框图如图 5.4 所示。

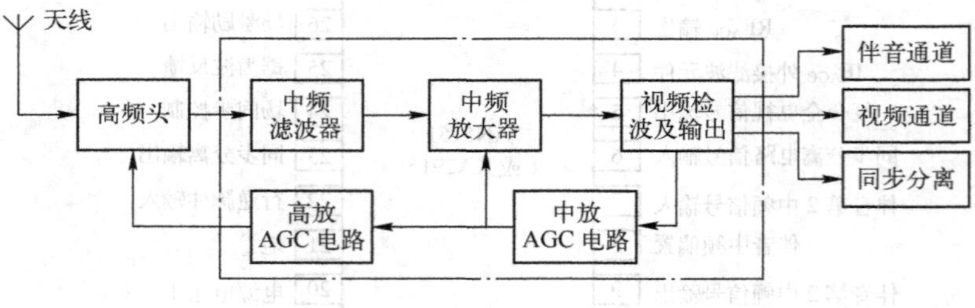

图 5.4 图像中频通道

（3）视频检波器。视频检波器有两个作用：一是从图像中频信号中检出视频信号，即通过它把高频图像信号还原为视频图像信号，然后送至视放级；二是利用检波二极管的非线性作用，将图像中频（38 MHz）和伴音中频（31.5 MHz）信号混频，得到 6.5 MHz 差额，即产生 6.5 MHz 第二伴音中频信号（调频信号）。

（4）视频放大器。视频放大器一般由预视放和视放输出级两级组成。

ANC 电路又称抗干扰电路，主要用来消除混入电视信号中的大幅度窄脉冲的干扰。

AGC 电路又称自动增益控制电路，把 ANC 电路送来的强弱不同的视频信号，变成强弱不同的脉动直流电压，去控制电视机高放及中放的增益，使检波输出信号保持一定电平，以保证图像清晰、稳定。一般高放 AGC 比中放 AGC 控制有一定的电平延迟，以尽可能地保持电视机的高灵敏度和弱信号节目时的信噪比。

（5）同步分离和扫描电路。同步分离电路由同步分离和同步放大两部分组成。

扫描电路分为场扫描与行扫描两部分。

当复合同步信号送至场扫描电路时，经积分电路（宽度分离）分离出场同步信号，去控制场振荡器。

场振荡器产生一个相当于场频的锯齿形电压，其频率和相位受场同步信号控制，送给场激励级。场激励级将场振荡器产生的锯齿形电压进行放大和整形，送给场输出级。场输出级将锯齿形电压进行功率放大，在场偏转线圈中产生锯齿形电流，使电子束作垂直方向运动。

当复合同步信号送至行扫描电路时，开始送往行自动频率控制（AFC）电路，由行输出变压器取得的一个反馈行逆程脉冲电压也送到 AFC 电路。

行激励器将行振荡器产生的脉冲电压进行功率放大并整形，用以控制行输出级，使行输出管按开关方式工作。行输出级受行激励级送来的脉冲电压控制，行输出管工作在开关状态，产生一个线性良好、幅度足够的锯齿形电流送给行偏转线圈，使电子束作水平方向运动。

（6）伴音通道。第二伴音中频信号（6.5 MHz）送入伴音中放，做进一步放大，经过限幅，送入鉴频器。

鉴频器将伴音调频信号进行解调，检出原始音频信号，送至伴音低放。伴音低放将鉴频器送来的音频信号进行电压和功率放大，然后推动扬声器，还原出电视伴音。

伴音通道组成框图如图 5.5 所示。

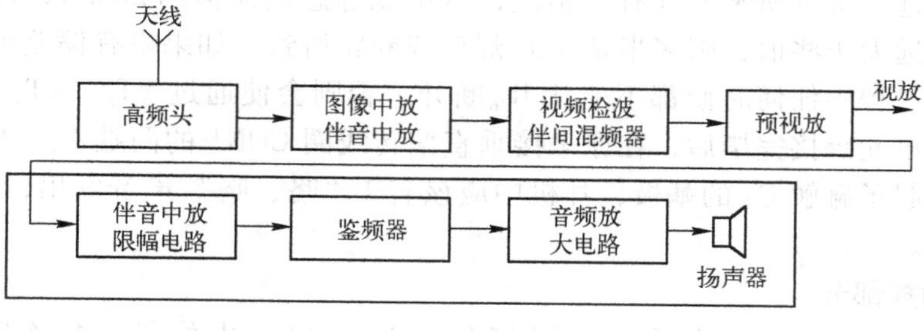

图 5.5　伴音通道

（7）电源。电视机所需电源分直流低压、中压和高压三大类。其中，低压电源是由交流市电（220 V）经变压器变压、整流桥整流、滤波器滤波及稳压器稳压而得到的。

知识链接 2　各级电路的工作原理及装配调试简述

要对电视机进行安装、焊接、调试等操作，除了首先应掌握用电安全常识、常用电子元器件和电子仪器的使用，还应该了解黑白电视机基本的工作原理，以及各部分电路所能实现的功能等。

1. 电源部分

所谓线性稳压电源，是指担任稳压调节的晶体管处于线性放大状态；而开关稳压电源则是指担任稳压调节的晶体管处于非线性状态，即开关状态。通常，黑白电视机的电源电路采用传统的串联型线性稳压电源电路；而彩色电视机则采用新颖的开关型稳压电源电路。在

35 cm（14 英寸）以下的黑白电视机中，其电源电路的输出电压一般为 +12 V 左右，可给负载提供 1.2 A 左右的电流；而在 40 cm 以上的黑白电视机和所有的彩色电视机中，其电源电路的输出电压一般为 +100 V 左右，可给负载提供 0.4 A 左右的电流。

套件中电源是初级 220 V 交流，次级 13.5 V 交流电源变压器，整流滤波后为直流供主板。电源变压器初级焊在附在塑料外壳的插头上。稳压部分见整机电路原理图（见附录 A），这是典型的串联稳压电路。VT_{13}、VT_{14}组成复合调整管，VT_{14}是取样放大管，稳压管VD_{15}作为基准电压源。调整 W_1 可调电阻阻值可以微调稳压电源的输出电压。VD_{15}是 6 V 稳压管，外形和普通二极管差不多，注意不要与其他型号的二极管混淆了。

区别它们的方法如下：用万用表 ×10 k 挡测量它们的反向电阻。普通二极管的反向电阻为无穷大（万用表指针不动）；测量 6 V 稳压管时万用表有一定计数。电源调整管的型号为 D880PNP 型大功率塑封管（VT_{13}），安装在散热器上。焊好第 1 单元的全部元件，确认整流电源的极性正确后（芯线为正极）。通电后合上开关 SW1，万用表电压挡测得 VT_{13} 两端电压为 6 V 左右，如大于此值较多，则是因为 VT_{13} 错用普通二极管所致，如该电压正确，再测 C_{34} 两端电压，微调 W_1 可调电阻电压，使电压读数为 9.8 V。

2. 场输出级

见附录 A 整机电路原理图中的场输出级。该单元输出级为 OTL 电路，VT_8、VT_9 为互补型对管，VT_9 为 PNP 型，VT_8 为 NPN 型，两管要求配对，即功率、耐压及 B 值都应一样，这里所用型号为 8550、8050。焊好第 2 单元的全部元件，偏转线圈暂时不焊。装配该单元时应该特别注意 VT_7、VT_8、VT_9 不能焊错，通电后，E_{10}两端电压应为 5 V 左右，若偏离此值较远，可查所装元件有无错误，本单元静态电流值约 20 mA，可在 R_{44}处断开测量。如电流远大于些值，则多半是 VD_2 焊反或断路所致：如果略有偏差可适当改变 R_{36} 的阻值。调整过程中任何时候都不能让 R_{36}断开，否则会使通过 VT_8、VT_9 的电流急聚增大而烧毁。本单元焊接完毕后，在原来接垂直偏转线圈 CON1 的两端 V_1、V_2 临时接上一只耳机，用小起子碰触 Q_7 的基极，耳机中应该有 1 “咯、咯” 声音发出，这说明场输出级基本没问题。

3. 音频功放部分

音频信号从 U_1 11 脚输出经 AV/TV 接至 V0L（50 k）电位器，再经 E_3 送音频功放集成块 U_2（KA368）的 2 脚输入、6 脚为供电端、8 脚为反馈、5 脚输出到扬声器、3 脚接地。

4. 小信号处理部分

见附录 A 整机电路原理图中的小信号处理部分。如前所述，这部分包括图像中放、视频检波、预视放、伴音中放、伴音监频、同步分离、行场振荡等多种功能电路，它们全部集成在一片大规模集成电路 AN5151 或 KA2915 中，称为小集成处理电路。这部分电路复杂，元件也很多，能否正确装配这一部分是能否保证本机成功的关键，焊接元件前，应对部分的元件逐个用万用表初步检测一遍。图像、伴音部分的电容，容量小于 1 nF 的应选用损耗小的高频瓷介电容：行、场扫描部分的电容，其容量大于 1 nF 的，应选用涤纶介质电容。电解电容一定要求耐压高、容量足、漏电小，尤其是 E_{13}、E_{12}应用的 1 μF、50 V 的优质品，可调电阻也应选用质量好些，用万用表测中心头与某一端的电阻，旋转滑臂时其阻值均匀变化。T_1（6.0 M 的中周）和 T_2（38 M 的中周）和 L_2 出厂时已预调在正确的揩振点上，装配时不可随意调整，T_1、T_2 两者外形尺寸一样；但注意中周外壳上字符区别。元件检测完毕后即可进行焊接，U_1 处可焊一个28脚IC插座，等通电调试时插上AN5151。全部元件焊好即可通电调试。先预调在一半阻值处，AN5151各脚工作电压值见表5.8，如 U_1 各脚电压与表5.8大致相符方可进行下一步装配。

5. 行输出级

见附录A整机电路原理图中的行输出级部分。其中 VT_{10} 为行推动管，VT_{11} 为行输出管，FBT为行输出变压器。这一部分的零件不算很多，但对元件质量的要求却是很高的。因为这部分的元件都工作在大电流、高电压、高频率状态下，故所有元件匀应按规定型号使用，绝不可随意用其他型号的元件代用。

装上此部分的全部元件，包括行场偏转线圈，接上显像管。断开行输出变压器的3脚，并在此处接上1 A的电流表。通电后，电流表读数约0.7 A左右，如此超过数值很多，应立即关机检查。0.7A是行、场两部分的总电流，其中场输出级约0.2 A，行输出级约为0.5 A。如果此值正常，下一步可检查 VT_{11}（D880）e、b、c三脚电压及显像管各脚电压。如果这些电压都正常，那么显像管灯丝应呈暗红色，同时应出现光栅，旋转BPIG（1M）电位器可调节光栅亮度；W_3 为行频调节；V－HOLD为帧频调节；W_2 为帧幅调节。如果没有光栅出现可参照本章第三节所述流程逐级检查。如果这级装好了，本机的装配就可以成功一半。

6. 视放级

焊上附录A整机电路原理图视放级的全部元件。VT_{12} 是视放管，要求耐压200 V，特征频率Fr＞50 MHz，常用型号为C3417、C5551等。如家中有录像机或VCD，可借用它们的视频输出信号（VI：DOOUT）接入AV输入插口，这时已能在屏幕上观看图像。如不同步，可调行频、场频电位器 W_3、V－HOLD。如果没有这些设备，可用金属起子碰触Q801的基极，这时可在屏幕上看到淡淡的网纹干扰。

7. 高频头及前置中放

焊上附录A整机电路原理图高频头部分的全部元器件，接上天线或有线电视信号（注意高频头的方向不要装反），测 VD_{14} 两端电压应为33 V，将波段开关拨到适当的挡位，旋转TUN就可以收到电视信号了。收到一个信号较强的台，反复微调TUN、T1（6M中周）使伴音清晰。VD_{14} 调整在适当位置，使弱信号灵敏度基本不受影响，而强信号不产生行扭曲为准。至此一台小型黑白电视机就装配成功了。

知识链接3 电视的接收方式与信号分离

1. 电视的接收方式

电视信号的接收，主要分为地面广播电视接收、电缆电视技术接收、卫星直播电视接收3种方式。普通电视机能直接接收地面广播电视和电缆电视，附加一定设备就可接收卫星直播电视。

电视接收机的任务就是将接收到的电视信号转变成黑白或者彩色图像。它对电视信号可采用模拟或者数字处理方式。目前，电视机正处在从模拟信号处理向数字信号处理过渡的阶段，电视信号的接收正朝着数字处理和多种视听信息综合接收的方向发展。当代科学技术的飞跃，引起了电视接收技术的变革。其主要表现如下：

（1）利用数字集成电路，对电视信号进行数字化处理，以便压缩频带，获得高质量的图像。

（2）利用超声波、红外线和微处理技术实现遥控。完成选台、音量调节、对比度、亮度、色饱和度、静噪控制、电源开关、复位控制等遥控动作。

（3）利用微处理技术进行自动搜索，自动记忆，预编节目程序。利用频率合成技术和存储技术，在屏幕上显示时间、频道数和作电视游戏等。

2. 电视信号的分离

电视机的电路组成就是根据电视信号的分离法则进行设计的，电视机信号的分离法则是指：微弱和高频电视信号必须先经过高频放大、变频、中频放大和视频检波后，才能变成具有一定电压幅度的全电视信号；然后根据亮度信号、色度信号、同步信号和色同步信号在时域和频域中的特点，利用它们在频率、相位、时间、幅度等方面的差异进行分离，分离后的各种信号分别完成自己的功能，最后在显像管上显示出黑白（或彩色）图像。电视机的电路组成就是根据上述电视信号的分离法则进行设计的。

☑ 操作分析

为了使电视机安装、焊接、调试能够顺利，在安装前应仔细清点要安装的电视机材料，并对其认真检测，看是否性能良好。看各元器件引脚是否已氧化，若有氧化，应将引脚刮亮或镀锡。安装前还要仔细检查电路板的铜箔是否完好，有无短路或断路，要特别注意的是不要用皮肤直接接触印制电路板焊接面，防止汗液使焊点很快氧化，影响焊接质量。焊接时，所在场所要有一定的活动空间，身边不要有易燃易爆物品，防止发生意外；对器件的焊接，焊点要饱满，防止电视机长期工作后脱焊。焊接二极管、晶体管、电解电容器等时，要特别注意电极和极性，不要将引脚接反、接错。

操作分析1　清点零件

根据对应所发电子产品套件里的元器件清单，清点套件中的电子元器件、零部件和组件等，注意：元器件的种类和数量一定要一一对应。

下面介绍一下除主板上元器件以外的其他几种电视机特有的零部件和组件。

1. 高频调谐器

高频调谐器俗称高频头，其作用是从接收天线中选择所需接收的电视频道节目，进行高频放大，然后利用本机振荡所产生的高频信号与放大的信号混频，得到一个固定的中频信号，提供给中频放大器进行中频放大。组装成一台全频道电视机，需要甚高频（VHF）和特高频（UHF）两个频段。黑白电视机一般采用机械式高频头，而不采用电调谐高频头，因此它需要V头和U头组成，V头接收1～12频道，U头接收13～68频道。

V头采用KP－12型高频头，它的内部由高放级、混频级和振荡级组成，采用滚筒式频道转换机构，共有13个挡位，可接收1～12频道的节目，但转到第13挡U时，VHF高频头中的高频放大和混频级变成两级中频放大器（此时，本机振荡停振），把UHF调谐器送来的中频信号进行放大。AGC电压为3 V，采用正向AGC控制。KP－12型高频头的外形结构如图5.6所示。

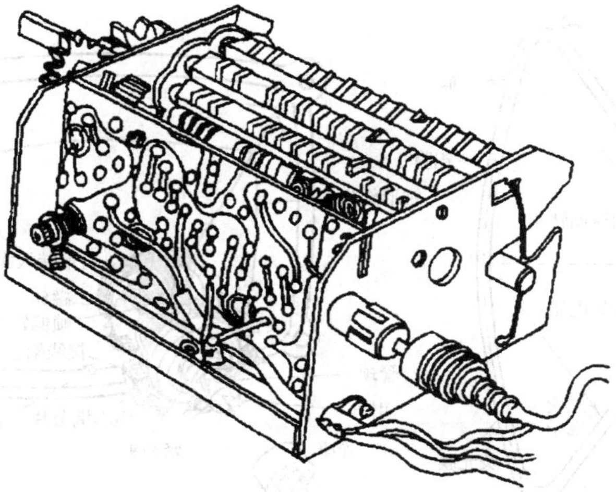

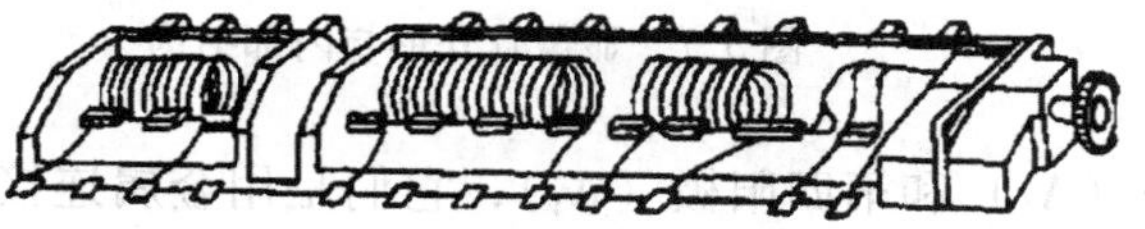

图 5.6　KP－12 型高频头的外形结构

U 头则采用 TJT－3 型机械式高频头，采用调容式来改变频率，UHF 段的电视信号经高放本振和二极管混频电路后，输出 UIF 信号，由于采用一次变频方式，所以 UHF 高频头输出的中频信号和 VHF 高频头输出的中频信号载频频率是相同的。UHF 中频信号送至 VHF 中，经两级中放后由 VHF 高频头送至中频信号处理电路，这样就实现了全频道接收。

高频调谐器出厂时已进行严格测试，如要测量可参照表 2 所示调谐器各引出脚的功能、符号及电压值。

2. 显像管

显像管的内部构造可分为电子枪和荧光屏两部分，电子枪内部结构如图 5.7 所示。

电子枪由灯丝、阴极、栅极、第一阳极、第二阳极、第三阳极和第四阳极等组成。其作用是发出一束受电视信号控制的，聚焦良好的电子束，以高速轰击屏幕荧光粉，使之发光。

（1）灯丝（f）：由钨丝组成，接上额定电压，钨丝通过较大的电流，其发热发光将阴极烘热，使之发射电子。

（2）阴极（K）：它是一个金属圆筒，筒内罩着灯丝，筒上涂有易于发射电子的金属氧化物。它是个电子源。

（3）栅极（G）：它也是一个金属圆筒，中间有一个小孔，让电子束通过。由于它距阴极很近，故其电位的变化对穿过的电子束有很大影响。应用时要求栅极电位低于阴极，形成一个栅极电压 U_{gk}，这个电压是负值。

（4）第一阳极（A_1）又称加速极，它也是个顶部开有小孔的金属圆筒，其位置紧靠栅极。它加有百余伏到几百伏的正电压，对阴极发射的电子起加速作用。

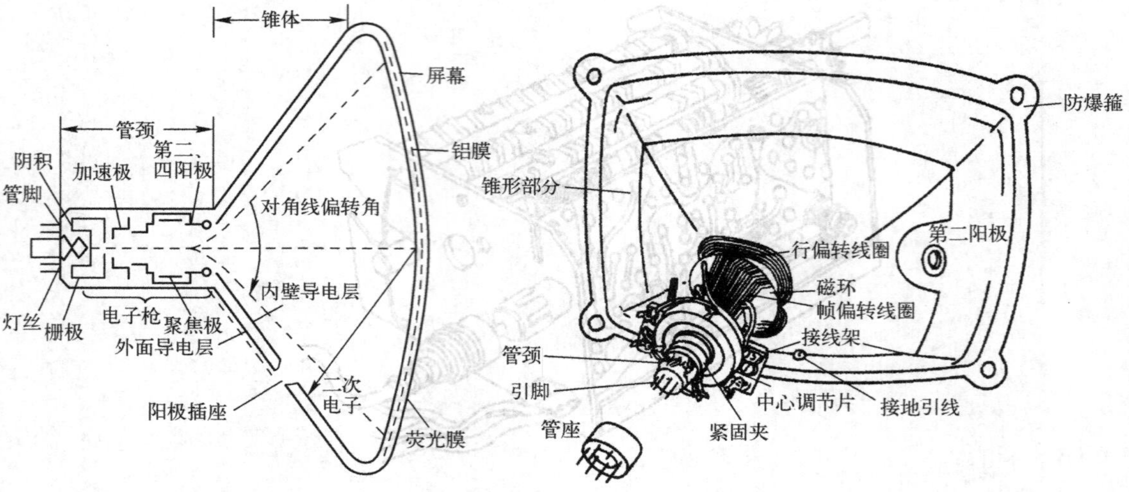

图 5.7　显像管外形与内部结构

（5）第二阳极（A_2）和第四阳极（A_4），它们是用金属连接起来的两个中央有小孔的金属圆筒，中间隔着第三阳极，需给它们接上 8 000 V 以上电压，使电子束进一步加速和聚焦。这个高压由高压帽提供，它经高压插头和管壁内的石墨层相通，再通过金属弹簧片和第三、四阳极相接。

（6）第三阳极（A_3）也称聚焦极，加上 0 ～ 500 V 的可调电压，使电子束聚焦在屏幕上。

3. 光栅中心位置的调节磁环

由于安装的工艺误差，可能使电子枪的中心轴线与显像管管颈的几何中心轴线不迭合，光栅的中心就要偏离屏幕的中心，光栅会出现暗角。因此，显像管都有光栅中心位置调节器。它是由两块磁性塑料环组成，每个磁环有一对磁极，装在偏转线圈的末端，改变磁环的位置就可变更两磁环和磁场的方向，使光栅向某个方向移动，如图 5.8 所示。

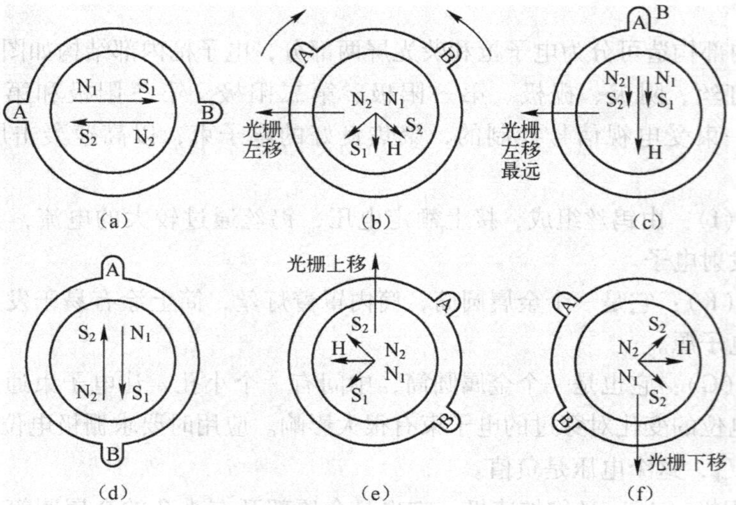

图 5.8　光栅中心位置的调节磁环

磁环A的磁极为N_1、S_1，磁环B的磁极为N_2、S_2。在图5.8（a）位置时，两磁环的极性相反，合成磁场为零，对光栅不起作用。在图5.8（b）位置时合成磁场向下；在图5.8（c）位置时合成磁场最大；在图5.8（d）位置时合成磁场为零；在图5.8（e）位置时合成磁场向左；在图5.8（f）位置时合成磁场向右。

操作分析2　用万用表初步检测元器件好坏

1. 电阻器的测量

电视机常用的电阻器有碳膜电阻器、金属膜电阻器、水泥电阻器、热敏电阻器、熔丝电阻器、电位器等。使用万用表就能很容易测出其阻值，判断出好坏。

（1）普通电阻器的识别和检测。普通电阻器有碳膜电阻和金属膜电阻两种，有1/16 W、1/8 W、1/4 W、1/2 W、1 W、2 W等不同功率，一般体积越大、引线越粗其功率越大，同样体积的金属膜电阻的功率大约是碳膜电阻的2倍。1/8 W以下的电阻，其阻值和精度一般用色环表示，每只色环电阻都有4个色环，金色或银色为最后一个色环，表示其精度，金色允许误差为5%，银色允许误差为10%。依次向前推，倒数第二位上的数字表示有效数字后零的个数，倒数第三位（即第二位）上的数字表示第二位有效数字，倒数第四位（即第一位）上的数字表示第一位有效数字。

操作要求：

① 能根据色环读出电阻值，并用万用表验证。

② 用万用表判断电阻的好坏。

（2）熔丝电阻的识别与检测。熔丝电阻具有电阻和熔丝的双重作用，当其所在电路出现故障引起电流过大时，将使电阻表面温度高达几百度，导致电阻层自动熔断，从而保护了其他元器件。

操作要求：识别熔丝电阻；用万用表判断其好坏。

（3）消磁热敏电阻的识别和检测。磁电阻是一种正温度系数热敏电阻（PTC），用在彩色显像管的消磁回路。常温下，消磁电阻阻值较小，一般为十几至几十欧；当其温度上升时，电阻值急剧增大，可达几百千欧。

操作要求：混装的电阻器中选出消磁电阻，将消磁电阻与一只100～150 W的灯泡串联，接入交流220 V的市电中（注意安全）。如果该电阻正常，通入交流市电后，灯泡马上点亮，然后又逐渐熄灭；否则，该电阻已损坏。

操作要求：

① 识别消磁电阻。

② 用万用表大致判断消磁电阻的好坏。

（4）压敏电阻的识别与检测。压敏电阻与普通电阻完全一样，是一种以氧化钡为主要材料制成的特殊半导体陶瓷元件。当压敏电阻两端所加电压较小时，它处于关断状态，阻值极大；当其两端所加电压超过额定值时，将迅速导通，同时电流剧增，将电路中瞬时过高的电压快速泄放掉。

电视机中常用压敏电阻器的功率在1 W左右，其瞬时功率可超过千瓦以上，在10 μs时间内，可通过1 000 A以上的冲击电流。

操作要求：识别压敏电阻；用万用表粗略判断其好坏。

（5）水泥电阻的识别。电视机中常常选用大功率的水泥电阻器在电路中起限流作用。它实际是一种陶瓷绝缘线绕电阻器，电阻丝选用康铜、锰铜、镍铬合金材料，稳定性好，过负载能力强。电阻丝与引出脚之间采用压接方式，在负载短路的情况下，压接处迅速熔断，实现电路保护。

操作要求：识别水泥电阻；用万用表粗略判断其好坏。

（6）电位器的识别与检测。

操作要求：识别各种常见电位器；判断电位器的好坏。

2. 电容的检测

电容器是一种储能元件，在电路中作隔直流、旁路和耦合交流等用。

电容器由介质材料间隔两个导电极片而构成。电容器按不同的分类方法，可分为不同种类。例如：按工作中电容量的变化情况分为固定电容器、半可调和可调电容器；按介质材料不同，可分为瓷介、涤纶等不同种类的电容器。由于结构和材料的不同，电容器外形也有较大的区别。

操作要求：

（1）选出各种常见电容器（电解、瓷片、云母、涤纶等），读出其电容值、耐压和型号。

（2）用万用表粗略判断是否击穿、开路、漏电及大致的容量（0.01 μF 以下万用表测不出）。对于小容量的电容器也可以用万用表大致估测出，其方法如图 5.9 所示。

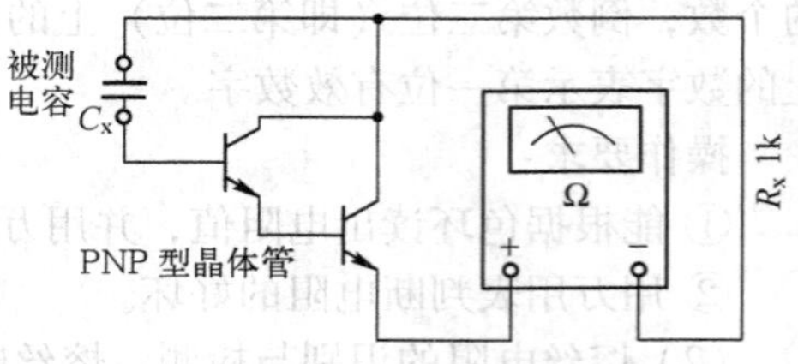

图 5.9　测量小容量电容值的方法

3. 电感的检测

电路中产生电感作用的元件称为电感器。电感器也是一种储能元件，在电路中有阻交流、通直流的作用，可以在交流电路中起阻流、降压、负载等作用，与电容器配合可用于调谐、振荡、耦合、滤波、分频等电路中。

电视机使用的电感元件很多，其常见故障一般只是断路，很容易用万用表检测出来。

操作要求：从混装的电感器中选出常见电感元件（色码电感酷似电阻，但仔细看如葫芦状），用万用表判断其好坏。

陶瓷滤波器、石英晶体、声表面波滤波器的检测，如图 5.10 所示。

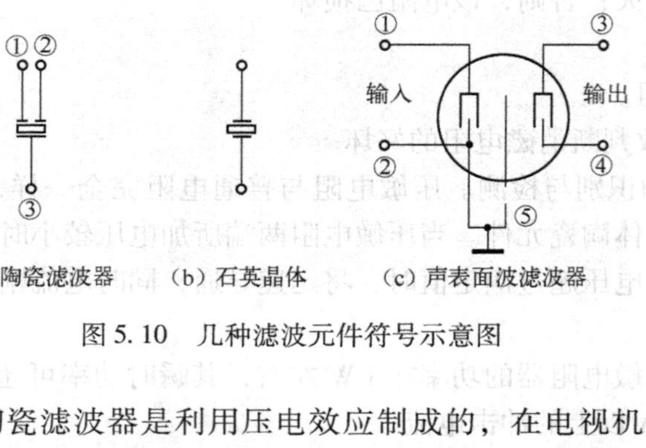

（a）陶瓷滤波器　（b）石英晶体　（c）声表面波滤波器

图 5.10　几种滤波元件符号示意图

（1）陶瓷滤波器。陶瓷滤波器是利用压电效应制成的，在电视机电路中完成 6.5 MHz 陷波、带通滤波和 4.43 MHz 陷波的功能，其符号如图 5.10（a）所示。

（2）石英晶体。石英晶体是一种电谐振元件。利用石英晶体的压电特性可以制成品质因数很高的晶体振荡器，其符号如图 5.10（b）所示。

（3）声表面波滤波器的识别与检测。在电视机中，普遍采用了声表面波滤波器来形成较特殊的中放特性曲线，其电路符号如图 5.10（c）所示。用万用表的 $R\times10\,\mathrm{k}$ 挡测量声表面波滤波器的输入端①、②脚，输出端③、④脚，以及①、⑤脚和①、③脚的极间电阻均应为∞。若测量中发现上述任意两脚之间的电阻很小，则说明其内部电极已被击穿短路。

操作要求：识别声表面波滤波器；用万用表粗略判断其好坏。

4. 中频线圈的检测

中频线圈又称中频变压器（简称中周），包括图像中频线圈、AFC 中频线圈和伴音鉴频线圈，由一磁芯线圈和内附瓷片电容器并联构成，旋动磁芯可以改变电感量，从而改变谐振频率，内附瓷片电容器变质漏电常常是引发故障的原因，查看瓷片电容器引脚是否生锈，测量线圈两引脚之间的电阻，可以判断其好坏。各种中频线圈的用途和线圈在技术上不同，但它们的外形结构却大体相同，看图和检修时要注意识别。

5. 二极管的测量

二极管因结构工艺的不同可分为点接触二极管和面接触二极管。点接触二极管工作频率高，承受高电压和大电流的能力差，一般用于检波、小电流整流、高频开关电路中；面接触二极管适应工作频率较低，工作电压、工作电流、功率均较大的场合，一般用于低频整流电路中。故选用二极管时应根据不同使用场合从正向电流、反向饱和电流、最大反向电压、工作频率、恢复特性等几方面进行综合考虑。

6. 晶体管的测量

管的种类从器件原材料方面可以分为锗晶体管、硅晶体管和化合物材料晶体管等；从器件性能方面可分为低频小功率晶体管、低频大功率晶体管、高频小功率晶体管和高频大功率晶体管；从 PN 结类型方面看分为 PNP 型和 NPN 型晶体管。

除普通晶体管外，还有光敏晶体管、开关晶体管、磁敏晶体管、带阻晶体管等特殊用途的晶体管。带阻晶体管又称状态晶体管，是内含一个或数个电阻的晶体管，主要用作电子开关及反相器，外形与同类晶体管没什么区别，但在电路中大都不能代换，而且盲目代换往往会烧坏晶体管或引起电路故障。

操作要求：

用万用表判断晶体管的引脚，估测其电流放大倍数，并判定其好坏。

用 JT－1 晶体管图示仪测量晶体管的输出特性曲线。

7. 行输出变压器的检测

行输出变压器俗称高压包，行输出变压器的种类很多，不同的型号，其绕组的绕制数据略有差异，但主要绕组的电阻检测值差别并不大，除了高压绕组以外，其余的各低压绕组的电阻检测值为 0.2 ～ 0.6 Ω。电阻检测法在实际维修中意义并不大。因为行输出变压器很少出现断路性故障，较常出现的是高压绕组局部短路，而这种故障是很难通过检测其绕组电阻值来判定的。

8. 偏转线圈的检测

偏转线圈分行偏转线圈和场偏转线圈两种，它们绕在同一个磁环上，如图 5.11 所示。用万用表一般可以区分出行、场偏转线圈，通常行偏转线圈的电阻值小于场偏转线圈。

操作要求：

识别行、场偏转线圈，用万用表分别测出它们的电阻值。

9. 高频头的检测

高频头分机械式和电调谐两类，它是电视机接收信号的大门。

操作要求：

（1）识别机械式黑白电视高频头，观察其内部结构，记录其引脚功能。

（2）识别电子调谐器，观察其外形结构，记录其引脚功能。

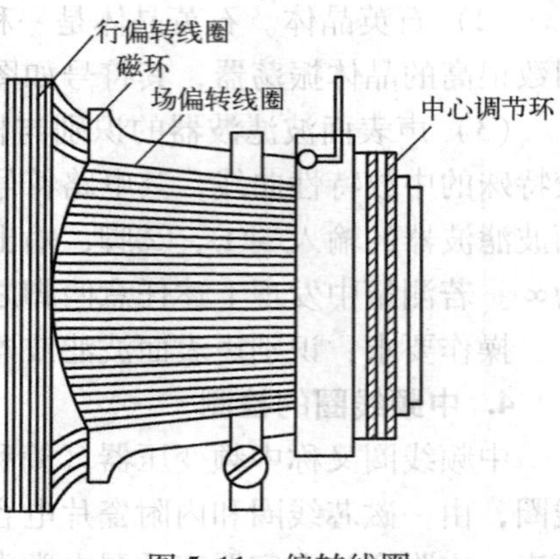

图 5.11　偏转线圈

10. 集成块的检测

操作要求：

（1）观察常用的电视机集成芯片（如 TA7698AP 中放集成块），记录其引脚数。

（2）测量该集成块各引脚对其公共地之间的正、反向电阻，并与手册上的标准值进行比较（注意测量时万用表的欧姆挡位）。

（3）观察常用的电视机厚膜元件，熟悉其结构特点。

11. 显像管的检测

操作要求：

（1）观察一黑白显像管的外形结构，注意其管颈尾部引脚的排列，并观察高压嘴的特征。

（2）测量显像管灯丝电阻，一般为 0 ～ 30 Ω。若测得电阻很大或为∞，说明灯丝接触不良或已断路。

（3）判断显像管是否老化。

操作分析 3　实训装配步骤

整机组装包括电源电路的组装、通道部分的安装、扫描电路的安装和控制部分的安装。

稳压电源向整机提供稳定的电压和足够大的电流，应先确保其正常工作。安装前确保印制电路板上无短路或断路现象，元器件引线不能相碰。连线应绝缘，熔断器必须按照电路中的规定数值，不能随意更改。安装时先固定大型元器件，对固定后不便焊接的地方可以先焊上连线的一端。安装小型元件，一般是先装电阻器和电容器，后安装晶体管、连线和电路板上的短接线。总之，装完一部分元器件后，不能影响其他元器件的安装。

1. 电路主板部分

（1）电阻器、二极管、电感、瓷片电容器的焊接。各种型号的元器件对应都有编号，要在电路主板上找到相应的编号对应起来再进行焊接；二极管的正负极要对应电路板上电路符号的正负极；将剪下的元器件引脚留下，作为下面焊接跨线（跳线）的材料。

（2）焊接 J1 – J17 和 FUSE 跨接线共 18 根。

（3）将 IC 芯片底座插入并焊上。

注意：

① 集成块底座方向，集成块底座上凹槽要对准主板电路符号上的凹槽。

② 底座两个引脚之间的宽度调节。若宽可整排在桌上稍压进行调整。

③ 看引脚是否全部插过并在反面露出。

④ 两边可先各焊一个引脚进行固定，避免底座焊接不平。

⑤ 注意个引脚之间不能联焊。

(4) 剩余元件安装顺序可按晶体管（VT_{13}先不焊）、涤纶电容器、4P 排线针座、2P 排线针座、电位器、电解电容、电源开关、AV/TV 开关、波段开关以及各种插座的次序安装。

注意：

① 晶体管方向，晶体管实物平面要对应板上电路符号的直线。

② 电解电容器实物长脚为正短脚为负，对应电路符号阴影边为负。

(5) 电源散热器的焊接。

方法：先将散热片与 VT_{13}（D880）用螺钉轴紧（注意方向），然后将散热片与 VT_{13} 都插好，先将散热片的一个脚旋转一定的角度固定，最后再焊接晶体管 VT_{13}。

(6) 高频头的焊接：

① 标签朝电路板中间部位，观察引脚是否全部插过。

② 焊接时加热时间可长些，以便充分加热。

③ 可先焊接好一个脚，再调整位置。

(7) 排线的焊接。4P 排线一个对应管头板，一个对应偏转线圈。将两个 4P 插座分别插在 A6、A7 上。A6 对应偏转线圈，A7 对应管头板。

以上完成了主板上元器件的插装和焊接，下面进行整机的组装调试。

2. 整机组装部分

(1) 根据明细表清点零部件、组件数量。

(2) 安装顺序是天线→电源变压器→扬声器及插孔→显像管偏转线圈→主板。

① 天线的安装：将天线固定接头放入后盖固定天线的接口处，然后将单线（天线）的扁铁环一头放在天线与后盖之间用螺钉固定好。

② 扬声器的安装：先将 2P 排线与扬声器焊接好好，再将扬声器安装上，要求安装牢固可靠，纸盆不能和其他物件相碰。

③ 显像管和偏转线圈的安装：显像管是电视机中体积最大，重量最重的器件。在装配中，一般放在后道工序进行。安装前，应检查显像管荧光屏表面有无损伤，尾部排气封口是否完好。使用万用表测量灯丝电阻、冷态电阻约为 40 Ω，显像管的真空度很高，玻壳所受的大气压力很大，而显像管管径与电子枪的封焊处很脆弱，在搬运中应禁止拿住此部位，更不要碰击，以防损坏。应轻拿轻放，禁止单手搬运，剧烈振动。安装时，按要求将防波套装入显像管石墨层处，然后把电视机面框放在垫子上，显像管放入面框规定位置，将自攻螺钉套上垫圈后，按交叉紧固的方法，旋紧 4 个角上的紧固螺钉。显像管的安装要牢固可靠，严禁松动。在安装好的显像管上安装偏转线圈，安装时，应松开偏转线圈上的紧固环，喇叭口垂直对准显像管管颈，缓慢插放到管颈底部，调整好方位后，锁紧紧固环，切不可硬推和大幅度旋转，以免损坏显像管，安装图如图 5.12 所示，图 5.13 为防波套安装图。

④ 变压器、主板的安装：把变压器用自攻螺钉固定于机壳相应的位置上，安装要牢固

不应出现松动现象；主板的安装应卡入机壳插槽，并把各个插头插入主板相应的位置；显像管座的安装应特别小心，因为显像管的管颈和引脚是最脆弱之处，安装时引脚和管座位置应相一致，并垂直插入，用力要均匀，防止损坏显像管。

⑤ 高压帽与显像管阳极的安装：安装时应将高压帽内扣簧紧扣入显像管高压帽内，并使高压帽紧贴显像管，防止灰尘进入，引起高压打火，有条件可在高压帽处涂一些绝缘硅胶。

⑥ 接地线安装：显像管外面石墨层作为高压电容器使用，石墨层必须可靠接地，防止打火损坏电路，从防波网状导线上引出两根线，一根接显像管尾座小板接地端，另一根接主板电源地线；为防止干扰，高频头、变压器和主板地之间都应加装接地线。

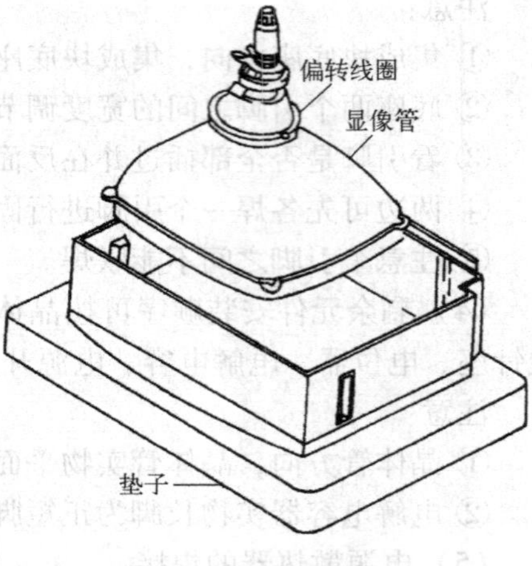

图 5.12　显像管和偏转线圈安装图

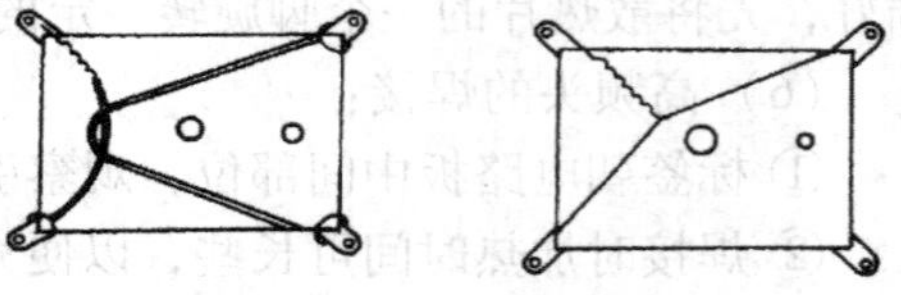
图 5.13　防波套安装图

3. 整机调整与装机

（1）光栅亮度调整：开机后，灯丝亮，屏幕上应出现良好雪花点，调节亮度电位器，光栅亮度应有明显变化。如无光栅应检测显像管各脚供电电压：①、⑤脚栅极 0 ～ −10 V；②脚阴极 40 ～ 60 V；③脚 +12 V；④脚 0 V；⑥脚加速极 +100 V；⑦脚聚焦 0 或 +100 V。

（2）光栅形状调整：光栅的宽度有可能偏小或偏大，这时可通过调整逆程电容器的容量来改变高压的高低，从而控制行幅大小（这一步可在图像调试中进行）。

光栅如出现枕形、桶形、梯形失真，主要是偏转线圈问题，只能更换偏转线圈。

（3）接好输入高频调谐器的输入天线，用电视信号发生器产生标准电视信号，观察图像的失真情况，其失真情况有以下几种：

① 调整行、场频使图像同步。检查方法如下：

- 行场都不同步。故障出在同步分离电路上，应重点检查集成电路（23）脚外围电路；若图像播放时出现故障也会出现这种情况，但表现出来的图像会很淡薄。
- 场不同步。调节场频电位器能瞬时稳住图像，说明场振荡电路工作正常，故障出在双积分电路。若没有同步点，则故障出在振荡电路上，应重点检查和振荡电路相关的电路。
- 行不同步。调行频电位器有同步点，说明故障出在 AFC 电路，应重点检查集成电路（22）脚外围电路，若无同步点则应检查行振荡电路的（17）脚外围电路。

② 调节场幅电位器使场幅符合要求。

③ 调节行线性电感和 S 校正电容使行线性一致。

④ 调节中心磁环使图像位于中心位置。

总的来讲，良好的光栅应是幅度适当、扫描均匀、线性良好，几何失真尽可能小。若光栅有微小的失真，可采用在显像管上粘贴小磁片来改变。

表 5.2 列出了几种光栅不良的故障供参考。

表 5.2 部分光栅异常故障检修表

故障名称	故障现象	故障原因及检修
光栅出现大 S 扭曲		这种故障主要是 50 Hz 纹波干扰引起的。说明电源电路整流部分出现故障，应重点检查整流二极管 6V1、6V2
光栅出现小 S 扭曲		这种故障主要是 100 Hz 纹波干扰引起的，说明电源电路滤波不良引起的，应重点检查滤波电容和稳压电路；当市电电压太低或变压器次级输出电压太低时也会出现这种现象
光栅有暗角		这是由于电子束无法达到引起的。4 个角都出现暗角，应把偏转线圈尽量往前推，如只出现一个，则可用贴小磁片的方法解决
出现圆形光栅		偏转线圈松动引起该故障，只需把偏转线圈往前推，然后固定即可
光栅歪斜		这是由偏转线圈歪斜引起的，只需把偏转线圈装正
场幅过大或过小		说明场幅调节电位器有故障，如更换后还调不到正常，可改变与其串联电阻器的阻值
图像上有亮黑点状干扰		这主要是高压打火引起的，应检查高压嘴部分，如是一体化行输出内部引起的，应整体更换
光栅上部或下部压缩		这说明场输出 OTL 电路图中点电位发生偏离，一般为偏置电路或输出对管 p 值偏离太大引起的
光栅中有一条横白细线		这是 OTl 电路特有的交越失真现象，主要是静态偏置电流太小引起的，可调整偏置电阻；也可能是场输出上下管参数偏离太大，可更换场输出对管
梯形光栅		这些光栅的出现都是由偏转线圈本身质量问题造成的，只能更换偏转线圈
枕形光栅		
桶形光栅		
平行四边形光栅		

（4）伴音调整。伴音通道的质量主要是通过监听来判断，良好的伴音质量应当清晰、洪亮、无失真、无蜂音。用电视机接收一当地电视台节目，微调高频头，使图像和伴音同步（一般经过仪器严格调试都能同步），如果在微调时，很难获得图像和伴音都好的情况，这说明图像中放幅频特性中伴音吸收过深或过浅，伴音边峰太高，曲线太陡造成的，这时可适当调整 2L2 线圈，使图像和伴音兼顾，并适当调整 3L2 使伴音声音洪亮无失真。

伴音出现交越失真，主要是伴音功放 OTL 出现故障。电路输出对管（8050、8550）选择不当，可更换管子，也可改变偏置把静态工作点电流调大一点。

（5）装机

经过以上的安装调试完毕后，电视机大部分工作已经完成，为了提高电视机的抗干扰性能，还需在集成电路小信号处理部分加装屏蔽罩，安装屏蔽罩时应注意不和其他元器件引脚相碰，以防发生短路；然后安装上电视机后盖（安装内天线和信号插孔），一台全频道电视机就组装完成了。

装壳需要按如下几个步骤进行：

① 将变压器固定在后盖右边的立柱上；扬声器装在后盖的左边。

② 将调整板用螺钉固定。将调谐旋钮、音量旋钮、波段开关装好，一定到位且保证转动灵活，然后用螺钉将调谐旋钮、音量旋钮固定。

③ 检查所有连线均准确连接后，将主板装入机壳中，并将螺钉拧紧。

操作分析 4　系统调试

1. 电源电路的调试

电路装完后，经互检无焊错、连焊及虚焊，用万用表的电阻挡测试输入回路的总阻值应在 200 kΩ 以上，若阻值小于此数值则不能通电，应找出原因，排除故障，使输入电阻达到 200 kΩ 以上，然后再与变压器相连接，通电后空载时整流输出电压应为 18 ～ 19 V。如果所测电源的数据超出以上数据范围，应查明稳压电源各晶体管的电位，找出原因，或调整取样电阻，最终得到正确的电流和电压。

技术指标：输入交流电压 14 ～ 16 V ±0.5 V；输出直流电压 9.35 ～ 9.4 V ±0.5 V；总电流小于 850 mA。

（1）整流电路电压测量，如表 5.3 所示。

表 5.3　整流电路电压测量

测量点		参考值	实测值
变压器次级电压值/V		16（交流）	
电容器 E_{31} 两端所测的电压值/V	电源开关断开时	21.5	
	电源开关接通时	17	
调节 W_1，稳压输出的电压变化范围/V		8～12	
调节 W_1，使得稳压输出的电压（电容 E24 两端所测的电压值）为 9.8 V			

（2）稳压管的稳压值，如表 5.4 所示。

表 5.4　稳压管的稳压值

VD_{15}	稳压值/V
参考值	6.2
实测值	

（3）电源电压各部分晶体管引脚电压，如表 5.5 所示。

表 5.5　电源电压各部分晶体管引脚电压

晶　体　管	V_e		V_b		V_c	
	参考值/V	实测值/V	参考值/V	实测试	参考值/V	实测值/V
VT_{13}	9.8		10.5		17	
VT_{14}	6.3		7		10.5	

2. 信号通道部分的调试

信号通道调试包括：高频头、预中放 VT1、KA2915。对照电视机原理图与印制电路板检查无误后，接通电源，测试总电流应小于 750 mA，如果大于此数值，应立即关掉电源，查出过流原因，故障查出后，必须将故障排除，然后在打开电源测试各脚电位看是否正常。

（1）高频调谐器各脚电压，如表 5.6 所示。

表 5.6　高频调谐器各脚电压

TDQ4 - D/K	1	2	3	4	5	6	7	8	9	10
参考值/V	0	1.5	0	0 - 31	9.3	8.5	0	9.3	0	0
实测值/V										

调节调台电位器 TUN（100 k），高频调谐器的 4 脚电压应在 0 ～ 33 V 之间变化。

（2）预中放引脚电压，如表 5.7 所示。

表 5.7　预中放引脚电压

VT_1	V_e	V_b	V_c
参考值/V	2	2.7	8.9
实测值/V			

（3）KA2915 集成芯片各引脚电压，如表 5.8 所示。

表 5.8　KA2915 集成芯片各引脚电压

KA2915	1	2	3	4	5	6	7	8	9	10	11	12	13	14
参考值	4.7	5.4	1.9	5.6	3.6	5.7	2.8	3	4.6	4.6	1.5	1	3.3	6.2
实测值														
KA2915	15	16	17	18	19	20	21	22	23	24	25	26	27	28
参考值	6.2	9.2	0.6	5	3.8	9.3	0	3	0.5	4.8	0.07	2	0	4.7
实测值														

3. 伴音通道的调试

将扬声器插到 SPK 插座上；接通电源，检测 KA2915 集成电路的 7、8、9、10、11 脚电压，应与参考值一致。

伴音功放 KA386 各引脚电压应符合参考值要求。

接收到电视信号后，微调 9、10 引脚外接的 6.5 MHz 电感，使伴音最清晰，噪声最小。

KA386 伴音功放芯片各引脚电压，如表 5.9 所示。

表 5.9　KA386 伴音功放芯片各引脚电压

KA386	1	2	3	4	5	6	7	8
参考值/V	1.2	0	0	0	4.8	9.6	4.6	1.2
实测值/V								

其中，1、8 引脚未用，2、4 引脚接地，3、7 引脚为输入脚，5 引脚为输出脚，6 引脚接电源。

4. 扫描电路的调试

扫描电路包括：同步分离，行场振荡、推动、输出电路，行输出变压器等部分。

经互检无误后，接通电源。试总电流应小于 750 mA，如果大于此数值，应立即关掉电源，查出过流原因。故障查出后，必须将故障排除，然后再打开电源测试各脚电位（看是否正常）。如电位均正常，可用示波器观察行场电路各级输出波形。

技术指标：KA2915 芯片 26 脚场输出信号的电压 1.5 V_{P-P}，频率 50 Hz；17 引脚行输出信号电压为 2.6 V_{P-P}，频率为 15 625 Hz；场输出管射级电压为 14 V_{P-P}；行输出管集电极电压为 110 V_{P-P}。

以上测试完毕后电视机显示器有正常的扫描和亮度。

（1）关键点电压，如表 5.10 所示。

表 5.10　关键点电压

关 键 点	未接行偏转线圈		接上行偏转线圈	
	参 考 值	实 测 值	参 考 值	实 测 值
VD_{10}负端/V	49		110	
VT_{11}集电极/V	17		17	
高压包 2 脚/V	6（交流）		6.6（交流）	

注：① 场偏转线圈的直流电阻为 3 Ω，行偏转线圈的直流电阻为 1.5 Ω。行偏转线圈接在 CON2 的 H1、H2 端口，场偏转线圈接在 CON2 的 V1、V2 端口。

② 在进行扫描电路调试时，要将高压帽的塑料袋子罩好、扎紧，防止高压打火，损害元器件。

（2）行、场扫描电路部分各引脚电压，如表 5.11 所示。

表 5.11　行场扫描电路部分各引脚电压

行场引脚电压	V_e/V		V_b/V		V_c/V	
	参 考 值	实 测 值	参 考 值	实 测 值	参 考 值	实 测 值
行推动 VT_{10}/V	0		0.35		4.8	

续表

行场引脚电压	V_e/V		V_b/V		V_c/V	
	参考值	实测值	参考值	实测值	参考值	实测值
行输出 VT_{11}/V	0		0.2		17	
场 OTL VT_8/V	5		5.5		9.6	
场 OTL VT_9/V	4.8		4.3		0	
场推动 VT_7/V	0		0.65		4.3	

（3）行输出变压器各引脚电压，如表 5.12 所示。

表 5.12　行输出变压器各引脚电压

FBT	1	2	3	4	5	6、7、8	9	10
参考值/V	17	6.8～	17	0	0.6	23～	17	17
实测值/V								

注：面对底板焊点时，从缺口开始顺时针数，第一个焊点就是变压器的 1 引脚。

5. 显像管及附属电路调试

显像管附属电路包括：视放电路、行、场偏转电路、消亮点电路等。调试前暂不插显像管的插座，用万用表检测电压看是否符合规定值。测量管座的 3 引脚灯丝电压要用交流 10 V 电压挡，因为此电压是行输出变压器 2 引脚输出的脉冲电压。调节亮度电位器，并同时测量第 2 引脚电压能否在 0 ～ 24 V 可调，电压一切正常了再把显像管插上。这是显像管灯丝应呈暗红色，同时应出现光栅，旋装 BRIG 可调节光栅亮度。拨动偏转线圈后的中心位置调节器（磁环），并同时观察荧光屏，是光栅处于正中位置。如果显像管 4 个引脚出现暗脚时可以将偏转线圈向颈椎的方向推到底。如果光栅倾斜，可以旋转偏转线圈来解决。调节亮度电位器时，最暗时亮度能关死。如果亮度不受控制，则检测亮度控制电路。

（1）显像管管座电压，如表 5.13 所示。

表 5.13　显像管管座电压

CRT	无偏转和有偏转时的显像管管座电压						
	1	2	3	4	5	6	7
未接偏转时参考值/V	0	0～10	5.8（交流）	0	0	48.5	0
实测值/V							
接偏转时参考值/V	0	0～23.5	6.6（交流）	0	0	110	0
实测值/V							

注：① 在检查引脚 2 电压时要调节亮度电位器，观察引脚 2 电压的变化范围并记录。
② 显像管 1、5 引脚是栅极，2 引脚是阴极，3、4 引脚内接灯丝，6 引脚是加速极，7 引脚是聚焦极。
③ 面对底板焊点，从缺口开始顺时针数，第一个焊点就是管座 1 引脚。
④ 焊接显像管管座引线时，注意板上是标号 32G6 与 A7 的 32G6 要相对应。

（2）视放管引脚电压，如表 5.14 所示。

表 5.14 视放管引脚电压

VT_{12}	V_e	V_b	V_c
参考值/V	3～3.3	3.2～3.6	87～95
实测值/V			

注：① 显像管管座电压正确后，可将管座插到显像管上，要注意直线插入，不要左右旋转，防止把引脚玻璃弄坏，拿下时也要直拔。

② 把高压帽卡偶到高压嘴上时，暂时只扣一个卡子。

③ 调节亮度电位器，光栅有明显变化。

④ 光栅满足要求后，拔下管座，把高压帽拔下，手不要接触卡子，防止触电。

⑤ 高压帽用塑料袋子罩好、扎紧、防止高压打火，损坏元器件。

操作分析 5 常见故障与维修

1. AN5151 芯片引脚功能

作为整个电路的核心芯片，检修过程中对其各引脚功能是必须了解的，表 5.15 中详细列出了 AN5151 芯片各引脚的功能。

表 5.15 AN5151 芯片各引脚功能

脚 号	功 能	脚 号	功 能
1	图像中频输入 1	15	同步解调线圈 2
2	RF AGC 调整	16	电源电压 Ucc2
3	RF AGC 输入	17	行激励输出
4	IF AGC 滤波	18	行频调节
5	视频输出	19	行 AFC 输出
6	同步分离输入	20	电源电压 Ucc1
7	伴音中频输入	21	地
8	伴音中放偏置	22	行逆程脉冲输入
9	伴音中频输出	23	同步分离输出
10	伴音鉴频输入	24	场同步调节
11	音频输出	25	场锯齿波反馈
12	调谐 AFT 输出	26	场激励输出
13	AFT 移相网络	27	X 射线保护
14	同步解调线圈	28	图像中频输入

2. 常见故障的检修流程

下面列出了几种常见故障检修流程，图 5.14 所示为“无光栅”故障检修流程，图 5.15 所示为“三无”故障检修流程，图 5.16 所示为“无伴音”故障检修流程，图 5.17 所示为“无光栅、无图像”故障检修流程，图 5.18 所示为“水平一条亮线”故障检修流程。

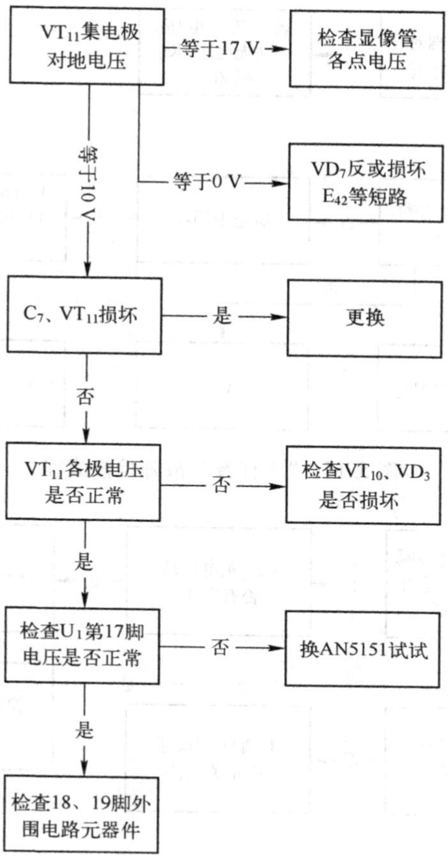

图 5.14　“无光栅”故障检修流程

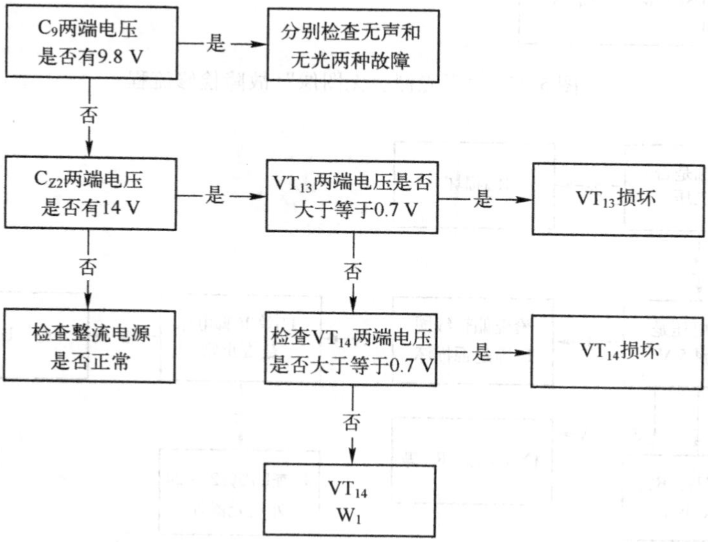

图 5.15　“三无”故障检修流程

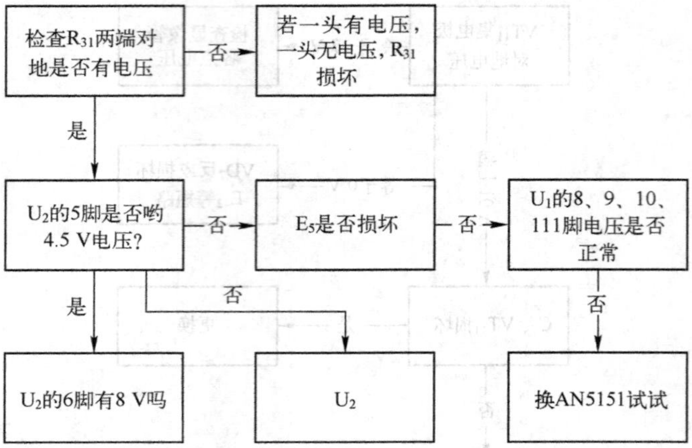

图 5.16 “无伴音”故障检修流程

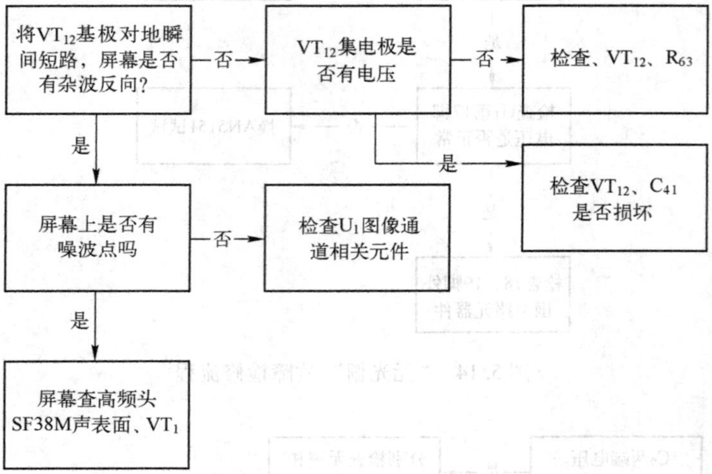

图 5.17 “无光栅、无图像”故障检修流程

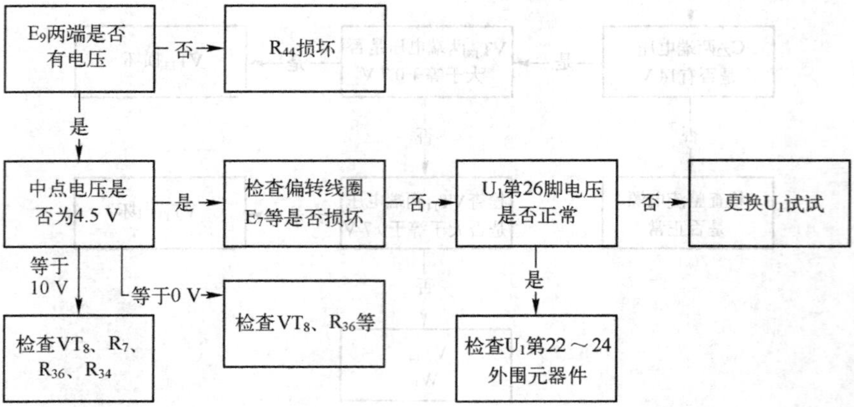

图 5.18 “水平一条亮线”故障检修流程

☑ 项目评价

项目评价如表5.16所示。

表5.16　黑白小电视机的组装评价表

班　　级		姓　　名		学　　号		得　　分	
考核时间	300 min	实际时间		自　　时　　分起至　　时　　分			
项　　目	考 核 内 容		配分	评 分 标 准		扣　　分	
元器件成型及插装	（1）正确使用常用电子装配工具； （2）元器件成型符合工艺要求； （3）导线加工符合要求		20	（1）常用电子装接工具使用不正确，每错误一处扣5分； （2）元器件引线、导线加工不符合工艺要求，每错误一处扣1～3分			
印制电路板的焊接	（1）元器件插装高度尺寸，标志方向符合工艺要求； （2）无错装、漏装现象； （3）焊点大小均匀、有光泽、无毛刺、无假焊搭焊现象； （4）印制导线不能断裂，焊盘不能翘起		30	（1）元器件插装不符合工艺要求，每错误一处扣1～3分； （2）焊点不符合要求，每错误一处扣2～4分； （3）印制导线断裂、焊盘有翘起，每错误一处扣5分			
装配	（1）机械和电气链接正确； （2）零部件装配完整，不能错装和缺装； （3）紧固件规格和型号选用正确不损伤导线、塑料件和外壳		20	（1）不能正确使用装配工具，每错误一处3～8分； （2）严重损伤整机外壳，损伤导线，每错误一处扣10分			
调试	（1）正确调试黑白小电视机，并能收看多个电台； （2）正确测量指定集成电路引脚及晶体管的直流电压，整机电流		20	（1）不会使用万用表，每错误一处扣5分； （2）测量方法不正确，不能正确测量各个电压、电流，每错误一处扣5分； （3）不能正确调试电视机，每错误一处扣10分			
安全文明操作	（1）工作台上工具摆放整齐； （2）严格遵守安全文明操作规程		10	违反安全文明操作规程，酌情扣5～10分			
合计			100				
教师签名：							

附录A 电视机

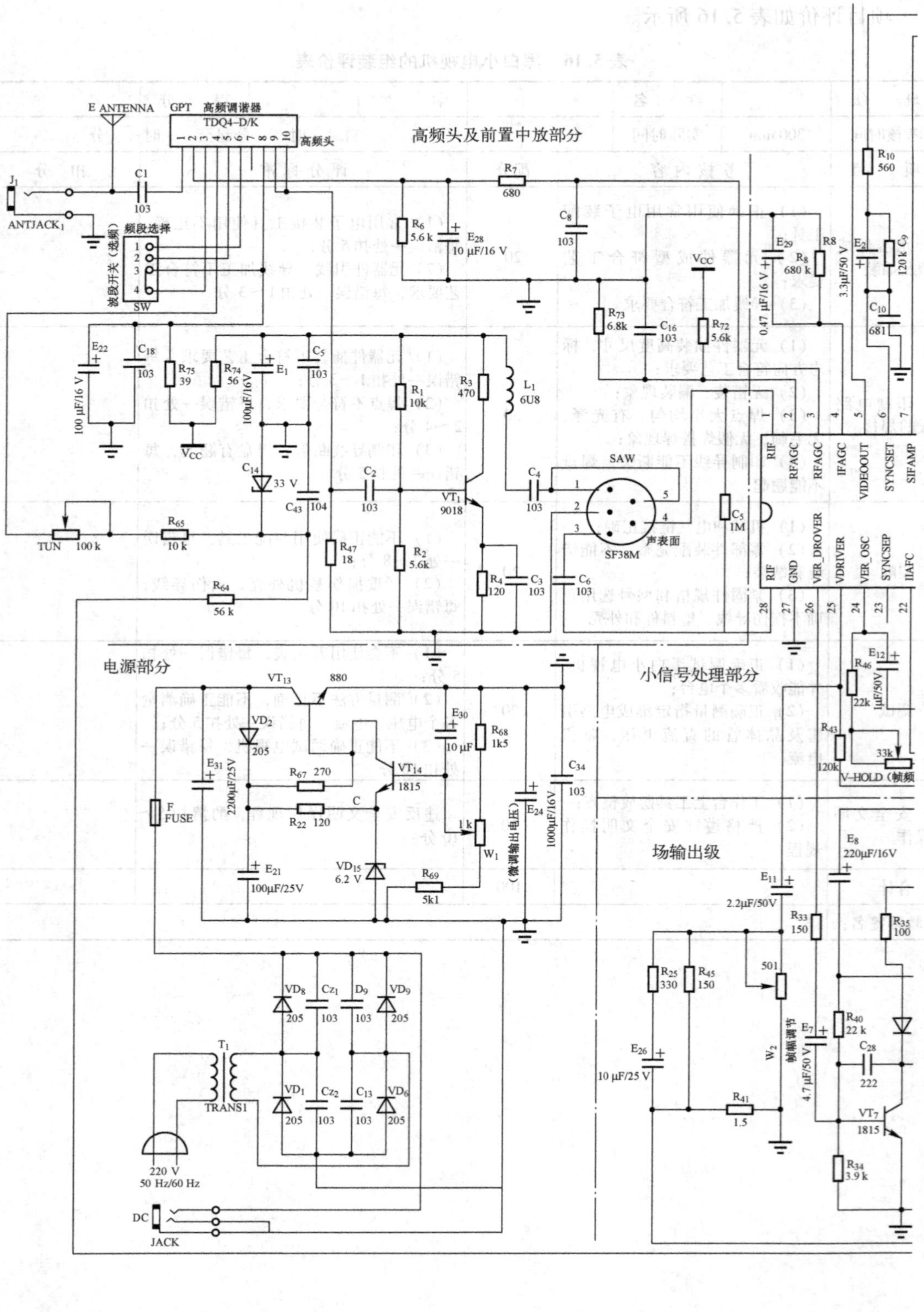
高频头及前置中放部分
E ANTENNA
GPT 高频调谐器
TDQ4-D/K
高频头
ANTJACK1
频段选择
波段开关（选频）
SW
TUN 100 k
SAW
SF38M
声表面
VT1 9018
L1 6U8
电源部分
VT13 880
VT14 1815
F FUSE
W1
（微调输出电压）
T1
TRANS1
220 V
50 Hz/60 Hz
DC
JACK
小信号处理部分
RIF
RFAGC
IFAGC
VIDEOOUT
SYNCSET
SIFAMP
GND
VER_DROVER
VDRIVER
VER_OSC
SYNCSEP
IIAFC
V-HOLD（帧频
场输出级
W2
帧幅调节
VT7 1815

电路原理图

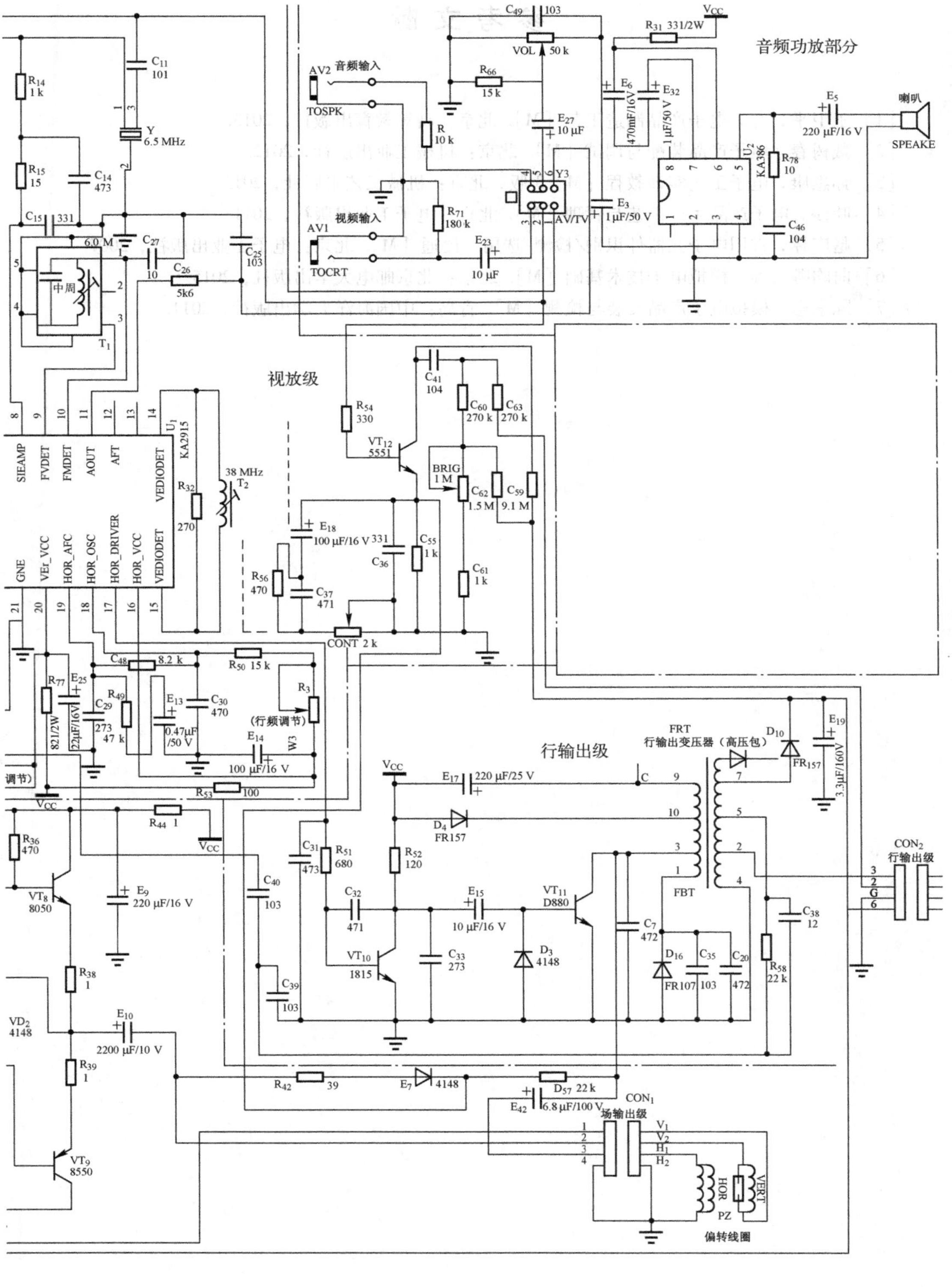

音频功放部分
音频输入
视频输入
AV2
TOSPK
AV1
TOCRT
VOL 50 k
SPEAKE
喇叭
KA386
视放级
BRIG 1 M
CONT 2 k
KA2915
38 MHz
中周
6.5 MHz
(行频调节)
行输出级
FRT
行输出变压器(高压包)
FBT
CON2
行输出级
CON1
场输出级
偏转线圈
HOR
VERT
PZ

参 考 文 献

[1] 王卫平，等．电子产品制造工艺 [M]．北京：高等教育出版社，2013.
[2] 戴树春．电子产品装配与调试 [M]．北京：机械工业出版社，2012.
[3] 孙惠康．电子工艺实训教程 [M]．3 版．北京：机械工艺出版社，2013.
[4] 叶莎．电子产品生产工艺与管理 [M]．北京：电子工业出版社，2011.
[5] 赵广林．常用电子元器件识别/检测/选用一读通 [M]．北京：电子工业出版社，2007.
[6] 曲昀卿，等．模拟电子技术基础 [M]．北京：北京邮电大学出版社，2015.
[7] 陈景忠．模拟电子产品安装与检测 [M]．青岛：中国海洋大学出版社，2011.